市场监督管理工作手册

食品生产环节安全监管

《食品生产环节安全监管》编委会◎编著

中国质量标准出版传媒有限公司
中 国 标 准 出 版 社

北 京

图书在版编目（CIP）数据

食品生产环节安全监管 /《食品生产环节安全监管》编委会编著 . —北京：中国质量标准出版传媒有限公司，2024.7
（市场监督管理工作手册）
ISBN 978-7-5026-5306-4

Ⅰ . ①食… Ⅱ . ①食… Ⅲ . ①食品安全－生产管理－安全管理 Ⅳ . ① TS201.6

中国国家版本馆 CIP 数据核字（2024）第 004463 号

中国质量标准出版传媒有限公司
中 国 标 准 出 版 社 出版发行

北京市朝阳区和平里西街甲 2 号（100029）
北京市西城区三里河北街 16 号（100045）
网址：www.spc.net.cn
总编室：（010）68533533
发行中心：（010）51780238
读者服务部：（010）68523946
中国标准出版社秦皇岛印刷厂印刷
各地新华书店经销
*
开本 787×1092 1/16 印张 16.75 字数 301 千字
2024 年 7 月第一版 2024 年 7 月第一次印刷
*
定价 76.00 元

编委会

主　　编　彭　涛　　姜文修　　杨　俊

编写人员（按姓氏笔画排序）

王　伟　　冯铄涵　　刘　畅　　李秋玥

汪　晶　　宋江良　　张学军　　陈　辉

陈红庆　　胡昊泽

审稿人员　曲传勇　　王丹丹　　许晓明　　曹　鑫

张士侠

支持单位　天津市市场监督管理委员会

山西省市场监督管理局

浙江省市场监督管理局

福建省市场监督管理局

江西省市场监督管理局

湖北省市场监督管理局

重庆市市场监督管理局

云南省标准化研究院

陕西省市场监督管理局

前言

Foreword

为完善市场监管体制，推动实施质量强国战略，营造诚实守信、公平竞争的市场环境，进一步推进市场监管综合执法、加强产品质量安全监管，2018 年 3 月国家市场监督管理总局组建。六年来，市场监管工作不断顺应世界经济形势的新变化，顺应社会主义市场经济的新发展，顺应人民群众对提高生活质量的新期待，大力推进工作改革创新，工商、质量监督、食药监、知识产权等业务融合发展，初步建立了具有中国特色的市场监管工作体系，充分展示了市场监管工作在经济社会发展中的重要作用。

市场监管工作具有涉及专业门类广泛、专业技术性强、社会敏感度高、综合管理职能重等特点，这对从事市场监管工作人员的专业知识和综合能力有较高要求。为了帮助相关领域人员全面了解市场监管工作，掌握相关知识，经国家市场监督管理总局批准，中国标准出版社组织编纂出版了“市场监督管理工作手册”丛书（以下简称“手册”）。我们希望手册的出版能够明确基层市场监管工作内容职责，推动基层市场监管工作规范化，促进市场监管基层工作水平提高。

手册根据市场监管工作主要职能，分为《行政执法》、《登记注册》、《价格监督检查和反不正当竞争》、《网络交易监督管理》、《广告监督管理》、《质量发展和产品质量监督》、《食品生产环节安全监管》、《食品经营环节安全监管》、《特种设备安全监管》、《计量监督管理》、《标准化管理》、《检验检测与认证监管》、《知识产权监督管理》、《消费者权益保护指导》、《市场监管所业务工作指引》等 15 个分册。主要介绍本领域的主要职责、管理体制、基本概念；涉及的法律法规、标准与技术规范、行政部门规章及相关政策；管理工作的职责内容、工作方法、工作手段，相应工作程序、案例，以及工作中常见问题的解决方法；工作人员应具备的技术能力、工作准则规范及管理制度；工作中经常用到的文书、表格、单证等。手册内容力求将市场监管工作理论与实践相结合，突出操作性、指导性和实用性，以满足市场监管业务的实践需求。

本分册主要介绍了食品生产环节安全监管工作。第一章为食品生产环节安全监管工作概述；第二章介绍了食品生产安全监管法律法规及食品安全国家标准体系；第三章为食品生产许可管理介绍，包括概述、许可程序、许可审查指南，以及特殊食品生产许可；第四章为食品生产监督检查等内容的叙述；第五章介绍了特殊食品、食品添加剂、食品生产加工小作坊等监督管理，以及国产保健食品备案管理；第六章分别介绍了食品生产环节从业人员和监管人员素质要求。

手册的编纂出版得到了国家市场监督管理总局和各地市场监管部门的大力支持。手册的编写由各地市场监管部门奋斗在工作一线的业务骨干承担。他们中既有相关职能部门的负责同志，也有关键技术岗位的工作人员，还有重大科研项目的技术骨干。他们在完成本职工作的同时，不辞辛苦，承担了大量的组织、撰稿以及审定工作。国家市场监督管理总局各相关业务司局对书稿进行了最终审核，对稿件内容的准确性、权威性、专业性进行了把关。在此，我们一并表示衷心的感谢！

编著者

2024 年 6 月

目录

Contents

第一章 食品生产环节安全监管工作概述

第一节　机构设置及主要职责

一、法律依据

《中华人民共和国食品安全法》是我国食品生产环节安全监管工作的法律依据。

> **第五条**　国务院设立食品安全委员会，其职责由国务院规定。
>
> 国务院食品安全监督管理部门依照本法和国务院规定的职责，对食品生产经营活动实施监督管理。
>
> ……
>
> **第六条**　县级以上地方人民政府对本行政区域的食品安全监督管理工作负责，统一领导、组织、协调本行政区域的食品安全监督管理工作以及食品安全突发事件应对工作，建立健全食品安全全程监督管理工作机制和信息共享机制。
>
> 县级以上地方人民政府依照本法和国务院的规定，确定本级食品安全监督管理、卫生行政部门和其他有关部门的职责。有关部门在各自职责范围内负责本行政区域的食品安全监督管理工作。
>
> 县级人民政府食品安全监督管理部门可以在乡镇或者特定区域设立派出机构。

二、机构设置

国家市场监督管理总局（以下简称“市场监管总局”）设置食品生产安全监督管理司（以下简称“食品生产司”），主要职责为：分析掌握生产领域食品安全形势，拟订食品生产监督管理和食品生产者落实主体责任的制度措施并组织实施；

组织食盐生产质量安全监督管理工作；组织开展食品生产企业监督检查，组织查处相关重大违法行为；指导企业建立、健全食品安全可追溯体系。

第二节　监管基本要求

一、概述

食品安全关系每个人的身体健康和生命安全，事关民生福祉。习近平总书记始终高度重视食品安全工作，多次对食品安全工作做出重要批示指示。市场监管部门要深入学习贯彻习近平总书记关于食品安全的重要批示指示精神，认真落实党中央、国务院决策部署，把人民生命安全和身体健康放在第一位，大力推动实施食品安全战略，不断提高食品安全保障水平，坚决守护好人民群众“舌尖上的安全”。

各级市场监管部门要全面落实“四个最严”要求，进一步压紧、压实各方责任，对食品安全违法行为实行“零容忍”，持续加大监管执法力度，严把从农田到餐桌的每一个关口，牢牢守住食品安全底线。要深入推进食品信用体系建设，加大信息公开力度，完善守信激励和失信惩戒机制，推动企业诚信守法经营。要畅通投诉举报渠道，鼓励全民参与，强化社会共治，把食品安全“防护网”织得更密、更牢。要深入宣贯落实《中华人民共和国反食品浪费法》，坚决制止餐饮浪费行为，大力弘扬勤俭节约社会风尚，让尚俭崇信成为全民共识和自觉行动。

二、法律法规要求

（一）《中华人民共和国食品安全法》

第八章　监督管理

第一百零九条　县级以上人民政府食品安全监督管理部门根据食品安全风险监测、风险评估结果和食品安全状况等，确定监督管理的重点、方式和频次，实施风险分级管理。

……

第一百一十三条 县级以上人民政府食品安全监督管理部门应当建立食品生产经营者食品安全信用档案，记录许可颁发、日常监督检查结果、违法行为查处等情况，依法向社会公布并实时更新；对有不良信用记录的食品生产经营者增加监督检查频次，对违法行为情节严重的食品生产经营者，可以通报投资主管部门、证券监督管理机构和有关的金融机构。

第一百一十四条 食品生产经营过程中存在食品安全隐患，未及时采取措施消除的，县级以上人民政府食品安全监督管理部门可以对食品生产经营者的法定代表人或者主要负责人进行责任约谈。食品生产经营者应当立即采取措施，进行整改，消除隐患。责任约谈情况和整改情况应当纳入食品生产经营者食品安全信用档案。

……

第一百一十六条 县级以上人民政府食品安全监督管理等部门应当加强对执法人员食品安全法律、法规、标准和专业知识与执法能力等的培训，并组织考核。不具备相应知识和能力的，不得从事食品安全执法工作。

……

（二）《中华人民共和国食品安全法实施条例》

第八章 监督管理

第五十九条 设区的市级以上人民政府食品安全监督管理部门根据监督管理工作需要，可以对由下级人民政府食品安全监督管理部门负责日常监督管理的食品生产经营者实施随机监督检查，也可以组织下级人民政府食品安全监督管理部门对食品生产经营者实施异地监督检查。

……

第六十条 国家建立食品安全检查员制度，依托现有资源加强职业化检查员队伍建设，强化考核培训，提高检查员专业化水平。

（三）《食品生产经营监督检查管理办法》

第十三条 国家市场监督管理总局根据法律、法规、规章和食品安全标准等有关规定，制定国家食品生产经营监督检查要点表，明确监督检查的主要内容。按照风险管理的原则，检查要点表分为一般项目和重点项目。

第十四条 省级市场监督管理部门可以按照国家食品生产经营监督检查要点表，结合实际细化，制定本行政区域食品生产经营监督检查要点表。

省级市场监督管理部门针对食品生产经营新业态、新技术、新模式，补充制定相应的食品生产经营监督检查要点，并在出台后30日内向国家市场监督管理总局报告。

第十五条 食品生产环节监督检查要点应当包括食品生产者资质、生产环境条件、进货查验、生产过程控制、产品检验、贮存及交付控制、不合格食品管理和食品召回、标签和说明书、食品安全自查、从业人员管理、信息记录和追溯、食品安全事故处置等情况。

第十六条 委托生产食品、食品添加剂的，委托方、受托方应当遵守法律、法规、食品安全标准以及合同的约定，并将委托生产的食品品种、委托期限、委托方对受托方生产行为的监督等情况予以单独记录，留档备查。市场监督管理部门应当将上述委托生产情况作为监督检查的重点。

……

第十八条 特殊食品生产环节监督检查要点，除应当包括本办法第十五条规定的内容，还应当包括注册备案要求执行、生产质量管理体系运行、原辅料管理等情况。保健食品生产环节的监督检查要点还应当包括原料前处理等情况。

三、《中华人民共和国国民经济和社会发展第十四个五年规划和2035年远景目标纲要》（以下简称"'十四五'规划"）

2021年3月13日，"十四五"规划正式出台，对食品安全监管工作提出以下明确要求。

①推进监管能力现代化。健全以"双随机、一公开"监管和"互联网＋监管"为基本手段、以重点监管为补充、以信用监管为基础的新型监管机制，推进线上线下一体化监管。严格市场监管、质量监管、安全监管，加强对食品药品、特种设备和网络交易、旅游、广告、中介、物业等的监管，强化要素市场交易监管，对新产业新业态实施包容审慎监管。

②严格食品药品安全监管。加强和改进食品药品安全监管制度，完善食品药品安全法律法规和标准体系，探索建立食品安全民事公益诉讼惩罚性赔偿制度。

深入实施食品安全战略，加强食品全链条质量安全监管，推进食品安全放心工程建设攻坚行动，加大重点领域食品安全问题联合整治力度。加强食品药品安全风险监测、抽检和监管执法，强化快速通报和快速反应。

第三节　监管工作现状

当前，食品安全监督抽检总体合格率已经达到98%，企业监督检查总体合规率已经超过90%。

虽然目前我国食品安全形势持续向好，但仍然存在以下问题。

1. 食品源头污染问题

近几年来，食用农产品抽检不合格问题中，大宗蔬菜农药残留、水产品兽药残留、牛羊肉检出“瘦肉精”、食品因环境污染导致重金属超标问题时有发生。

2.“两超一非”问题

从2020年全国食品安全监督抽检情况看，食品因超范围、超限量使用食品添加剂导致不合格比例依然偏高，主要为铝残留不合格、二氧化硫不合格。食品安全监督抽检中还发现非法添加对乙酰氨基酚，保健食品非法添加西地那非、西布曲明等药品成分现象。

3. 标识不清、虚假宣传问题

食品包装上生产日期、厂名、厂址等关键信息标识不清晰、不醒目，产品名称不能反映真实属性、“傍名牌”等问题依然未能解决，通过不合理标注“零糖”“零添加”等新花样误导消费现象悄然成风。固体饮料等普通食品冒充特殊食品、非法宣称具有保健功能，保健食品“装”作药品、非法宣称具有治疗功能等问题屡禁不止。保健食品以非法直销、会销形式忽悠老年人等问题时有发生。

4. 企业环境卫生状况问题

监督检查不符合项目中，生产环境项目不符合问题是占比最高的问题之一。因环境卫生不达标，导致微生物污染问题较为严重，如桶装饮用水中铜绿假单胞菌不合格率偏高。

5. 以次充好、掺杂使假问题

使用糖浆冒充蜂蜜，牛羊肉中检验出鸡、鸭DNA（脱氧核糖核酸），使用廉价植物油与“香精油”（乙基香兰素、乙基麦芽酚）勾兑冒充纯芝麻油等违法问题屡禁不止。在农村地区销售假冒伪劣、“山寨”食品情况依然存在。

6. 企业质量安全管理水平整体不高

大量中小企业管理制度不健全，缺少员工培训、食品召回、应急处置等食品安全管理制度，或制度仅挂在墙上，成为摆设。有些企业原料把关不严，未进行原料入厂检验即投入生产，导致出现不合格食品。标准化水平普遍不高，多数企业满足于守底线的食品安全国家标准，没有制定追求更高质量的企业标准。

7. 各级监管责任压得还不够实

有的地方指挥员多、战斗员少，监管责任“层层下放、一放到底”，导致基层检查任务与检查资源、检查能力不相匹配。有的地方开展监督检查浮于表面、流于形式，只重数量、不重质量。很多地方检查和抽检脱节，检查中没有对“可疑”产品及时抽检。不少企业连续多年、多批次产品抽检不合格，尽管每次对抽检不合格企业都进行了核查处置，但问题还是反复出现。

8. 监管人员检查能力亟须提高

监管人员及专业能力还不能适应监管需要，在基层存在问题“查不出、查不准、查不全”等现象。

从事食品安全监管工作，就是要经常讲问题，要把查摆问题、防范风险作为工作常态。要保持冷静的头脑、清醒的认识，要以对人民群众高度负责的态度做好食品安全监管工作。

第二章

食品生产安全监管法律法规及食品安全国家标准体系

第一节　食品生产安全监管法律法规目录

一、食品生产安全监管相关法律目录

①《中华人民共和国食品安全法》；

②《中华人民共和国农产品质量安全法》；

③《中华人民共和国产品质量法》；

④《中华人民共和国标准化法》；

⑤《中华人民共和国反食品浪费法》。

二、食品生产安全监管相关法规目录

①《国务院关于加强食品等产品安全监督管理的特别规定》；

②《乳品质量安全监督管理条例》；

③《中华人民共和国食品安全法实施条例》；

④《食盐专营办法》；

⑤《食盐加碘消除碘缺乏危害管理条例》；

⑥《农业转基因生物安全管理条例》；

⑦《关于全面禁止非法野生动物交易、革除滥食野生动物陋习、切实保障人民群众生命健康安全的决定》。

三、食品生产安全监管部门规章目录

①《食品生产许可管理办法》；

②《食品生产经营风险分级管理办法（试行）》；

③《食品生产经营监督检查管理办法》；

④《食品安全抽样检验管理办法》；

⑤《食品召回管理办法》；

⑥《食品标识管理规定》；

⑦《保健食品注册与备案管理办法》；

⑧《保健食品原料目录与保健功能目录管理办法》；

⑨《婴幼儿配方乳粉产品配方注册管理办法》；

⑩《特殊医学用途配方食品注册管理办法》；

⑪《食盐专营办法》；

⑫《食盐质量安全监督管理办法》；

⑬《食品添加剂新品种管理办法》；

⑭《新食品原料安全性审查管理办法》；

⑮《食品安全国家标准管理办法》；

⑯《市场监督管理投诉举报处理暂行办法》；

⑰《市场监管领域重大违法行为举报奖励暂行办法》。

四、食品生产安全监管规范性文件

1. 卫生行政部门、食品安全监管部门公告、通知、临时限量值公告等

①《食药总局关于印发食品生产经营风险分级管理办法（试行）的通知》；

②《市场监管总局关于修订公布食品生产许可分类目录的公告》；

③《市场监管总局办公厅关于印发食品生产经营日常监督检查有关表格的通知》；

④《市场监管总局关于加强酱油和食醋质量安全监督管理的公告》；

⑤《卫生部关于进一步规范保健食品原料管理的通知》；

⑥《食品相关产品新品种申报与受理规定》；

⑦《食品安全风险评估管理规定（试行）》；

⑧《食品安全风险监测管理规定（试行）》；

⑨《食品安全信息公布管理办法》;

⑩《国家食品安全事故应急预案》;

⑪《〈保健食品标注警示用语指南〉的公告》;

⑫《市场监管总局办公厅关于食品安全行政处罚案件货值金额计算的意见》(市监稽发〔2021〕70号);

⑬《最高人民法院　最高人民检察院关于办理危害食品安全刑事案件适用法律若干问题的解释》(法释〔2021〕24号);

⑭《最高人民法院关于审理食品安全民事纠纷案件适用法律若干问题的解释(一)》(法释〔2020〕14号)。

2. 食品生产许可相关通则、细则等

①《食品生产许可审查通则》;

②《食品添加剂生产许可审查通则》;

③各类食品生产许可审查细则。

第二节　食品安全国家标准体系

一、食品安全国家标准体系

(一)基本概念

GB/T 20000.1—2014《标准化工作指南　第1部分:标准化和相关活动的通用术语》对“标准”和“标准化”分别做了定义。标准是“通过标准化活动,按照规定的程序经协商一致制定,为各种活动或其结果提供规则、指南或特性,供共同使用和重复使用的文件”。标准化是“为了在既定范围内获得最佳秩序,促进共同效益,对现实问题或潜在问题确立共同使用和重复使用的条款以及编制、发布和应用文件的活动”。

基于GB/T 20000.1—2014中对标准化的定义,结合食品满足人们基本健康需求的属性,食品安全标准化可定义为:为了在食品安全领域特定范围内获得最佳秩序，促进共同效益，对食品基础性问题、现实或潜在的食品技术问题，确立共同使用和重复使用的条款，以及编制、发布和应用文件的活动。

食品安全标准，是以在一定范围内获得最佳食品安全秩序、促进最佳社会效益为目的，以科学、技术和经验的综合成果为基础，经各有关方协商一致并经一个公认机构批准的，对食品的安全指标规定共同的和重复使用的规则、导则或特性的一种规范性文件。

食品安全标准包括食品安全国家标准和食品安全地方标准。根据《中华人民共和国食品安全法》第二十五条规定，食品安全标准是强制执行的标准，其主要作用是保障食品安全、保护消费者健康。“食品安全国家标准”是指国家有关部门或机构制定和实施的，为保障人民饮食安全，规定食品的生产、加工、流通、销售，以及食品企业的质量管理等方面的标准和标准体系。而“食品安全地方标准”则是地方性的，对某一特定地区的食品安全进行规范的标准，其主要目的是进一步保障本地区的食品安全。同时，《中华人民共和国食品安全法》第三十条规定“国家鼓励食品生产企业制定严于食品安全国家标准或者地方标准的企业标准，在本企业适用，并报省、自治区、直辖市人民政府卫生行政部门备案”。

食品安全标准是食品安全监管重要的技术依据。加强食品安全监管，关系着广大人民群众“舌尖上的安全”。

（二）标准与法规的关系

标准属于技术规范，是人们在处理客观事物时必须遵循的行为规则，重点调整人与自然规律的关系，规范人们的行为，应使之尽量符合客观的自然规律和技术法则，以建立起有利于社会发展的技术秩序。法律、规章属于社会规范，是人们处理社会生活中相互关系应遵循的具有普遍约束力的行为规则。在科技和社会生产力高度发展的现代社会，越来越多的立法把遵守技术规范确定为法律义务，将社会规范和技术规范紧密结合在一起。

1. 标准与法规的相同之处

①标准与法规都是现代社会和经济活动必不可少的规则，具有一般性，同样情况下应同样对待。

②标准与法规在制定和实施过程中公开透明，具有公开性。

③标准与法规都是由权威机关按照法定的职权和程序制定、修改或废止的，都用严谨的文字进行表述，具有明确性和严肃性。

④标准与法规在调控社会方面享有威望，得到广泛的认同和遵守，具有权威性。

⑤标准与法规要求社会各组织和个人服从，并作为行为的准则，具有约束性和强制性。

⑥标准与法规不允许擅自改变和随便修改，具有稳定性和连续性。

2. 标准与法规的不同之处

①标准必须有法律依据，必须严格遵守有关的法律法规，在内容上不能与法律法规相抵触和发生冲突；法规则具有至高无上的地位，具有基础性和本源性的特点。

②标准主要涉及技术层面，而法律法规则涉及社会生活的方方面面，调整一切政治、经济、社会、民事和刑事等法律关系。

③标准较为客观和具体；法规则较为宏观和原则。

④标准会随着科学技术和社会生产力的发展而修改和补充；法规则较为稳定。

⑤标准强调多方参与、协商一致，尽可能地照顾多方利益，比较注意民主性。

⑥标准本身并不具有强制力，即使是所谓的强制性标准，其强制性也是法律授予的。标准和法规都是规范性文件，但标准在形式上既有文字的也有实物的。

3. 标准与技术法规的关系

《世界贸易组织贸易技术壁垒协议》中对“标准”和“技术法规”两个术语做了定义。标准是经公认机构批准的、规定非强制执行的、供通用或反复使用的产品或相关工艺和生产方法的规则、指南或特性的文件。技术法规为强制执行的规定产品特性或相应加工和生产方法的包括可适用的行政管理规定在内的文件。各国制定的技术法规大多以法律法规、规章、指令或强制性标准文件的形式发布和实施。目前，我国没有单独的食品安全技术法规，大部分以国家强制性标准的形式存在。

标准与技术法规的共同点是覆盖所有的产品，都是对产品的特性、加工或生产方法做的规定，都包括专门规定用于产品、加工或生产方法的术语、符号、包装、标志或标签要求。但在形式上，标准是一定范围内协商一致，并由公认机构核准颁布，供通用或重复使用的协调性准则或指南；技术法规则是通过法律规定程序制定的法规文本，由政府行政部门监督强制执行。由于技术性强，这类法规通常是由法律授权政府部门制定的规章类法规。

在法律属性上，技术法规是强制执行的文件，这些文件以法律、法案、法令、法规、规章、条例等形式发布。强制性标准属于技术法规范畴，并由国家执法部门监督执行。标准是自愿执行文件，不属于国家立法体系的组成部分，在生产和贸易活动中，对同一产品，生产者、消费者和买卖双方可以在国际标准、区域标准、国家标准和行业标准中自主选择。一旦选择了某项标准，就应按标准的规定执行，不能随意更改标准的技术内容。

在内容上，技术法规与标准均对产品的性能、安全、环境保护、标签标志和注册代号等做出规定；在需要制定技术法规的领域中，技术法规除了法律形式上的内容外，需要强制执行的技术措施要求应该与标准一致。技术法规除规定技术要求外，还可以做出行政管理规定；有些技术法规只列出基本要求，而将具体的技术指标列入标准中，将标准作为法规的引用文件。

在范围上，标准涉及人类生活的各个方面；而技术法规仅包含政府需要通过技术手段进行行政管理的国家安全、人身安全和环境安全等。

在制定原则上，技术法规和标准的制定都要遵循采用国际标准原则，避免不必要的贸易障碍原则、非歧视原则、透明度原则和等效与相互承认原则。技术法规制定的前提是实现政府的合法政策目标，包括保护国家安全、防止欺诈行为、保护人民群众的安全健康、保护生命与健康以及保护环境，特别是环境要求方面。而标准的制定是采取协商一致的原则，即制定标准至少应有生产者、消费者和政府等各利益相关方参与并达成一致意见，即标准是各方利益协调的结果。技术指标的确定要有科学依据，要基于风险分析。

（三）食品安全国家标准的制修订

食品安全国家标准由国务院卫生行政部门会同国务院食品安全监督管理部门制定、公布，国务院标准化行政部门提供国家标准编号。食品中农药残留、兽药残留的限量规定及其检验方法与规程由国务院卫生行政部门、国务院农业行政部门会同国务院食品安全监督管理部门制定。屠宰畜、禽的检验规程由国务院农业行政部门会同国务院卫生行政部门制定。其中，对于农药、兽药残留标准管理，中华人民共和国国家卫生健康委员会（以下简称“国家卫生健康委”）和中华人民共和国农业农村部（以下简称“农业农村部”）于2020年8月6日发布了《关于印发食品中农药、兽药残留标准管理问题协商意见的通知》（国卫办食品函〔2020〕640号），就食品中农药、兽药残留标准相关机制和工作程序进行协商，以贯彻落实《中华人民共和国食品安全法》及其实施条例，做好食品安全标准体系中农药、兽药残留的标准工作。

制定食品安全国家标准，应当依据食品安全风险评估结果并充分考虑食用农产品安全风险评估结果，参照相关的国际标准和国际食品安全风险评估结果，并将食品安全国家标准草案向社会公布，广泛听取食品生产经营者、消费者、有关部门等方面的意见。食品安全国家标准应当经国务院卫生行政部门组织的食品安全国家标准审评委员会审查通过。省级以上人民政府卫生行政部门应当在其网站上公布制定和备案的食品安全国家标准、地方标准和企业标准，供公众免费查阅、下载。省级以上人民政府卫生行政部门应当会同同级食品安全监督管理、农业行政等部门，分别对食品安全国家标准和地方标准的执行情况进行跟踪评价，并根据评价结果及时修订食品安全标准。

食品安全国家标准的制定过程如下。

1. 制定标准研制计划

国务院有关部门以及任何公民、法人、行业协会或者其他组织均可提出制定或者修订食品安全国家标准立项建议。国务院卫生行政部门会同国务院农业行政部门、市场监管等部门制定食品安全国家标准规划及其实施计划，并公开征求意见。国务院卫生行政部门对审查通过的立项建议纳入食品安全国家标准制定或者修订规划、年度计划。

2. 确定起草单位及起草标准草案

国务院卫生行政部门应当选择具备相应技术能力的单位起草食品安全国家标准草案。提倡由研究机构、教育机构、学术团体、行业协会等单位共同起草食品安全国家标准草案。标准起草单位的确定应当采用招标或者委托等形式，择优落实。一旦按照标准研制项目确定标准起草单位后，标准研制者应该组成研制小组或者写作组按照执行计划完成标准的起草工作。标准制定过程中，既要充分考虑食用农产品风险评估结果及相关的国际标准，也要充分考虑国情，注重标准的可操作性。

3. 标准征求意见

标准草案制定出来以后，国务院卫生行政部门应当将食品安全国家标准草案向社会公布，公开征求意见。完成征求意见后，标准研制者应当根据征求的意见进行修改，形成标准送审稿，提交食品安全国家标准审评委员会审查。

4. 标准技术审查

食品安全国家标准审评委员会由国务院卫生行政部门负责组织，按照有关规定定期召开食品安全国家标准审评委员会，对送审标准的科学性、实用性、合理性、可行性等方面进行审查。委员会由来自于不同部门的医学、农业、食品、营养等方面的专家以及国务院有关部门的代表组成。行业协会、食品生产经营企业及社会团体可以参加标准审查会议。

5. 标准的批准与发布

食品安全国家标准委员会审查通过的标准，一般情况下，涉及国际贸易的标准还应履行向世界贸易组织通报的义务，最终由国家卫生健康委批准、国务院标准化行政部门提供国家标准编号后，由国家卫生健康委编号并会同国务院有关部门以公告形式联合公布。

6. 标准的追踪与评价

标准实施后，国务院卫生行政部门和省、自治区、直辖市人民政府卫生行政部门应当会同同级农业行政、市场监管等部门，对食品安全国家标准和食品安全地方标准的执行情况分别进行跟踪评价，并应当根据评价结果适时组织修订食品安全标准。国务院和省、自治区、直辖市人民政府的农业行政、市场监管等部门应当收集、汇总食品安全标准在执行过程中存在的问题，并及时向同级卫生行政部门通报。

食品生产经营者、食品行业协会发现食品安全标准在执行过程中存在问题的，应当立即向食品安全监督管理部门报告。食品安全国家标准审评委员会也应当根据科学技术和经济发展的需要适时进行复审。标准复审周期一般不超过 5 年。复审后，对不需要修改的国家标准确认其继续有效，对需要修改的国家标准可作为修改项目申报，列入国家标准修订计划。对已无存在必要的国家标准，由技术委员会或部门提出该国家标准的废止建议。

食品安全标准内容对食品的安全有很高的要求和严格的规定，其中对食品内的微生物以及影响人的身体健康的成分做了限量的规定，而且对于食品安全添加剂的种类和用量也有一定要求的。在制定食品安全标准的时候，会向广大的人民群众征求意见，征求完意见之后由有关部门的人员进行综合修改。

（四）食品安全国家标准涵盖的内容

根据《中华人民共和国食品安全法》第二十六条规定，食品安全标准应当包括下列内容：

①食品、食品添加剂、食品相关产品中的致病性微生物，农药残留、兽药残留、生物毒素、重金属等污染物质以及其他危害人体健康物质的限量规定；

②食品添加剂的品种、使用范围、用量；

③专供婴幼儿和其他特定人群的主辅食品的营养成分要求；

④对与卫生、营养等食品安全要求有关的标签、标志、说明书的要求；

⑤食品生产经营过程的卫生要求；

⑥与食品安全有关的质量要求；

⑦与食品安全有关的食品检验方法与规程；

⑧其他需要制定为食品安全标准的内容。

（五）食品安全国家标准体系

我国现行的食品安全标准包括食品安全国家标准和食品安全地方标准。食品安全地方标准主要是产品、检验方法和规程规范，标准体系和食品安全国家标准类似。由于食品安全标准是强制性标准，除食品安全标准外，不得制定其他食品强制性标准，其在食品安全风险评估的基础上制定，根据产业发展和监管变化需要不断修改完善。

食品安全国家标准是我国食品安全标准体系的主体。我国食品安全国家标准包括农药残留、兽药残留、重金属、食品污染物、致病性微生物等通用标准，食品、食品添加剂、食品相关产品标准，生产经营规范标准，以及检验方法与规程标准。这四大类标准共同组成了我国的食品安全标准体系，如图 2-1 所示。

同时，这四大类标准有机衔接、相辅相成，从不同角度管控不同的食品安全风险，涵盖我国居民消费的主要食品类别和主要健康危害因素，为食品安全标准工作奠定了良好基础。截至 2024 年 3 月，我国已发布国家食品安全强制标准 1 610 项[①]，分类统计如表 2-1 所示。

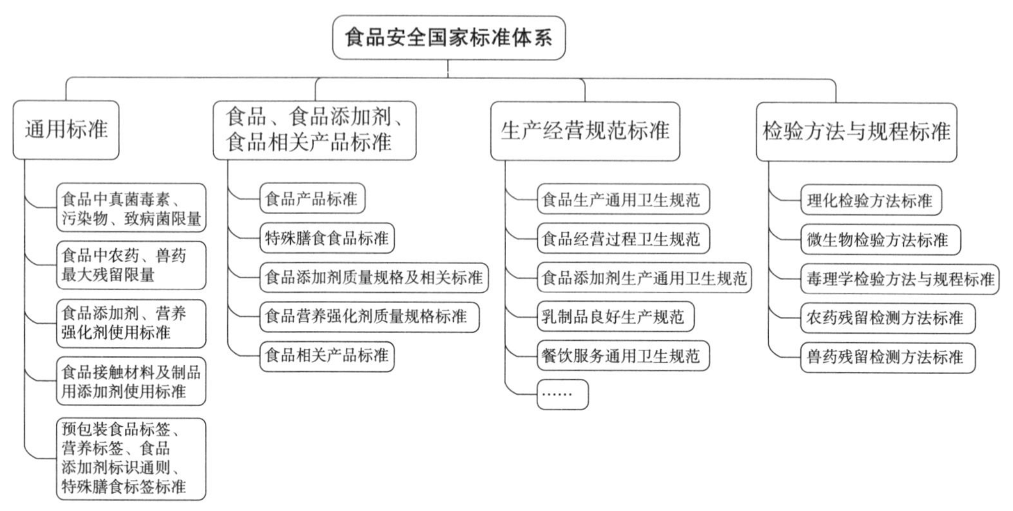

图 2–1　食品安全国家标准体系结构图

表 2–1　截至 2024 年 3 月食品安全国家标准目录（共 1 610 项）

序号	类别	数量 / 项
1	通用标准	15
2	食品产品标准	72
3	特殊膳食食品标准	10
4	食品添加剂质量规格及相关标准	643
5	食品营养强化剂质量规格标准	75
6	食品相关产品标准	18
7	生产经营规范标准	36
8	理化检验方法标准	256
9	寄生虫检验方法标准	6
10	微生物检验方法标准	45
11	毒理学检验方法与规程标准	29
12	农药残留检测方法标准	120
13	兽药残留检测方法标准	95
被替代（拟替代）和已废止（待废止）标准		190
合计		1 610

① 具体信息请查阅网站 http://www.nhc.gov.cn/sps/s3594/202403/c54748d1921a4fa196aa2658aa095d37.shtml。

（六）食品安全国家标准相关法规

食品安全标准相关的法规，主要有《食品安全标准管理办法》（国家卫生健康委令第 10 号）、《食品安全国家标准制（修）订项目管理规定》（卫政法发〔2010〕81 号）、《国家卫生计生委办公厅关于印发〈食品安全地方标准制定及备案指南〉的函》（国卫办食品函〔2014〕825 号）、《国家卫生健康委办公厅关于进一步加强食品安全地方标准管理工作的通知》（国卫办食品函〔2019〕556 号）等。

其中，于 2023 年 12 月 1 日施行的《食品安全标准管理办法》进一步明确了食品安全标准包括食品安全国家标准和食品安全地方标准，规定了食品安全国家标准制定的具体要求，包括规划、计划、立项、起草、征求意见、审查、批准、公布，以及跟踪评价、修订、修改等相关规定。

第三章
食品生产许可管理

第一节　概述

为规范食品、食品添加剂生产许可活动，加强食品生产监督管理，保障食品安全，根据《中华人民共和国行政许可法》《中华人民共和国食品安全法》（以下简称“《食品安全法》”）《中华人民共和国食品安全法实施条例》（以下简称“《食品安全法实施条例》”）等法律法规，制定了《食品生产许可管理办法》《食品生产许可审查通则》，规定在中华人民共和国境内，从事食品生产活动应当依法取得食品生产许可。食品生产许可的申请、受理、审查、决定及其监督检查适用《食品生产许可管理办法》。

食品生产许可应当遵循依法、公开、公平、公正、便民、高效的原则。实行一企一证原则，即同一个食品生产者从事食品生产活动，应当取得一个食品生产许可证。市场监管部门按照食品的风险程度，结合食品原料、生产工艺等因素，对食品生产实施分类许可。

市场监管总局负责监督指导全国食品生产许可管理工作。县级以上地方市场监管部门负责本行政区域内的食品生产许可监督管理工作。省、自治区、直辖市市场监管部门可以根据食品类别和食品安全风险状况，确定市、县级市场监管部门的食品生产许可管理权限。县级以上地方市场监管部门应当加快信息化建设，推进许可申请、受理、审查、发证、查询等全流程网上办理，并在行政机关的网站上公布生产许可事项，提高办事效率。

市场监管总局颁布的《食品生产许可管理办法》（总局令第 24 号）2020 年重新修订，自 2020 年 3 月 1 日起施行。《食品生产许可管理办法》对食品生产许可权限、许可办理程序、许可现场核查、办证的时限、许可证的管理等方面做了相关调整。

根据《食品安全法》规定，我国对食品生产经营实施许可制度。对规范企业必备生产条件、督促企业加强生产过程控制、落实食品安全主体责任，以及改善食品安全总体水平，推动食品产业健康持续发展发挥了积极而重要的作用。

一、《食品生产许可管理办法》修订背景及修订思路介绍

（一）修订背景

为深入贯彻落实国务院简政放权、放管结合、优化服务改革与加强事中事后监管的有关要求，依照《食品安全法》有关规定，国家食品药品监督管理总局于2015年8月31日发布实施了《食品生产许可管理办法》（国家食品药品监督管理总局令第16号），于2015年10月1日起施行。自发布实施以来，通过实施"一企一证""五取消、四调整、四加强"等改革措施，对规范食品生产许可、减轻企业负担等发挥了重要作用。各地坚持一手抓严格许可、一手抓优化服务，认真落实许可管理制度、创新改进许可流程，严把食品生产准入"关口"，有力提升了许可工作效能和服务水平。

近几年来，按照党中央、国务院部署要求，"放管服"改革、"证照分离"改革持续深入推进，《国务院关于在全国推开"证照分离"改革的通知》（国发〔2018〕35号）明确要求将法定审批时限压缩三分之一，在线获取核验营业执照等材料。2018年国务院机构改革后，各地组建成立市场监管部门，按照新的管理体制机制要求，2015年版的《食品生产许可管理办法》中有些规定已经不能满足实际工作需要。此外，基层食品安全监管部门在食品生产许可工作中也遇到了制度不完善、机制不顺畅等问题。为解决食品生产许可实施过程中的电子化进程缓慢、部分内容与"证照分离"改革方向不一致、许可现场核查把关不严等问题，市场监管总局食品生产司对现有食品生产许可工作中面临的问题、企业需求、社会关切等问题统筹研究、权衡利弊，在前期调研、会议研讨的基础上，修订了《食品生产许可管理办法》。

（二）修订思路

《食品生产许可管理办法》修订的总体思路是加强监管、优化服务、便企利

民，助推食品产业高质量发展。修订过程中主要把握了以下几点：一是细化并严格落实《食品安全法》及其实施条例，对食品生产许可工作进行了细化，进一步增强制度的可操作性；二是认真落实“放管服”改革要求，简化许可流程，压缩许可时限；三是实行分类许可，明确许可管理权限，调整并严格许可审查，方便办事群众、提高工作效率；四是坚持问题导向，针对基层市场监管部门在食品生产许可工作中存在的问题，完善相关制度措施。

二、《食品生产许可管理办法》修订后的主要变化

（一）压减办理时限

在国务院要求许可时限压缩三分之一的基础上进一步压缩时限，优化内部工作流程的时限。修订后的《食品生产许可管理办法》规定食品生产许可部门做出食品生产许可决定的时限由 20 个工作日压缩至 10 个工作日，因特殊原因需要延长期限的，经本行政机关负责人批准，可以延长 5 个工作日。许可部门自做出行政许可决定之日起 5 个工作日内颁发食品生产许可证。

（二）调整申请材料

申请人申请食品生产许可时，只需提交食品生产许可申请书等材料，不再要求申请人提交营业执照复印件、食品加工场所及其周围环境平面图、各功能区间布局平面图。

为了落实食品生产企业主体责任，按照《食品安全法》的规定，增加专职或者兼职的食品安全专业技术人员、食品安全管理人员和保证食品安全的规章制度。这些信息都是企业履行食品安全主体责任、保障食品质量安全的重要信息，是《食品安全法》第三十三条规定的基本要求。其中，食品安全的规章制度仅要求申请人提供目录，无须提供制度文本。

取消提供的材料中，营业执照复印件可以通过内部流程核验申请人的主体信息，其他相关材料可以在现场核查环节现场核验。

（三）推进“全程网办”

要求县级以上地方市场监管部门加快信息化建设，推进许可申请、受理、审查、发证、查询等全流程网上办理，并在行政机关的网站上公布生产许可事项，

提高办事效率。通过实行“全程网办”“一网通办”，实现“让信息多跑路，让企业少跑路”。市场监管总局正在研究制定食品生产许可电子证书样式及标准，逐步在全国推行发放电子证书，方便社会各方使用电子证书。

目前的制度设计中，电子证书即将全面推广普及，也就不存在证书遗失、损坏而要补办的情况，因此删除了2015年版《食品生产许可管理办法》中补办证书的相关规定。

（四）服务申办企业

为了贯彻落实党中央、国务院“放管服”改革、“证照分离”改革要求，增加了方便申请人办事的便利化措施。

一是在“一企一证”的基本前提下，增加农民专业合作组织作为合法的食品生产经营主体，可以申请办理食品生产许可。

二是明确了申请人申请生产多个类别食品的，由申请人按照省级市场监管部门确定的食品生产许可管理权限，自主选择其中一个受理部门提交申请材料。受理部门应当及时告知有相应审批权限的市场监管部门，组织联合审查。

三是明确规定试制食品可以由生产者自行检验，也可以委托有资质的食品检验机构检验。

四是对申请变更、延续、注销食品生产许可的，不再要求申请人提交食品生产许可证原件。

五是进一步减少对食品生产者生产经营的干扰，对“因产品有关标准、要求发生改变”导致的重新核查，调整为“因食品安全国家标准发生重大变化”才组织重新核查。

（五）调整证书内容

食品生产许可证分为正本、副本。食品生产许可证应当载明：生产者名称、社会信用代码、法定代表人（负责人）、住所、生产地址、食品类别、许可证编号、有效期、发证机关、发证日期和二维码。副本中还应当载明食品明细。生产保健食品、特殊医学用途配方食品、婴幼儿配方食品的，还应当载明产品或者产品配方的注册号或者备案登记号。

根据前期调研中基层普遍反映的情况，证书上不再登记日常监管机构、日常监管人员、投诉举报电话、签发人、外设仓库地址。简化证书符合“双随机、一公开”监管要求，不影响申请人许可事项的记载，也不影响基层履行监管职责。

（六）明确核查人员

新修订的《食品生产许可管理办法》规定了现场核查由食品安全监管人员实施。过去，现场核查人员主要由相关技术机构人员担任，存在工作时间难协调、人员队伍不稳定等情况。食品安全监管人员包括食品安全执法人员、专职的职业检查员，以及被委托的其他监管人员。食品安全监管人员实施许可现场核查，能够保证现场核查质量，强化事前许可与事中事后监管衔接。为确保与现有工作制度平稳衔接，《食品生产许可管理办法》修订后规定了根据需要可以聘请专业技术人员作为核查人员参加现场核查。

（七）实施严格监管

落实食品安全“四个最严”要求，依法实施严格监管。

一是严格特殊食品管理，规定保健食品、特殊医学用途配方食品、婴幼儿配方食品、婴幼儿辅助食品、食盐等食品的生产许可，由省、自治区、直辖市市场监管部门负责。

婴幼儿辅助食品是指婴幼儿谷类辅助食品、婴幼儿罐装辅助食品，属于特殊膳食食品。鉴于婴幼儿辅助食品关系婴幼儿健康，为了保障婴幼儿食品安全，需要实施特别的管理。《市场监管总局印发〈关于进一步加强婴幼儿谷类辅助食品监管的规定〉的通知》（国市监食生〔2018〕239号）已经明确了婴幼儿谷类辅助食品的生产许可原则上由省级市场监管部门负责，新修订的《食品生产许可管理办法》中进一步明确了婴幼儿辅助食品的管理权限。

食盐属于调味品中的一类。《食盐质量安全监督管理办法》（国家市场监督管理总局令第23号）第六条规定了从事食盐生产活动，应当依照《食品生产许可管理办法》的规定，取得食品生产许可。

二是严格信用惩戒，日常监管中发现的对许可违法行为查处等情况记入食品生产者食品安全信用档案，并通过国家企业信用信息公示系统向社会公示。

三是对执行过程中存在争议的企业迁址后和食品生产条件发生重大变化后是否重新发证等问题予以明确。

（八）严明法律责任

一是细化了“无证生产”的情形，明确了食品生产者生产的食品不属于食品生产许可证上载明的食品类别的，视为未取得食品生产许可从事食品生产活动。

二是对违反第三十二条规定，食品生产者的生产场所迁址后未重新申请取得食品生产许可从事食品生产活动的行为明确了处罚要求。

三是按照“四个最严”的要求，加大了处罚力度，第五十三条对相关违法行为提高了处罚上限。

四是增加了“处罚到人”的相关规定，食品生产者违反《食品生产许可管理办法》规定，有《食品安全法实施条例》第七十五条第一款规定的情形的，依法对单位的法定代表人、主要负责人、直接负责的主管人员和其他直接责任人员给予处罚。

第二节　许可程序

一、申请

①申请食品生产许可，应当先行取得营业执照等合法主体资格。企业法人、合伙企业、个人独资企业、个体工商户、农民专业合作组织等，以营业执照载明的主体作为申请人。

②申请食品生产许可，应当按照以下食品类别提出：粮食加工品，食用油、油脂及其制品，调味品，肉制品，乳制品，饮料，方便食品，饼干，罐头，冷冻饮品，速冻食品，薯类和膨化食品，糖果制品，茶叶及相关制品，酒类，蔬菜制品，水果制品，炒货食品及坚果制品，蛋制品，可可及焙烤咖啡产品，食糖，水产制品，淀粉及淀粉制品，糕点，豆制品，蜂产品，保健食品，特殊医学用途配方食品，婴幼儿配方食品，特殊膳食食品，其他食品等。

③申请食品生产许可，应当符合下列条件。

——具有与生产的食品品种、数量相适应的食品原料处理和食品加工、包装、贮存等场所，保持该场所环境整洁，并与有毒、有害场所以及其他污染源保持规定的距离。

——具有与生产的食品品种、数量相适应的生产设备或者设施，有相应的消毒、更衣、盥洗、采光、照明、通风、防腐、防尘、防蝇、防鼠、防虫、洗涤以及处理废水、存放垃圾和废弃物的设备或者设施；保健食品生产工艺有原料提取、纯化等前处理工序的，需要具备与生产的品种、数量相适应的原料前处理设备或者设施。

——有专职或者兼职的食品安全专业技术人员、食品安全管理人员和保证食品安全的规章制度。

——具有合理的设备布局和工艺流程，防止待加工食品与直接入口食品、原料与成品交叉污染，避免食品接触有毒物、不洁物。

——法律法规规定的其他条件。

④申请食品生产许可，应当向申请人所在地县级以上地方市场监管部门提交下列材料：

——食品生产许可申请书；

——食品生产设备布局图和食品生产工艺流程图；

——食品生产主要设备、设施清单；

——专职或者兼职的食品安全专业技术人员、食品安全管理人员信息和食品安全管理制度。

⑤申请保健食品、特殊医学用途配方食品、婴幼儿配方食品等特殊食品的生产许可，还应当提交与所生产食品相适应的生产质量管理体系文件以及相关注册和备案文件。

⑥从事食品添加剂生产活动，应当依法取得食品添加剂生产许可。申请食品添加剂生产许可，应当具备与所生产食品添加剂品种相适应的场所、生产设备或者设施、食品安全管理人员、专业技术人员和管理制度。

⑦申请食品添加剂生产许可，应当向申请人所在地县级以上地方市场监管部门提交下列材料：

——食品添加剂生产许可申请书；

——食品添加剂生产设备布局图和生产工艺流程图；

——食品添加剂生产主要设备、设施清单；

——专职或者兼职的食品安全专业技术人员、食品安全管理人员信息和食品安全管理制度。

⑧申请人应当如实向市场监管部门提交有关材料和反映真实情况，对申请材料的真实性负责，并在申请书等材料上签名或者盖章。

二、受理

①县级以上地方市场监管部门对申请人提出的食品生产许可申请，应当根据下列情况分别做出处理。

——申请事项依法不需要取得食品生产许可的，应当即时告知申请人不受理。

——申请事项依法不属于市场监管部门职权范围的，应当即时做出不予受理的决定，并告知申请人向有关行政机关申请。

——申请材料存在可以当场更正的错误的，应当允许申请人当场更正，由申请人在更正处签名或者盖章，注明更正日期。

——申请材料不齐全或者不符合法定形式的，应当当场或者在 5 个工作日内一次告知申请人需要补正的全部内容。当场告知的，应当将申请材料退回申请人；在 5 个工作日内告知的，应当收取申请材料并出具收到申请材料的凭据。逾期不告知的，自收到申请材料之日起即为受理。

——申请材料齐全、符合法定形式，或者申请人按照要求提交全部补正材料的，应当受理食品生产许可申请。

②县级以上地方市场监管部门对申请人提出的申请决定予以受理的，应当出具受理通知书；决定不予受理的，应当出具不予受理通知书，说明不予受理的理由，并告知申请人依法享有申请行政复议或者提起行政诉讼的权利。

三、审查

①县级以上地方市场监管部门应当对申请人提交的申请材料进行审查。需要对申请材料的实质内容进行核实的，应当进行现场核查。

②市场监管部门开展食品生产许可现场核查时，应当按照申请材料进行核查。对首次申请许可或者增加食品类别的变更许可的，根据食品生产工艺流程等要求，核查试制食品的检验报告。开展食品添加剂生产许可现场核查时，可以根据食品添加剂品种特点，核查试制食品添加剂的检验报告和复配食品添加剂配方等。试制食品检验可以由生产者自行检验，或者委托有资质的食品检验机构检验。

③现场核查应当由食品安全监管人员进行，根据需要可以聘请专业技术人员作为核查人员参加现场核查。核查人员不得少于2人。核查人员应当出示有效证件，填写食品生产许可现场核查表，制作现场核查记录，经申请人核对无误后，由核查人员和申请人在核查表和记录上签名或者盖章。申请人拒绝签名或者盖章的，核查人员应当注明情况。

④申请保健食品、特殊医学用途配方食品、婴幼儿配方乳粉生产许可，在产品注册或者产品配方注册时经过现场核查的项目，可以不再重复进行现场核查。

⑤市场监管部门可以委托下级市场监管部门，对受理的食品生产许可申请进行现场核查。特殊食品生产许可的现场核查原则上不得委托下级市场监管部门实施。

⑥核查人员应当自接受现场核查任务之日起5个工作日内，完成对生产场所的现场核查。

四、决定

①除可以当场做出行政许可决定的外，县级以上地方市场监管部门应当自受理申请之日起10个工作日内做出是否准予行政许可的决定。因特殊原因需要延长期限的，经本行政机关负责人批准，可以延长5个工作日，并应当将延长期限的理由告知申请人。

②县级以上地方市场监管部门应当根据申请材料审查和现场核查等情况，对符合条件的，做出准予生产许可的决定，并自做出决定之日起5个工作日内向申请人颁发食品生产许可证；对不符合条件的，应当及时做出不予许可的书面决定并说明理由，同时告知申请人依法享有申请行政复议或者提起行政诉讼的权利。

③食品添加剂生产许可申请符合条件的，由申请人所在地县级以上地方市场

监管部门依法颁发食品生产许可证，并标注食品添加剂。

④食品生产许可证发证日期为许可决定做出的日期，有效期为 5 年。

五、变更、延续与注销

①食品生产许可证有效期内，食品生产者名称、现有设备布局和工艺流程、主要生产设备设施、食品类别等事项发生变化，需要变更食品生产许可证载明的许可事项的，食品生产者应当在变化后 10 个工作日内向原发证的市场监管部门提出变更申请。

食品生产者的生产场所迁址的，应当重新申请食品生产许可。

食品生产许可证副本载明的同一食品类别内的事项发生变化的，食品生产者应当在变化后 10 个工作日内向原发证的市场监管部门报告。

食品生产者的生产条件发生变化，不再符合食品生产要求，需要重新办理许可手续的，应当依法办理。

②申请变更食品生产许可的，应当提交下列申请材料：

——食品生产许可变更申请书；

——与变更食品生产许可事项有关的其他材料。

③食品生产者需要延续依法取得的食品生产许可的有效期的，应当在该食品生产许可有效期届满 30 个工作日前，向原发证的市场监管部门提出申请。

④食品生产者申请延续食品生产许可，应当提交下列材料：

——食品生产许可延续申请书；

——与延续食品生产许可事项有关的其他材料。

保健食品、特殊医学用途配方食品、婴幼儿配方食品的生产企业申请延续食品生产许可的，还应当提供生产质量管理体系运行情况的自查报告。

⑤县级以上地方市场监管部门应当根据被许可人的延续申请，在该食品生产许可有效期届满前做出是否准予延续的决定。

⑥县级以上地方市场监管部门应当对变更或者延续食品生产许可的申请材料进行审查，并按照《食品生产许可管理办法》第二十一条的规定实施现场核查。

申请人声明生产条件未发生变化的，县级以上地方市场监管部门可以不再进行现场核查。

申请人的生产条件及周边环境发生变化，可能影响食品安全的，市场监管部门应当就变化情况进行现场核查。

保健食品、特殊医学用途配方食品、婴幼儿配方食品注册或者备案的生产工艺发生变化的，应当先办理注册或者备案变更手续。

⑦市场监管部门决定准予变更的，应当向申请人颁发新的食品生产许可证。食品生产许可证编号不变，发证日期为市场监管部门做出变更许可决定的日期，有效期与原证书一致。但是，对因迁址等原因而进行全面现场核查的，其换发的食品生产许可证有效期自发证之日起计算。

因食品安全国家标准发生重大变化，国家和省级市场监管部门决定组织重新核查而换发的食品生产许可证，其发证日期以重新批准日期为准，有效期自重新发证之日起计算。

⑧市场监管部门决定准予延续的，应当向申请人颁发新的食品生产许可证，许可证编号不变，有效期自市场监管部门做出延续许可决定之日起计算。

不符合许可条件的，市场监管部门应当做出不予延续食品生产许可的书面决定，并说明理由。

⑨食品生产者终止食品生产，食品生产许可被撤回、撤销，应当在 20 个工作日内向原发证的市场监管部门申请办理注销手续。

食品生产者申请注销食品生产许可的，应当向原发证的市场监管部门提交食品生产许可注销申请书。

食品生产许可被注销的，许可证编号不得再次使用。

⑩有下列情形之一，食品生产者未按规定申请办理注销手续的，原发证的市场监管部门应当依法办理食品生产许可注销手续，并在网站进行公示：

——食品生产许可有效期届满未申请延续的；

——食品生产者主体资格依法终止的；

——食品生产许可依法被撤回、撤销或者食品生产许可证依法被吊销的；

——因不可抗力导致食品生产许可事项无法实施的；

——法律法规规定的应当注销食品生产许可的其他情形。

第三节　许可审查指南

一、申请受理

1. 申请材料

①申请食品生产许可，应当向申请人所在地县级以上地方市场监管部门提交下列材料：

——食品生产许可申请书；

——食品生产设备布局图和食品生产工艺流程图；

——食品生产主要设备、设施清单；

——专职或者兼职的食品安全专业技术人员、食品安全管理人员信息和食品安全管理制度。

②申请保健食品、特殊医学用途配方食品、婴幼儿配方食品等特殊食品的生产许可，还应当提交与所生产食品相适应的生产质量管理体系文件以及相关注册和备案文件。

③申请食品添加剂生产许可，应当向申请人所在地县级以上地方市场监管部门提交下列材料：

——食品添加剂生产许可申请书；

——食品添加剂生产设备布局图和生产工艺流程图；

——食品添加剂生产主要设备、设施清单；

——专职或者兼职的食品安全专业技术人员、食品安全管理人员信息和食品安全管理制度。

2. 标准要求

①提交纸质申请材料应完整、清晰，企业法人或负责人签字并加盖企业公章；采用A4纸打印或复印；按照申请材料目录顺序装订成册。

②凡申请材料需提交复印件的，申请人（单位）需在复印件上注明“此复印件与原件相符”字样或者文字说明，注明日期，加盖单位公章；个人申请的须签

字或签章（必须是主体资格）。

③提供的各种证件及证明文件等均应有效。

④申请材料真实性的自我保证声明应由法定代表人签字（章）和加盖企业公章。

二、申请材料审查

申请材料审查标准要求如下：

①相关材料复审人对申请材料的齐全性、完整性、准确性和有效性进行审核；

②符合国家制定的食品行业发展规划和产业政策；

③材料能证明具有与其生产相适应的厂房、设施；企业食品安全管理人员、技术人员齐备；

④材料能证明具有保证食品安全的操作规程、标准文件及规章制度。

第四节　特殊食品生产许可

一、概述

为规范特殊食品生产许可审查工作，督促企业落实主体责任，保障特殊食品质量安全，依据《食品安全法》《食品安全法实施条例》《食品生产许可管理办法》《保健食品注册与备案管理办法》《食品生产许可审查通则（2022 版）》《保健食品生产许可审查细则》《特殊医学用途配方食品生产许可审查细则》《婴幼儿配方乳粉生产许可审查细则（2022 版）》等相关法律法规和 GB 17405—1998《保健食品良好生产规范》等技术标准的规定，由市场监管总局负责制定特殊食品生产许可审查标准和程序，指导各省级市场监管部门开展特殊食品生产许可审查工作。省级市场监管部门负责制定特殊食品生产许可审查流程（包括书面审查、现场核查等技术审查和行政审批），组织实施本行政区域特殊食品生产许可审查工作。

二、工作原则

1. 规范统一原则

统一颁发特殊食品生产企业食品生产许可证，明确特殊食品生产许可审查标准，规范审查工作流程，保障审查工作的规范有序。

2. 科学高效原则

按照特殊食品剂型形态进行产品分类，对申请增加同剂型产品以及生产条件未发生变化的，可以不再进行现场核查。

3. 公平公正原则

厘清技术审查与行政审批的关系，由技术审查部门组织审查组负责技术审查工作，日常监管部门负责审查工作的公平公正。

三、工作流程

特殊食品生产许可工作流程如图 3-1 所示。

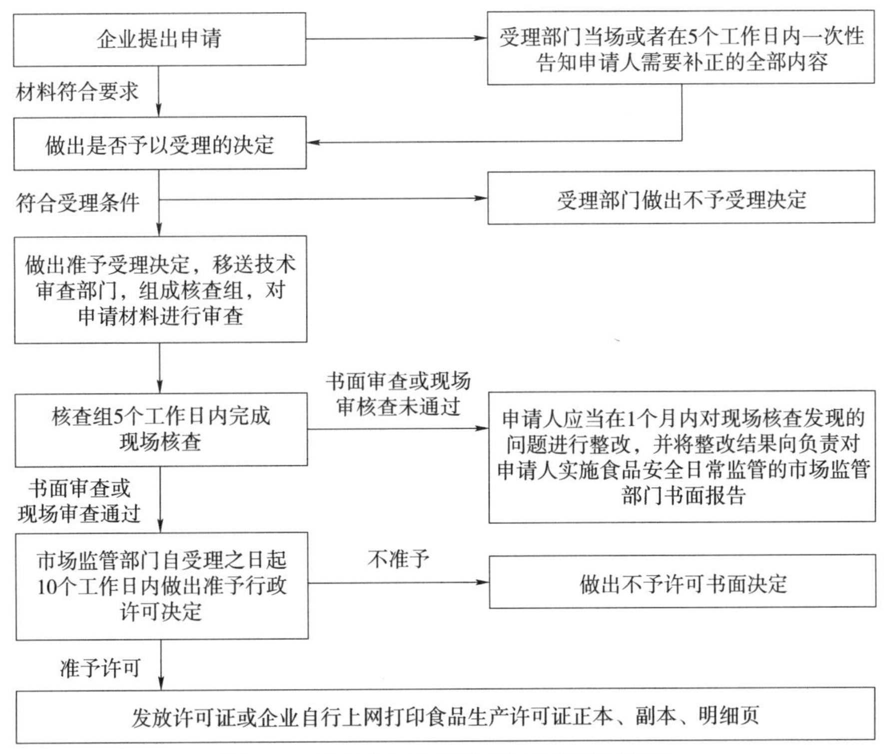

图 3-1　特殊食品生产许可工作流程示意图

1. 申请

特殊食品生产许可申请人应当是取得营业执照的合法主体，符合《食品生产许可管理办法》要求的相应条件。申请人填报“食品生产许可申请书”，并按照保健食品、特殊医学用途配方食品、婴幼儿配方乳粉生产许可申请材料目录的要求，向其所在地省级市场监管部门提交申请材料。

2. 受理

省级市场监管受理部门对申请人提出的特殊食品生产许可申请，应当按照《食品生产许可管理办法》的要求，在5个工作日内做出受理或不予受理的决定，申请材料不齐全或者不符合法定形式的，应当当场或者在5个工作日内一次告知申请人需要补正的全部内容。

3. 移送

特殊食品生产许可申请材料受理后，受理部门应将受理材料移送至特殊食品生产许可技术审查部门。技术审查部门按照“保健食品、特殊医学用途配方食品、婴幼儿配方乳粉生产许可书面审查记录表”的要求，对申请人的申请材料进行书面审查，并如实填写审查记录。

4. 做出审查结论

书面审查不合格的，技术审查部门应按照审查细则的要求提出未通过生产许可的审查意见。书面审查符合要求的，技术审查部门应做出书面审查合格的结论，组织审查组开展现场核查。现场核查不合格的，审查组应按照审查细则的要求提出未通过生产许可的审查意见；现场核查项目符合要求的，审查组应做出现场核查合格的结论；申请人经书面审查和现场核查合格的，审查组应提出通过生产许可的审查意见。技术审查部门应根据审查意见，编写保健食品、特殊医学用途配方食品、婴幼儿配方乳粉生产许可技术审查报告，并将审查材料和审查报告报送许可机关。

5. 行政审批

市场监管部门应当根据申请材料审查和现场核查等情况，对符合条件的，做出准予生产许可的决定，并自做出决定之日起5个工作日内向申请人颁发食品生产许可证；对不符合条件的，应当及时做出不予许可的书面决定并说明理由，同时告知申请人依法享有申请行政复议或者提起行政诉讼的权利。

四、受理条件

①先行取得营业执照等合法主体资格。企业法人、合伙企业、个人独资企业、个体工商户、农民专业合作组织等，以营业执照载明的主体作为申请人。

②特殊食品申请类别：保健食品，特殊医学用途配方食品，婴幼儿配方食品。

③具有与生产的食品品种、数量相适应的食品原料处理和食品加工、包装、贮存等场所，保持该场所环境整洁，并与有毒、有害场所以及其他污染源保持规定的距离。

④具有与生产的食品品种、数量相适应的生产设备或者设施，有相应的消毒、更衣、盥洗、采光、照明、通风、防腐、防尘、防蝇、防鼠、防虫、洗涤以及处理废水、存放垃圾和废弃物的设备或者设施；保健食品生产工艺有原料提取、纯化等前处理工序的，需要具备与生产的品种、数量相适应的原料前处理设备或者设施。

⑤有专职或者兼职的食品安全专业技术人员、食品安全管理人员和保证食品安全的规章制度。

⑥具有合理的设备布局和工艺流程，防止待加工食品与直接入口食品、原料与成品交叉污染，避免食品接触有毒物、不洁物。

⑦法律法规规定的其他条件。

五、申报材料

1. 新办特殊食品生产许可

①新办保健食品生产许可申报材料见表 3-1。

表 3–1　新办保健食品生产许可申报材料

序号	申报材料
1	食品生产许可申请书（材料清晰完整、盖章）
2	食品注册批准证明文件或备案证明文件（材料清晰完整、原件彩色扫描）
3	产品配方和生产工艺等技术材料（材料清晰完整、盖章）

续表

序号	申报材料
4	产品标签、说明书样稿（材料清晰完整、盖章）
5	生产场所及周围环境平面图（材料清晰完整、盖章）
6	各功能区间布局平面图（标明生产操作间、主要设备布局以及人流物流、净化空气流向；材料清晰完整）
7	生产设施设备清单（材料清晰完整、盖章）
8	食品质量管理规章制度（材料清晰完整、盖章）
9	食品生产质量管理体系文件（材料清晰完整、盖章）
10	保健食品委托生产的，提交委托生产协议（材料清晰完整、盖章、原件彩色扫描）
11	其他有助于许可审查的资料（根据细则要求，应当提交具有合法资质检测机构出具的空气洁净度检测报告；一年内产品全项目检验报告；申请涉及国家产业政策的，申请人还需提交有关部门出具的项目审批、核准或备案文件等；材料清晰完整，原件彩色扫描）
12	申请人申请保健食品原料提取物生产许可的，应提交保健食品注册证明文件或备案证明，以及经注册批准或备案的该原料提取物的生产工艺、质量标准
13	申请人申请保健食品复配营养素生产许可的，应提交保健食品注册证明文件或备案证明，以及经注册批准或备案的复配营养素的产品配方、生产工艺和质量标准
14	申请人委托他人办理保健食品生产许可申请的，代理人应当提交授权委托书以及代理人的身份证明文件
15	与保健食品生产许可事项有关的其他材料

②新办婴幼儿配方食品及特殊医学用途配方食品生产许可申报材料见表 3-2。

表 3-2　新办婴幼儿配方食品及特殊医学用途配方食品生产许可申报材料

序号	申报材料
1	食品生产许可申请书
2	食品生产设备布局图和食品生产工艺流程图
3	生产质量管理体系文件
4	产品或配方注册文件
5	食品生产主要设备、设施清单
6	专职或兼职的食品安全专业技术人员、食品管理人员信息和食品安全管理制度

2. 变更特殊食品生产许可

①变更保健食品生产许可申报材料见表 3-3。

表 3-3 变更保健食品生产许可申报材料

序号	变更项目	序号	申报材料
1	变更企业名称（含变更委托生产企业名称）	1	食品生产许可申请书
		2	保健食品生产许可证正副本复印件
		3	保健食品注册证明文件或备案证明
		4	产品标签、说明书样稿
2	变更法定代表人	1	食品生产许可申请书
		2	保健食品生产许可证正副本复印件
3	变更住所（含变更委托生产企业住所）	1	食品生产许可申请书
		2	保健食品生产许可证正副本复印件
		3	保健食品注册证明文件或备案证明
		4	产品标签、说明书样稿
		5	仅变更住所名称，实际地址未发生变化的，申请人还应提交住所名称变更的证明材料
4	变更生产地址	1	食品生产许可申请书
		2	保健食品生产许可证正副本复印件
		3	保健食品注册证明文件或备案证明
		4	产品配方和生产工艺等技术材料
		5	产品标签、说明书样稿
		6	生产场所及周围环境平面图
		7	各功能区间布局平面图（标明生产操作间、主要设备布局以及人流物流、净化空气流向）
		8	生产设施设备清单
		9	保健食品质量管理规章制度
		10	保健食品生产质量管理体系文件
		11	仅变更生产地址名称，实际地址未发生变化的，申请人提交第 1、2、3、4、6 项材料以及生产地址名称变更证明材料
5	变更生产许可品种（含原料提取物和复配营养素）	1	食品生产许可申请书
		2	保健食品生产许可证正副本复印件
		3	保健食品注册证明文件或备案证明
		4	产品配方和生产工艺等技术材料
		5	产品标签、说明书样稿

续表

序号	变更项目	序号	申报材料
5	变更生产许可品种（含原料提取物和复配营养素）	6	各功能区间布局平面图（标明生产操作间、主要设备布局以及人流物流、净化空气流向）
		7	生产设施设备清单
		8	保健食品委托生产的，提交委托生产协议
		9	申请人申请保健食品原料提取物生产许可的，应提交保健食品注册证明文件或备案证明，以及经注册批准或备案的该原料提取物的生产工艺、质量标准
		10	申请人申请保健食品复配营养素生产许可的，应提交保健食品注册证明文件或备案证明，以及经注册批准或备案的复配营养素的产品配方、生产工艺和质量标准等材料
		11	仅变更保健食品名称，产品的注册号或备案号未发生变化的，申请人提交第1、2、3、4、6项材料以及保健食品名称变更证明材料
		12	申请减少保健食品品种的，申请人提交第1、2、3项材料
6	变更工艺设备布局	1	保健食品生产许可证正副本复印件
		2	各功能区间布局平面图（标明生产操作间、主要设备布局以及人流物流、净化空气流向）
		3	生产设施设备清单
7	变更主要设施设备	1	保健食品生产许可证正副本复印件
		2	各功能区间布局平面图
		3	生产设施设备清单
8	申请人委托他人办理保健食品生产许可申请的，代理人应当提交授权委托书以及代理人的身份证明文件		
9	保健食品生产条件未发生变化的，申请人应当提交书面声明		
10	与变更保健食品生产许可有关的其他材料		

②变更婴幼儿配方食品及特殊医学用途配方食品生产许可申报材料见表3-4。

表3-4　变更婴幼儿配方食品及特殊医学用途配方食品生产许可申报材料

序号	申报材料
1	食品生产许可申请书
2	与变更食品生产许可有关的其他材料

3. 延续特殊食品生产许可

①延续保健食品生产许可申报材料见表 3-5。

表 3-5 延续保健食品生产许可申报材料

序号	申报材料
1	食品生产许可申请书（材料清晰完整、盖章）
2	食品注册批准证明文件或备案证明文件（材料清晰完整、原件彩色扫描件）
3	产品配方和生产工艺等技术材料（材料清晰完整、盖章）
4	产品标签、说明书样稿（材料清晰完整、盖章）
5	生产场所及周围环境平面图（材料清晰完整、盖章）
6	各功能区间布局平面图（标明生产操作间、主要设备布局以及人流物流、净化空气流向；材料清晰完整）
7	生产设施设备清单（材料清晰完整、盖章）
8	食品质量管理规章制度（材料清晰完整、盖章）
9	食品生产质量管理体系文件（材料清晰完整、盖章）
10	保健食品委托生产的，提交委托生产协议（材料清晰完整、盖章、原件彩色扫描）
11	申请人生产条件是否发生变化的声明（盖章、原件彩色扫描）
12	保健食品生产质量管理体系运行情况自查报告
13	法律法规规定的延续生产许可事项有关的其他材料
14	申请人委托他人办理保健食品生产许可申请的，代理人应当提交授权委托书以及代理人的身份证明文件

②延续婴幼儿配方食品及特殊医学用途配方食品生产许可申报材料见表 3-6。

表 3-6 变更婴幼儿配方食品及特殊医学用途配方食品生产许可申报材料

序号	申报材料
1	食品生产许可申请书
2	食品生产设备布局图和食品生产工艺流程图
3	生产质量管理体系文件
4	产品或配方注册文件
5	生产质量管理体系运行情况自查报告

4. 注销特殊食品生产许可

①注销保健食品生产许可申报材料见表 3-7。

表 3–7　注销保健食品生产许可申报材料

序号	申报材料
1	食品生产许可注销申请书（材料清晰完整、盖章）
2	食品生产许可证（正本、副本）原件

②婴幼儿配方食品及特殊医学用途配方食品生产许可注销应提交材料同保健食品生产许可注销。

六、书面核查

食品生产许可技术审查部门在收到受理部门移送的特殊食品生产许可申请材料后，按照“保健食品、特殊医学用途配方食品、婴幼儿配方乳粉生产许可书面审查记录表”的要求，对申请人的申请材料进行书面审查，并如实填写审查记录。

①应当对申请人提交的申请材料的种类、数量、内容、填写方式以及复印材料与原件的符合性等方面进行审查。

②申请材料均须由申请人的法定代表人或负责人签名，并加盖申请人公章。复印件应当由申请人注明“与原件一致”，并加盖申请人公章。

③食品生产许可申请书应当使用钢笔、签字笔填写或打印，字迹应当清晰、工整，修改处应当签名并加盖申请人公章。申请书中各项内容填写完整、规范、准确。

④申请人名称、法定代表人或负责人、社会信用代码或营业执照注册号、住所等填写内容应当与营业执照一致，所申请生产许可的食品类别应当在营业执照载明的经营范围内，且营业执照在有效期限内。

⑤申证产品的类别编号、类别名称及品种明细应当按照食品生产许可分类目录填写。

⑥申请材料中的食品安全管理制度设置应当完整。

⑦申请人应当配备食品安全管理人员及专业技术人员，并定期进行培训和考核。

⑧申请人及从事食品生产管理工作的食品安全管理人员应当未受到从业禁止。

⑨食品生产加工场所及其周围环境平面图、食品生产加工场所各功能区间布

局平面图、工艺设备布局图、食品生产工艺流程图等图表清晰，生产场所、主要设备设施布局合理、工艺流程符合审查细则和所执行标准规定的要求。

⑩食品生产加工场所及其周围环境平面图、食品生产加工场所各功能区间布局平面图、工艺设备布局图应当按比例标注。

七、现场核查

（一）概述

根据《食品生产许可管理办法》《食品生产许可审查通则（2022版）》《保健食品生产许可审查细则》《特殊医学用途配方食品生产许可审查细则》《婴幼儿配方乳粉出产许可审查细则（2022版）》的要求，审查部门按照法定程序，组织不少于2名食品安全监管人员对首次申请许可或变更需现场核查的保健食品生产企业（除产品注册时经过现场核查的情况外）的实际状况与申请材料的一致性、合规性进行审查。现场核查主要依据为：《食品生产许可管理办法》《食品生产许可审查通则（2022版）》《保健食品生产许可审查细则》《特殊医学用途配方食品生产许可审查细则》《婴幼儿配方乳粉生产许可审查细则（2022版）》。

（二）现场核查程序

①确定现场核查员及核查时间，出具现场核查通知书等文书。

②技术审查部门在现场核查前2个工作日告知申请人审查时间、审查内容以及需要配合事项。同时，联系属地监管部门或其派出机构选派监管人员作为观察员参加现场核查工作。

③现场核查组到达企业后，向申请人出示现场核查通知书，并通知企业相关负责人召开首次会议。

④由核查组组长主持召开首次会议。企业法定代表人（负责人）或其代理人、相关食品安全管理人员、专业技术人员、核查组成员及观察员应当参加首次会议，并在“现场核查首末次会议签到表”上签到。由核查组长向申请人介绍核查目的、依据、内容、工作程序、核查人员及工作安排等内容。

⑤核查组实施现场核查，依据“保健食品、特殊医学用途配方食品、婴幼儿配方乳粉生产许可现场核查记录表”中所列核查项目，采取核查现场、查阅文件、

仅对材料及询问相关人员等方法实施现场核查。必要时，核查组可以对申请人的食品安全管理人员、专业技术人员进行抽查考核。

⑥核查组长召集核查人员对各自负责的核查项目的评分意见共同研究，汇总核查情况，形成初步核查意见，并与申请人进行沟通。

⑦核查组对核查情况和申请人的反馈意见进行会商后，填写“保健食品、特殊医学用途配方食品、婴幼儿配方乳粉生产许可现场核查记录表”，根据审查细则要求对现场核查结论进行判定，填写“现场核查意见”等文书。

⑧核查组组长主持召开末次会议，宣布核查结论，组织核查人员、申请人及观察员在“保健食品、特殊医学用途配方食品、婴幼儿配方乳粉生产许可现场核查记录表”“现场核查意见”等文书上签署意见并签名、盖章。

⑨现场核查结束后，核查组整理归档所有资料，及时移交至技术审查部门。

⑩技术审查部门接收核查组资料后，及时对资料的完整性、规范性进行审查，填写“保健食品、特殊医学用途配方食品、婴幼儿配方乳粉生产许可技术审查报告”，盖章后随资料一同移交至省市场监管局特殊食品业务主管部门。

（三）现场核查主要内容

根据“保健食品、特殊医学用途配方食品、婴幼儿配方乳粉生产许可现场核查记录表”实施现场核查，主要分为生产条件审查、品质管理审查、生产过程审查三个方面。

（四）现场核查结论

审查组按照特殊食品（保健食品、特殊医学用途配方食品、婴幼儿配方乳粉）现场核查判断原则对核查要点进行判定，做出现场核查合格或者不合格的结论，其中不适用的审查条款除外。

（五）现场核查形成的资料清单

①现场核查通知书；

②审评任务书；

③首末次会议签到表；

④生产许可现场核查记录表；

⑤现场核查意见；

⑥特殊食品（保健食品、特殊医学用途配方食品、婴幼儿配方乳粉）生产许可技术审查报告；

⑦其他资料。

八、行政审批

（一）复查

许可机关收到技术审查部门报送的审查材料和审查报告后，应当对审查程序和审查意见的合法性、规范性以及完整性进行复查。许可机关认为技术审查环节在审查程序和审查意见方面存在问题的，应责令技术审查部门进行核实确认。

（二）决定

许可机关对通过生产许可审查的申请人，应当做出准予特殊食品生产许可的决定；对未通过生产许可审查的申请人，应当做出不予特殊食品生产许可的决定。

（三）制证

市场监管部门按照“一企一证”的原则，对通过生产许可审查的企业，颁发食品生产许可证，并标注特殊食品生产许可事项。“食品生产许可品种明细表”应载明特殊食品类别编号、类别名称、品种明细以及其他备注事项。特殊食品注册号或备案号应在备注中载明，保健食品委托生产的品种，在备注中载明委托企业名称与住所等相关信息。保健食品原料提取物生产许可，在品种明细项目标注原料提取物名称，并在备注栏目载明该保健食品名称、注册号或备案号等信息；保健食品复配营养素生产许可，应在品种明细项目标注维生素或矿物质预混料，并在备注栏目载明该保健食品名称、注册号或备案号等信息。

九、相关法律法规、部门规章、工作文件

①《食品安全法》；

②《食品安全法实施条例》；

③《中华人民共和国行政许可法》；

④《食品生产许可管理办法》；

⑤《食品生产许可审查通则（2022版）》；

⑥《保健食品生产许可审查细则》；

⑦《特殊医学用途配方食品生产许可审查细则》；

⑧《婴幼儿配方乳粉生产许可审查细则（2022版）》；

⑨《市场监管总局关于修订公布食品生产许可分类目录的公告》；

⑩《市场监管总局办公厅关于印发食品生产许可文书和食品生产许可证格式标准的通知》；

⑪《市场监管总局关于发布〈保健食品标注警示用语指南〉的公告》；

⑫《保健食品标识规定》。

第四章 食品生产监督检查

第一节　概述

一、法律法规依据

（一）《食品安全法》

第一百一十条　县级以上人民政府食品安全监督管理部门履行食品安全监督管理职责，有权采取下列措施，对生产经营者遵守本法的情况进行监督检查：

（一）进入生产经营场所实施现场检查；

（二）对生产经营的食品、食品添加剂、食品相关产品进行抽样检验；

（三）查阅、复制有关合同、票据、账簿以及其他有关资料；

（四）查封、扣押有证据证明不符合食品安全标准或者有证据证明存在安全隐患以及用于违法生产经营的食品、食品添加剂、食品相关产品；

（五）查封违法从事生产经营活动的场所。

（二）《食品安全法实施条例》

第五十九条　设区的市级以上人民政府食品安全监督管理部门根据监督管理工作需要，可以对由下级人民政府食品安全监督管理部门负责日常监督管理的食品生产经营者实施随机监督检查，也可以组织下级人民政府食品安全监督管理部门对食品生产经营者实施异地监督检查。

设区的市级以上人民政府食品安全监督管理部门认为必要的，可以直接调查处理下级人民政府食品安全监督管理部门管辖的食品安全违法案件，也可以指定其他下级人民政府食品安全监督管理部门调查处理。

（三）《食品生产经营监督检查管理办法》

《食品生产经营监督检查管理办法》于2021年12月24日由市场监管总局令第49号公布，自2022年3月15日起施行。《食品生产经营监督检查管理办法》是为了加强和规范对食品生产经营活动的监督检查，督促食品生产经营者落实主体责任，保障食品安全，根据《食品安全法》及其实施条例等法律法规制定的办法。市场监管部门对食品（含食品添加剂）生产经营者执行食品安全法律法规、规章和食品安全标准等情况实施监督检查，适用《食品生产经营监督检查管理办法》。

二、《食品生产经营监督检查管理办法》解读

（一）起草背景

依照《食品安全法》有关规定，2016年3月国家食品药品监督管理总局发布《食品生产经营日常监督检查管理办法》（国家食品药品监督管理总局令第23号），规范了食品生产经营日常监督检查工作。在此基础上，国家食品药品监督管理总局探索实施了飞行检查、体系检查，均取得较好的效果。2019年5月，中共中央、国务院发布《中共中央 国务院关于深化改革加强食品安全工作的意见》，提出严把食品加工质量安全关、严把流通销售质量安全关、严把餐饮服务质量安全关以及实施“双随机”抽查、重点检查等。2019年10月11日，新修订的《食品安全法实施条例》发布，强调要丰富监管手段，规定食品安全监管部门在日常属地管理的基础上，可以采取上级部门随机监督检查、组织异地检查等监督检查方式，对食品生产经营者的监督检查工作提出新的要求。

为了贯彻实施《食品安全法》及其实施条例，落实“四个最严”及《中共中央 国务院关于深化改革加强食品安全工作的意见》有关要求，进一步加强和规范对食品生产经营活动的监督检查，提高监管效能，督促食品生产经营者落实主体责任，市场监管总局经充分研究、深入调研、专题研讨等，对《食品生产经营日常监督检查管理办法》进行修订，形成《食品生产经营监督检查管理办法》。《食品生产经营监督检查管理办法》经2021年11月3日市场监管总局第15次局务会议通过，2021年12月24日市场监管总局令第49号公布，自2022年3月15日起施行。

（二）重点内容

《食品生产经营监督检查管理办法》强化监管部门监管责任，构建检查体系，确定检查要点，充实检查内容，明确检查要求、严格落实食品生产经营主体责任，切实把全面从严贯穿于食品安全工作始终。《食品生产经营监督检查管理办法》共 7 章 55 条，重点包括以下内容。

一是落实“四个最严”要求，实施“全覆盖”检查。规定县级以上地方市场监管部门应当每两年对本行政区域内所有食品生产经营者至少进行一次监督检查。对检查结果对消费者有重要影响的，要求食品生产经营者按照规定在食品生产经营场所醒目位置张贴或者公开展示监督检查结果记录表。对发现食品生产经营者有《食品安全法实施条例》规定的情节严重情形的，依法从严处理；对情节严重的违法行为处以罚款时，依法从重从严。同时，将监督检查情况记入食品生产经营者食品安全信用档案；对存在严重违法失信行为的，按照规定实施联合惩戒。

二是划分风险等级，强化食品安全风险管理。结合食品生产经营者的食品类别、业态规模、风险控制能力、信用状况、监督检查等情况，将食品生产经营者的风险等级从低到高分为 A、B、C、D 四个等级，并对特殊食品生产者以及中央厨房、集体用餐配送单位等高风险食品生产经营者实施重点监督检查，根据实际情况增加日常监督检查频次。同时，按照风险管理的原则，制定食品生产经营监督检查要点表，并综合考虑食品类别、企业规模、管理水平、食品安全状况、风险等级、信用档案记录等因素，编制年度监督检查计划。

三是落实“六稳”“六保”，营造法治化营商环境。针对监管实践中对《食品安全法》规定的“标签瑕疵”认定难题，细化《食品安全法》的规定，综合考虑标注内容与食品安全的关联性、当事人的主观过错、消费者对食品安全的理解和选择等因素，统一瑕疵认定情形和认定规则。同时，落实新修订的行政处罚法，完善监督检查结果认定标准，依据是否影响食品安全并结合监督检查要点表确定的一般项目、重点项目，依法启动执法调查处理程序或者责令整改。对属于初次违法且危害后果轻微并及时改正的，可以不予行政处罚；对当事人有证据足以证明没有主观过错的，不予行政处罚。

四是强化法治保障，以制度力量压实监管责任。落实党中央、国务院《关于深化改革加强食品安全工作的意见》，将飞行检查、体系检查的监督检查方式纳入法治轨道，规定市场监管部门可以根据工作需要，对通过食品安全抽样检验等发现问题线索的食品生产经营者实施飞行检查，对特殊食品、高风险大宗消费食品生产企业和大型食品经营企业等的质量管理体系运行情况实施体系检查。同时，落实《食品安全法》及其实施条例，进一步完善了监督检查的程序性规定以及责任约谈、风险控制等方面的管理要求。

市场监管部门将以实施《食品生产经营监督检查管理办法》为契机，强化食品安全风险意识，进一步加大监督检查力度，压实监管部门责任，督促问题隐患整改到位，坚决筑牢食品安全防线，坚决守护人民群众“舌尖上的安全”。

（三）亮点

将《食品生产经营监督检查管理办法》与《食品生产经营日常监督检查管理办法》进行比对分析，主要亮点如下。

1. 新增飞行检查和体系检查两种监督检查方式

2016 年 3 月发布的《食品生产经营日常监督检查管理办法》，规范了食品生产经营日常监督检查工作，在此基础上探索实施了飞行检查及体系检查，均取得较好的效果。因此，《食品生产经营监督检查管理办法》就监督检查方式进行了整合，纳入了飞行检查和体系检查。

2. 明确细化了各级监管部门的职责分工与协调配合

《食品生产经营监督检查管理办法》对各级监管部门的职责分工与协调进行了明确，主要体现在以下方面。

①市场监管总局可以根据需要组织开展监督检查。

②省级市场监管部门重点组织和协调对产品风险高、影响区域广的食品生产经营者的监督检查。

③市级市场监管部门要确保监督检查覆盖本行政区域所有食品生产经营者。

④市级以上市场监管部门根据监管工作需要，可以对由下级市场监管部门负责日常监管的食品生产经营者实施随机监督检查，也可以组织下级市场监管部门对食品生产经营者实施异地监督检查。

⑤市场监管部门应当协助、配合上级市场监管部门在本行政区域内开展监督检查。

⑥市场监管部门之间涉及管辖争议的监督检查事项，应当报请共同上一级市场监管部门确定。

⑦上级市场监管部门可以定期或者不定期组织对下级市场监管部门的监督检查工作进行监督指导。

3. 进一步细化和严格各环节检查内容

《食品生产经营监督检查管理办法》对生产、销售、餐饮等环节检查内容进行补充、细化，要求更严格，主要表现在以下方面。

①食品生产环节监督检查要点新增“标签和说明书、食品安全自查、信息记录和追溯等情况”。

②明确新增了委托生产监督检查的重点。

③食品销售环节检查要点新增“经营场所环境卫生、温度控制及记录、过期及其他不符合食品安全标准食品处置、食品安全自查、网络食品销售等情况”。

④对特殊食品生产环节和销售环节的监督检查要点进行了单独明确。

⑤明确集中交易市场开办者、展销会举办者监督检查要点应当包括举办前报告、入场食品经营者的资质审查、食品安全管理责任明确、经营环境和条件检查等情况。

⑥对温度、湿度有特殊要求的食品贮存业务的非食品生产经营者的监督检查要点应当包括备案、信息记录和追溯、食品安全要求落实等情况。

⑦餐饮服务环节监督检查要点增加“场所清洁维护和设备设施清洁维护等情况”，新增“餐饮服务环节的监督检查应当强化学校等集中用餐单位供餐的食品安全要求”。

4. 细化监督检查计划按照风险等级制定的要求

《食品生产经营监督检查管理办法》规定按照风险等级等因素编制年度监督检查计划，实施重点监督检查、飞行检查、体系检查等多种检查方式，并明确了四个风险等级的具体划分。市场监管部门应当每两年对本行政区域内所有食品生产经营者至少进行一次覆盖全部检查要点的监督检查。市场监管部门应当对特殊食品生产者，风险等级为C级、D级的食品生产者，风险等级为D级的食品经营者以及中央厨房、集体用餐配送单位等高风险食品生产经营者实施重点监督检查，并可以根据实际情况增加日常监督检查频次。市场监管部门可以根据工作需要，对通过食品安全抽样检验等发现问题线索的食品生产经营者实施飞行检查，对特殊食品、高风险大宗消费食品生产企业和大型食品经营企业等的质量管理体系运行情况实施体系检查。

5. 新增对检查人员的要求

检查人员较多的，可以组成检查组。市场监管部门根据需要可以聘请相关领域专业技术人员参加监督检查。检查人员与检查对象之间存在直接利害关系或者其他可能影响检查公正情形的，应当回避。检查人员应当当场出示有效执法证件或者市场监管部门出具的检查任务书。检查人员应当按照《食品生产经营监督检查管理办法》的规定和检查要点要求开展监督检查，并对监督检查情况如实记录。检查人员（含聘用制检查人员和相关领域专业技术人员）在实施监督检查过程中，应当严格遵守有关法律法规、廉政纪律和工作要求，不得违反规定泄露监督检查相关情况以及被检查单位的商业秘密、未披露信息或者保密商务信息。实施飞行检查，检查人员不得事先告知被检查单位飞行检查内容、检查人员行程等检查相关信息。

6. 监督检查根据需要可以进行抽样检验

《食品生产经营监督检查管理办法》第二十八条规定：市场监管部门实施监督检查，可以根据需要，依照食品安全抽样检验管理有关规定，对被检查单位生产经营的原料、半成品、成品等进行抽样检验。

7. 新增随机考核企业食品安全管理人员的要求

《食品生产经营监督检查管理办法》第二十九条规定：市场监管部门实施监督检查时，可以依法对企业食品安全管理人员随机进行监督抽查考核并公布考核情况。抽查考核不合格的，应当督促企业限期整改，并及时安排补考。

8. 细化了对不同检查结果的处理方式

《食品生产经营监督检查管理办法》将原来的“符合、基本符合与不符合”三种检查结果进一步细化，并分别明确了监管部门对不同检查结果的处理方式。

①食品生产经营者不符合监督检查要点表重点项目，影响食品安全的，市场

监管部门应当依法进行调查处理。

②食品生产经营者不符合监督检查要点表一般项目，但情节显著轻微不影响食品安全的，市场监管部门应当当场责令其整改。

③可以当场整改的，检查人员应当对食品生产经营者采取的整改措施以及整改情况进行记录；需要限期整改的，市场监管部门应当书面提出整改要求和时限。被检查单位应当按期整改，并将整改情况报告市场监管部门。市场监管部门应当跟踪整改情况并记录整改结果。

④不符合监督检查要点表一般项目，影响食品安全的，市场监管部门应当依法进行调查处理。

9. 新增对标签、说明书存在瑕疵的处理及认定

食品、食品添加剂的标签、说明书存在瑕疵的，市场监管部门应当责令当事人改正。经食品生产者采取补救措施且能保证食品安全的食品、食品添加剂可以继续销售；销售时应当向消费者明示补救措施。

有下列情形之一的，可以认定为标签、说明书瑕疵：

①文字、符号、数字的字号、字体、字高不规范，出现错别字、多字、漏字、繁体字，或者外文翻译不准确以及外文字号、字高大于中文等的；

②净含量、规格的标示方式和格式不规范，或者对没有特殊贮存条件要求的食品，未按照规定标注贮存条件的；

③食品、食品添加剂以及配料使用的俗称或者简称等不规范的；

④营养成分表、配料表顺序、数值、单位标示不规范，或者营养成分表数值修约间隔、“0”界限值、标示单位不规范的；

⑤对有证据证明未实际添加的成分，标注了“未添加”，但未按照规定标示具体含量的；

⑥市场监管总局认定的其他情节轻微，不影响食品安全，没有故意误导消费者的情形。

10. 明确 3 个月内不再重复实施监督检查

为避免重复检查，《食品生产经营监督检查管理办法》规定对于同一个食品生产经营者原则上 3 个月内不再重复实施监督检查。

11. 延长检查结果公开时间并明确公开方式

《食品生产经营监督检查管理办法》将检查结果信息公开由检查结束后 2 个工作日内延长为 20 个工作日内。明确检查结果对消费者有重要影响的，食品生产经营者应当按照规定在食品生产经营场所醒目位置张贴或者公开展示监督检查结果记录表，并保持至下次监督检查。有条件的可以通过电子屏幕等信息化方式向消费者展示监督检查结果记录表。

12. 增大处罚力度，增加罚款金额及情形

食品生产经营者撕毁、涂改监督检查结果记录表，或者未保持日常监督检查结果记录表至下次日常监督检查的，罚款金额由“2 000 元以上 3 万元以下”增加到“5 000 元以上 5 万元以下”。“处 5 000 元以上 5 万元以下罚款”的情形新增“食品生产经营者未按照规定在显著位置张贴或者公开展示相关监督检查结果记录表”。

13. 新增从重从严和从轻处罚的原则

《食品生产经营监督检查管理办法》规定，《食品安全法实施条例》第六十七条第一款规定的情节严重的情形，应当依法从重从严：

①违法行为涉及的产品货值金额 2 万元以上或者违法行为持续时间 3 个月以上；

②造成食源性疾病并出现死亡病例，或者造成 30 人以上食源性疾病但未出现死亡病例；

③故意提供虚假信息或者隐瞒真实情况；

④拒绝、逃避监督检查；

⑤因违反食品安全法律法规受到行政处罚后 1 年内又实施同一性质的食品安全违法行为，或者因违反食品安全法律法规受到刑事处罚后又实施食品安全违法行为；

⑥其他情节严重的情形。

《食品生产经营监督检查管理办法》规定以下两种情形不予行政处罚：

①食品生产经营者违反食品安全法律法规、规章和食品安全标准的规定，属于初次违法且危害后果轻微并及时改正的；

②当事人有证据足以证明没有主观过错的。

第二节　监督检查程序

监督检查应当遵循属地负责、风险管理、程序合法、公正公开的原则，由县级以上地方市场监管部门按照规定在覆盖所有食品生产经营者的基础上，结合食品生产经营者信用状况，随机选取食品生产经营者、随机选派监督检查人员实施监督检查。

《食品生产经营监督检查管理办法》设置“第四章　监督检查程序”，从第二十一条至第三十五条共 15 条，对监督检查程序进行了明确规定。

一、编制检查计划

第二十一条　县级以上地方市场监督管理部门应当按照本级人民政府食品安全年度监督管理计划，综合考虑食品类别、企业规模、管理水平、食品安全状况、风险等级、信用档案记录等因素，编制年度监督检查计划。

县级以上地方市场监督管理部门按照国家市场监督管理总局的规定，根据风险管理的原则，结合食品生产经营者的食品类别、业态规模、风险控制能力、信用状况、监督检查等情况，将食品生产经营者的风险等级从低到高分为 A 级风险、B 级风险、C 级风险、D 级风险四个等级。

二、检查频次及检查类别

第二十二条　市场监督管理部门应当每两年对本行政区域内所有食品生产经营者至少进行一次覆盖全部检查要点的监督检查。

市场监督管理部门应当对特殊食品生产者，风险等级为 C 级、D 级的食品生产者，风险等级为 D 级的食品经营者以及中央厨房、集体用餐配送单位等高风险食品生产经营者实施重点监督检查，并可以根据实际情况增加日常监督检查频次。

市场监督管理部门可以根据工作需要，对通过食品安全抽样检验等发现问题线索的食品生产经营者实施飞行检查，对特殊食品、高风险大宗消费食品生产企业和大型食品经营企业等的质量管理体系运行情况实施体系检查。

三、检查人员

第二十三条 市场监督管理部门组织实施监督检查应当由2名以上（含2名）监督检查人员参加。检查人员较多的，可以组成检查组。市场监督管理部门根据需要可以聘请相关领域专业技术人员参加监督检查。

检查人员与检查对象之间存在直接利害关系或者其他可能影响检查公正情形的，应当回避。

四、出示有效执法证件

第二十四条 检查人员应当当场出示有效执法证件或者市场监督管理部门出具的检查任务书。

五、检查权利

第二十五条 市场监督管理部门实施监督检查，有权采取下列措施，被检查单位不得拒绝、阻挠、干涉：

（一）进入食品生产经营等场所实施现场检查；

（二）对被检查单位生产经营的食品进行抽样检验；

（三）查阅、复制有关合同、票据、账簿以及其他有关资料；

（四）查封、扣押有证据证明不符合食品安全标准或者有证据证明存在安全隐患以及用于违法生产经营的食品、工具和设备；

（五）查封违法从事食品生产经营活动的场所；

（六）法律法规规定的其他措施。

六、食品生产者主体义务

第二十六条 食品生产经营者应当配合监督检查工作，按照市场监督管理部门的要求，开放食品生产经营场所，回答相关询问，提供相关合同、票据、账簿以及前次监督检查结果和整改情况等其他有关资料，协助生产经营现场检查和抽样检验，并为检查人员提供必要的工作条件。

七、如实记录检查情况

第二十七条 检查人员应当按照本办法规定和检查要点要求开展监督检查，并对监督检查情况如实记录。除飞行检查外，实施监督检查应当覆盖检查要点所有检查项目。

八、抽样检验

第二十八条 市场监督管理部门实施监督检查，可以根据需要，依照食品安全抽样检验管理有关规定，对被检查单位生产经营的原料、半成品、成品等进行抽样检验。

九、食品安全管理员抽考

第二十九条 市场监督管理部门实施监督检查时，可以依法对企业食品安全管理人员随机进行监督抽查考核并公布考核情况。抽查考核不合格的，应当督促企业限期整改，并及时安排补考。

十、保存检查记录及相关证据

第三十条 检查人员在监督检查中应当对发现的问题进行记录，必要时可以拍摄现场情况，收集或者复印相关合同、票据、账簿以及其他有关资料。

检查人员认为食品生产经营者涉嫌违法违规的相关证据可能灭失或者以后难以取得的，可以依法采取证据保全或者行政强制措施，并执行市场监管行政处罚程序相关规定。

检查记录以及相关证据，可以作为行政处罚的依据。

十一、确定检查结果

第三十一条 检查人员应当综合监督检查情况进行判定，确定检查结果。

有发生食品安全事故潜在风险的，食品生产经营者应当立即停止生产经营活动。

十二、重点项目情形

第三十二条 发现食品生产经营者不符合监督检查要点表重点项目，影响食品安全的，市场监督管理部门应当依法进行调查处理。

十三、一般项目情形

第三十三条 发现食品生产经营者不符合监督检查要点表一般项目，但情节显著轻微不影响食品安全的，市场监督管理部门应当当场责令其整改。

可以当场整改的，检查人员应当对食品生产经营者采取的整改措施以及整改情况进行记录；需要限期整改的，市场监督管理部门应当书面提出整改要求和时限。被检查单位应当按期整改，并将整改情况报告市场监督管理部门。市场监督管理部门应当跟踪整改情况并记录整改结果。

不符合监督检查要点表一般项目，影响食品安全的，市场监督管理部门应当依法进行调查处理。

十四、检查文书签字或盖章

第三十四条 食品生产经营者应当按照检查人员要求，在现场检查、询问、抽样检验等文书以及收集、复印的有关资料上签字或者盖章。

被检查单位拒绝在相关文书、资料上签字或者盖章的，检查人员应当注明原因，并可以邀请有关人员作为见证人签字、盖章，或者采取录音、录像等方式进行记录，作为监督执法的依据。

十五、检查检验结果告知

第三十五条 检查人员应当将监督检查结果现场书面告知食品生产经营者。需要进行检验检测的，市场监督管理部门应当及时告知检验结论。

上级市场监督管理部门组织的监督检查，还应当将监督检查结果抄送食品生产经营者所在地市场监督管理部门。

第三节　各生产环节的检查指引

一、食品安全国家标准

GB 14881—2013《食品安全国家标准　食品生产通用卫生规范》是食品生产过程卫生要求的强制性国家标准，规定了食品生产过程中原料采购、加工、包装、贮存和运输等环节的场所、设施、人员的基本要求和管理准则。该标准适用于各类食品的生产，如确有必要制定某类食品生产的专项卫生规范，应当以该标准作为基础。

二、GB 14881—2013 简介

（一）目的

制定和实施 GB 14881—2013 的目的是控制食品生产污染。

①树立过程控制理念，倡导管理前移，过程防控为主，节约终产品检测成本，提高企业自管和政府监管效率。

②强化企业主体责任，通过设计、加强管理来保证食品安全。

③基于危害开展风险分析，采用适当的过程控制手段，严格的执行来消除危害。

④鼓励更好的控制措施，达到控制污染原则要求。

（二）作用

①规范企业食品生产过程管理的技术措施和要求。

②监管部门开展生产过程监管与执法的重要依据。

③鼓励社会监督食品安全的重要手段。

三、选址及厂区环境

（一）选址（对应 GB 14881—2013 的 3.1）

①厂区不应选择对食品有显著污染的区域。如某地对食品安全和食品宜食用

性存在明显的不利影响，且无法通过采取措施加以改善，应避免在该地址建厂。

②厂区不应选择有害废弃物以及粉尘、有害气体、放射性物质和其他扩散性污染源不能有效清除的地址。

③厂区不宜选择易发生洪涝灾害的地区，难以避开时应设计必要的防范措施。

④厂区周围不宜有虫害大量孳生的潜在场所，难以避开时应设计必要的防范措施。

（二）厂区环境（对应 GB 14881—2013 的 3.2）

①应考虑环境给食品生产带来的潜在污染风险，并采取适当的措施将其降至最低水平。

②厂区应合理布局，各功能区域划分明显，并有适当的分离或分隔措施，防止交叉污染。

③厂区内的道路应铺设混凝土、沥青，或者其他硬质材料；空地应采取必要措施，如铺设水泥、地砖或铺设草坪等方式，保持环境清洁，防止正常天气下扬尘和积水等现象的发生。

④厂区绿化应与生产车间保持适当距离，植被应定期维护，以防止虫害的孳生。

⑤厂区应有适当的排水系统。

⑥宿舍、食堂、职工娱乐设施等生活区应与生产区保持适当距离或分隔。

四、厂房和车间

（一）设计和布局（对应 GB 14881—2013 的 4.1）

①厂房和车间的内部设计和布局应满足食品卫生操作要求，避免食品生产中发生交叉污染。

②厂房和车间的设计应根据生产工艺合理布局，预防和降低产品受污染的风险。

③厂房和车间应根据产品特点、生产工艺、生产特性以及生产过程对清洁程度的要求合理划分作业区，并采取有效分离或分隔。如：通常可划分为清洁作业区、准清洁作业区和一般作业区；或清洁作业区和一般作业区等。一般作业区应

与其他作业区域分隔。

④厂房内设置的检验室应与生产区域分隔。

⑤厂房的面积和空间应与生产能力相适应，便于设备安置、清洁消毒、物料存储及人员操作。

（二）建筑内部结构与材料（对应 GB 14881—2013 的 4.2）

1. 内部结构

建筑内部结构应易于维护、清洁或消毒。应采用适当的耐用材料建造。

2. 顶棚

①顶棚应使用无毒、无味、与生产需求相适应、易于观察清洁状况的材料建造；若直接在屋顶内层喷涂涂料作为顶棚，应使用无毒、无味、防霉、不易脱落、易于清洁的涂料。

②顶棚应易于清洁、消毒，在结构上不利于冷凝水垂直滴下，防止虫害和霉菌孳生。

③蒸汽、水、电等配件管路应避免设置于暴露食品的上方；如确需设置，应有能防止灰尘散落及水滴掉落的装置或措施。

3. 墙壁

①墙面、隔断应使用无毒、无味的防渗透材料建造，在操作高度范围内的墙面应光滑、不易积累污垢且易于清洁；若使用涂料，应无毒、无味、防霉、不易脱落、易于清洁。

②墙壁、隔断和地面交界处应结构合理、易于清洁，能有效避免污垢积存。例如设置漫弯形交界面等。

4. 门窗

①门窗应闭合严密。门的表面应平滑、防吸附、不渗透，并易于清洁、消毒。应使用不透水、坚固、不变形的材料制成。

②清洁作业区和准清洁作业区与其他区域之间的门应能及时关闭。

③窗户玻璃应使用不易碎材料。若使用普通玻璃，应采取必要的措施防止玻璃破碎后对原料、包装材料及食品造成污染。

④窗户如设置窗台，其结构应能避免灰尘积存且易于清洁。可开启的窗户应

装有易于清洁的防虫害窗纱。

5. 地面

①地面应使用无毒、无味、不渗透、耐腐蚀的材料建造。地面的结构应有利于排污和清洗的需要。

②地面应平坦防滑，无裂缝，易于清洁、消毒，并有适当的措施防止积水。

五、设施与设备

（一）设施（对应 GB 14881—2013 的 5.1）

1. 供水设施

①应能保证水质、水压、水量及其他要求符合生产需要。

②食品加工用水的水质应符合 GB 5749 的规定，对加工用水水质有特殊要求的食品应符合相应规定。间接冷却水、锅炉用水等食品生产用水的水质应符合生产需要。

③食品加工用水与其他不与食品接触的用水（如间接冷却水、污水或废水等）应以完全分离的管路输送，避免交叉污染。各管路系统应明确标识以便区分。

④自备水源及供水设施应符合有关规定。供水设施中使用的涉及饮用水卫生安全产品还应符合国家相关规定。

2. 排水设施

①排水系统的设计和建造应保证排水畅通、便于清洁维护；应适应食品生产的需要，保证食品及生产、清洁用水不受污染。

②排水系统入口应安装带水封的地漏等装置，以防止固体废弃物进入及浊气逸出。

③排水系统出口应有适当措施以降低虫害风险。

④室内排水的流向应由清洁程度要求高的区域流向清洁程度要求低的区域，且应有防止逆流的设计。

⑤污水在排放前应经适当方式处理，以符合国家污水排放的相关规定。

3. 清洁消毒设施

应配备足够的食品、工器具和设备的专用清洁设施，必要时应配备适宜的消毒设施。应采取措施避免清洁、消毒工器具带来的交叉污染。

4. 废弃物存放设施

应配备设计合理、防止渗漏、易于清洁的存放废弃物的专用设施；车间内存放废弃物的设施和容器应标识清晰。必要时应在适当地点设置废弃物临时存放设施，并依废弃物特性分类存放。

5. 个人卫生设施

①生产场所或生产车间入口处应设置更衣室；必要时特定的作业区入口处可按需要设置更衣室。更衣室应保证工作服与个人服装及其他物品分开放置。

②生产车间入口及车间内必要处，应按需设置换鞋（穿戴鞋套）设施或工作鞋靴消毒设施。如设置工作鞋靴消毒设施，其规格尺寸应能满足消毒需要。

③应根据需要设置卫生间，卫生间的结构、设施与内部材质应易于保持清洁；卫生间内的适当位置应设置洗手设施。卫生间不得与食品生产、包装或贮存等区域直接连通。

④应在清洁作业区入口设置洗手、干手和消毒设施；如有需要，应在作业区内适当位置加设洗手和（或）消毒设施；与消毒设施配套的水龙头其开关应为非手动式。

⑤洗手设施的水龙头数量应与同班次食品加工人员数量相匹配，必要时应设置冷热水混合器。洗手池应采用光滑、不透水、易清洁的材质制成，其设计及构造应易于清洁消毒。应在邻近洗手设施的显著位置标示简明易懂的洗手方法。

⑥根据对食品加工人员清洁程度的要求，必要时应可设置风淋室、淋浴室等设施。

6. 通风设施

①应具有适宜的自然通风或人工通风措施，必要时应通过自然通风或机械设施有效控制生产环境的温度和湿度。通风设施应避免空气从清洁度要求低的作业区域流向清洁度要求高的作业区域。

②应合理设置进气口位置，进气口与排气口和户外垃圾存放装置等污染源保持适宜的距离和角度。进、排气口应装有防止虫害侵入的网罩等设施。通风排气设施应易于清洁、维修或更换。

③若生产过程需要对空气进行过滤净化处理，应加装空气过滤装置并定期清洁。

④根据生产需要，必要时应安装除尘设施。

7. 照明设施

①厂房内应有充足的自然采光或人工照明，光泽和亮度应能满足生产和操作需要；光源应使食品呈现真实的颜色。

②如需在暴露食品和原料的正上方安装照明设施，应使用安全型照明设施或采取防护措施。

8. 仓储设施

①应具有与所生产产品的数量、贮存要求相适应的仓储设施。

②仓库应以无毒、坚固的材料建成；仓库地面应平整，便于通风换气。仓库的设计应能易于维护和清洁，防止虫害藏匿，并应有防止虫害侵入的装置。

③原料、半成品、成品、包装材料等应依据性质的不同分设贮存场所，或分区域码放，并有明确标识，防止交叉污染。必要时仓库应设有温度、湿度控制设施。

④贮存物品应与墙壁、地面保持适当距离，以利于空气流通及物品搬运。

⑤清洁剂、消毒剂、杀虫剂、润滑剂、燃料等物质应分别安全包装，明确标识，并应与原料、半成品、成品、包装材料等分隔放置。

9. 温控设施

①应根据食品生产的特点，配备适宜的加热、冷却、冷冻等设施，以及用于监测温度的设施。

②根据生产需要，可设置控制室温的设施。

（二）设备（对应 GB 14881—2013 的 5.2）

1. 生产设备

（1）一般要求

应配备与生产能力相适应的生产设备，并按工艺流程有序排列，避免引起交叉污染。

（2）材质

①与原料、半成品、成品接触的设备与用具，应使用无毒、无味、抗腐蚀、

不易脱落的材料制作，并应易于清洁和保养。

②设备、工器具等与食品接触的表面应使用光滑、无吸收性、易于清洁保养和消毒的材料制成，在正常生产条件下不会与食品、清洁剂和消毒剂发生反应，并应保持完好无损。

（3）设计

①所有生产设备应从设计和结构上避免零件、金属碎屑、润滑油，或其他污染因素混入食品，并应易于清洁消毒、易于检查和维护。

②设备应不留空隙地固定在墙壁或地板上，或在安装时与地面和墙壁间保留足够空间，以便清洁和维护。

2. 监控设备

用于监测、控制、记录的设备，如压力表、温度计、记录仪等，应定期校准、维护。

3. 设备的保养和维修

应建立设备保养和维修制度，加强设备的日常维护和保养，定期检修，及时记录。

六、卫生管理

（一）卫生管理制度（对应 GB 14881—2013 的 6.1）

①应制定食品加工人员和食品生产卫生管理制度以及相应的考核标准，明确岗位职责，实行岗位责任制。

②应根据食品的特点以及生产、贮存过程的卫生要求，建立对保证食品安全具有显著意义的关键控制环节的监控制度，良好实施并定期检查，发现问题及时纠正。

③应制定针对生产环境、食品加工人员、设备及设施等的卫生监控制度，确立内部监控的范围、对象和频率。记录并存档监控结果，定期对执行情况和效果进行检查，发现问题及时整改。

④应建立清洁消毒制度和清洁消毒用具管理制度。清洁消毒前后的设备和工器具应分开放置妥善保管，避免交叉污染。

（二）厂房及设施卫生管理（对应 GB 14881—2013 的 6.2）

①厂房内各项设施应保持清洁，出现问题及时维修或更新；厂房地面、屋顶、天花板及墙壁有破损时，应及时修补。

②生产、包装、贮存等设备及工器具，生产用管道，裸露食品接触表面等应定期清洁消毒。

（三）食品加工人员健康管理与卫生要求（对应 GB 14881—2013 的 6.3）

1. 食品加工人员健康管理

①应建立并执行食品加工人员健康管理制度。

②食品加工人员每年应进行健康检查，取得健康证明；上岗前应接受卫生培训。

③食品加工人员如患有痢疾、伤寒、甲型病毒性肝炎、戊型病毒性肝炎等消化道传染病，以及患有活动性肺结核、化脓性或者渗出性皮肤病等有碍食品安全的疾病，或有明显皮肤损伤未愈合的，应调整到其他不影响食品安全的工作岗位。

2. 食品加工人员卫生要求

①进入食品生产场所前应整理个人卫生，防止污染食品。

②进入作业区域应规范穿着洁净的工作服，并按要求洗手、消毒；头发应藏于工作帽内或使用发网约束。

③进入作业区域不应佩戴饰物、手表，不应化妆、染指甲、喷洒香水；不得携带或存放与食品生产无关的个人用品。

④使用卫生间、接触可能污染食品的物品，或从事与食品生产无关的其他活动后，再次从事接触食品、食品工器具、食品设备等与食品生产相关的活动前应洗手消毒。

3. 来访者

非食品加工人员不得进入食品生产场所，特殊情况下进入时应遵守和食品加工人员同样的卫生要求。

（四）虫害控制（对应 GB 14881—2013 的 6.4）

①应保持建筑物完好、环境整洁，防止虫害侵入及孳生。

②应制定和执行虫害控制措施，并定期检查。生产车间及仓库应采取有效措施（如纱帘、纱网、防鼠板、防蝇灯、风幕等），防止鼠类昆虫等侵入。若发现有

虫鼠害痕迹时，应追查来源，消除隐患。

③应准确绘制虫害控制平面图，标明捕鼠器、粘鼠板、灭蝇灯、室外诱饵投放点、生化信息素捕杀装置等放置的位置。

④厂区应定期进行除虫灭害工作。

⑤采用物理、化学或生物制剂进行处理时，不应影响食品安全和食品应有的品质，不应污染食品接触表面、设备、工器具及包装材料。除虫灭害工作应有相应的记录。

⑥使用各类杀虫剂或其他药剂前，应做好预防措施避免对人身、食品、设备工具造成污染；不慎污染时，应及时将被污染的设备、工具彻底清洁，消除污染。

（五）废弃物处理（对应 GB 14881—2013 的 6.5）

①应制定废弃物存放和清除制度，有特殊要求的废弃物其处理方式应符合有关规定。废弃物应定期清除；易腐败的废弃物应尽快清除；必要时应及时清除废弃物。

②车间外废弃物放置场所应与食品加工场所隔离防止污染；应防止不良气味或有害有毒气体溢出；应防止虫害孳生。

（六）工作服管理（对应 GB 14881—2013 的 6.6）

①进入作业区域应穿着工作服。

②应根据食品的特点及生产工艺的要求配备专用工作服，如衣、裤、鞋靴、帽和发网等，必要时还可配备口罩、围裙、套袖、手套等。

③应制定工作服的清洗保洁制度，必要时应及时更换；生产中应注意保持工作服干净完好。

④工作服的设计、选材和制作应适应不同作业区的要求，降低交叉污染食品的风险；应合理选择工作服口袋的位置、使用的连接扣件等，降低内容物或扣件掉落污染食品的风险。

七、食品原料、食品添加剂和食品相关产品

（一）一般要求（对应 GB 14881—2013 的 7.1）

应建立食品原料、食品添加剂和食品相关产品的采购、验收、运输和贮存管

理制度，确保所使用的食品原料、食品添加剂和食品相关产品符合国家有关要求。不得将任何危害人体健康和生命安全的物质添加到食品中。

（二）食品原料（对应 GB 14881—2013 的 7.2）

①采购的食品原料应当查验供货者的许可证和产品合格证明文件；对无法提供合格证明文件的食品原料，应当依照食品安全标准进行检验。

②食品原料必须经过验收合格后方可使用。经验收不合格的食品原料应在指定区域与合格品分开放置并明显标记，并应及时进行退、换货等处理。

③加工前宜进行感官检验，必要时应进行实验室检验；检验发现涉及食品安全项目指标异常的，不得使用；只应使用确定适用的食品原料。

④食品原料运输及贮存中应避免日光直射、备有防雨防尘设施；根据食品原料的特点和卫生需要，必要时还应具备保温、冷藏、保鲜等设施。

⑤食品原料运输工具和容器应保持清洁、维护良好，必要时应进行消毒。食品原料不得与有毒、有害物品同时装运，避免污染食品原料。

⑥食品原料仓库应设专人管理，建立管理制度，定期检查质量和卫生情况，及时清理变质或超过保质期的食品原料。仓库出货顺序应遵循先进先出的原则，必要时应根据不同食品原料的特性确定出货顺序。

（三）食品添加剂（对应 GB 14881—2013 的 7.3）

①采购食品添加剂应当查验供货者的许可证和产品合格证明文件。食品添加剂必须经过验收合格后方可使用。

②运输食品添加剂的工具和容器应保持清洁、维护良好，并能提供必要的保护，避免污染食品添加剂。

③食品添加剂的贮藏应有专人管理，定期检查质量和卫生情况，及时清理变质或超过保质期的食品添加剂。仓库出货顺序应遵循先进先出的原则，必要时应根据食品添加剂的特性确定出货顺序。

（四）食品相关产品（对应 GB 14881—2013 的 7.4）

①采购食品包装材料、容器、洗涤剂、消毒剂等食品相关产品应当查验产品的合格证明文件，实行许可管理的食品相关产品还应查验供货者的许可证。食品包装材料等食品相关产品必须经过验收合格后方可使用。

②运输食品相关产品的工具和容器应保持清洁、维护良好，并能提供必要的保护，避免污染食品原料和交叉污染。

③食品相关产品的贮藏应有专人管理，定期检查质量和卫生情况，及时清理变质或超过保质期的食品相关产品。仓库出货顺序应遵循先进先出的原则。

（五）其他（对应 GB 14881—2013 的 7.5）

盛装食品原料、食品添加剂、直接接触食品的包装材料的包装或容器，其材质应稳定、无毒无害，不易受污染，符合卫生要求。

食品原料、食品添加剂和食品包装材料等进入生产区域时应有一定的缓冲区域或外包装清洁措施，以降低污染风险。

八、生产过程的食品安全控制

（一）产品污染风险控制（对应 GB 14881—2013 的 8.1）

①应通过危害分析方法明确生产过程中的食品安全关键环节，并设立食品安全关键环节的控制措施。在关键环节所在区域，应配备相关的文件以落实控制措施，如配料（投料）表、岗位操作规程等。

②鼓励采用危害分析与关键控制点体系（HACCP）对生产过程进行食品安全控制。

（二）生物污染的控制（对应 GB 14881—2013 的 8.2）

1. 清洁和消毒

①应根据原料、产品和工艺的特点，针对生产设备和环境制定有效的清洁消毒制度，降低微生物污染的风险。

②清洁消毒制度应包括以下内容：清洁消毒的区域、设备或器具名称；清洁消毒工作的职责；使用的洗涤、消毒剂；清洁消毒方法和频率；清洁消毒效果的验证及不符合的处理；清洁消毒工作及监控记录。

③应确保实施清洁消毒制度，如实记录；及时验证消毒效果，发现问题及时纠正。

2. 食品加工过程的微生物监控

①根据产品特点确定关键控制环节进行微生物监控；必要时应建立食品加工

过程的微生物监控程序，包括生产环境的微生物监控和过程产品的微生物监控。

②食品加工过程的微生物监控程序应包括：微生物监控指标、取样点、监控频率、取样和检测方法、评判原则和整改措施等，具体可参照 GB 14881—2013 附录 A 的要求，结合生产工艺及产品特点制定。

③微生物监控应包括致病菌监控和指示菌监控，食品加工过程的微生物监控结果应能反映食品加工过程中对微生物污染的控制水平。

（三）化学污染的控制（对应 GB 14881—2013 的 8.3）

①应建立防止化学污染的管理制度，分析可能的污染源和污染途径，制定适当的控制计划和控制程序。

②应当建立食品添加剂和食品工业用加工助剂的使用制度，按照 GB 2760 的要求使用食品添加剂。

③不得在食品加工中添加食品添加剂以外的非食用化学物质和其他可能危害人体健康的物质。

④生产设备上可能直接或间接接触食品的活动部件若需润滑，应当使用食用油脂或能保证食品安全要求的其他油脂。

⑤建立清洁剂、消毒剂等化学品的使用制度。除清洁消毒必需和工艺需要，不应在生产场所使用和存放可能污染食品的化学制剂。

⑥食品添加剂、清洁剂、消毒剂等均应采用适宜的容器妥善保存，且应明显标示、分类贮存；领用时应准确计量，做好使用记录。

⑦应当关注食品在加工过程中可能产生有害物质的情况，鼓励采取有效措施降低其风险。

（四）物理污染的控制（对应 GB 14881—2013 的 8.4）

①应建立防止异物污染的管理制度，分析可能的污染源和污染途径，并制定相应的控制计划和控制程序。

②应通过采取设备维护、卫生管理、现场管理、外来人员管理及加工过程监督等措施，最大程度地降低食品受到玻璃、金属、塑胶等异物污染的风险。

③应采取设置筛网、捕集器、磁铁、金属检查器等有效措施降低金属或其他异物污染食品的风险。

④当进行现场维修、维护及施工等工作时，应采取适当措施避免异物、异味、碎屑等污染食品。

（五）包装（对应 GB 14881—2013 的 8.5）

①食品包装应能在正常的贮存、运输、销售条件下最大限度地保护食品的安全性和食品品质。

②使用包装材料时应核对标识，避免误用；应如实记录包装材料的使用情况。

九、检验（对应 GB 14881—2013 的第 9 章）

①应通过自行检验或委托具备相应资质的食品检验机构对原料和产品进行检验，建立食品出厂检验记录制度。

②自行检验应具备与所检项目适应的检验室和检验能力；由具有相应资质的检验人员按规定的检验方法检验；检验仪器设备应按期检定。

③检验室应有完善的管理制度，妥善保存各项检验的原始记录和检验报告。应建立产品留样制度，及时保留样品。

④应综合考虑产品特性、工艺特点、原料控制情况等因素合理确定检验项目和检验频次以有效验证生产过程中的控制措施。净含量、感官要求以及其他容易受生产过程影响而变化的检验项目的检验频次应大于其他检验项目。

⑤同一品种不同包装的产品，不受包装规格和包装形式影响的检验项目可以一并检验。

十、食品的贮存和运输（对应 GB 14881—2013 的第 10 章）

①根据食品的特点和卫生需要选择适宜的贮存和运输条件，必要时应配备保温、冷藏、保鲜等设施。不得将食品与有毒、有害、或有异味的物品一同贮存运输。

②应建立和执行适当的仓储制度，发现异常应及时处理。

③贮存、运输和装卸食品的容器、工器具和设备应当安全、无害，保持清洁，降低食品污染的风险。

④贮存和运输过程中应避免日光直射、雨淋、显著的温湿度变化和剧烈撞击等，防止食品受到不良影响。

十一、产品召回管理（对应 GB 14881—2013 的第 11 章）

①应根据国家有关规定建立产品召回制度。

②当发现生产的食品不符合食品安全标准或存在其他不适于食用的情况时，应当立即停止生产，召回已经上市销售的食品，通知相关生产经营者和消费者，并记录召回和通知情况。

③对被召回的食品，应进行无害化处理或者予以销毁，防止其再次流入市场。对因标签、标识或者说明书不符合食品安全标准而被召回的食品，应采取能保证食品安全，且便于重新销售时向消费者明示的补救措施。

④应合理划分记录生产批次，采用产品批号等方式进行标识，便于产品追溯。

十二、培训（对应 GB 14881—2013 的第 12 章）

①应建立食品生产相关岗位的培训制度，对食品加工人员以及相关岗位的从业人员进行相应的食品安全知识培训。

②应通过培训促进各岗位从业人员遵守食品安全相关法律法规标准和执行各项食品安全管理制度的意识和责任，提高相应的知识水平。

③应根据食品生产不同岗位的实际需求，制定和实施食品安全年度培训计划并进行考核，做好培训记录。

④当食品安全相关的法律法规标准更新时，应及时开展培训。

⑤应定期审核和修订培训计划，评估培训效果，并进行常规检查，以确保培训计划的有效实施。

十三、管理制度和人员（对应 GB 14881—2013 的第 13 章）

①应配备食品安全专业技术人员、管理人员，并建立保障食品安全的管理制度。

②食品安全管理制度应与生产规模、工艺技术水平和食品的种类特性相适应，

应根据生产实际和实施经验不断完善食品安全管理制度。

③管理人员应了解食品安全的基本原则和操作规范，能够判断潜在的危险，采取适当的预防和纠正措施，确保有效管理。

十四、记录和文件管理

（一）记录管理（对应 GB 14881—2013 的 14.1）

①应建立记录制度，对食品生产中采购、加工、贮存、检验、销售等环节详细记录。记录内容应完整、真实，确保对产品从原料采购到产品销售的所有环节都可进行有效追溯。

②应如实记录食品原料、食品添加剂和食品包装材料等食品相关产品的名称、规格、数量、供货者名称及联系方式、进货日期等内容。

③应如实记录食品的加工过程（包括工艺参数、环境监测等）、产品贮存情况及产品的检验批号、检验日期、检验人员、检验方法、检验结果等内容。

④应如实记录出厂产品的名称、规格、数量、生产日期、生产批号、购货者名称及联系方式、检验合格单、销售日期等内容。

⑤应如实记录发生召回的食品名称、批次、规格、数量、发生召回的原因及后续整改方案等内容。

⑥食品原料、食品添加剂和食品包装材料等食品相关产品进货查验记录、食品出厂检验记录应由记录和审核人员复核签名，记录内容应完整。保存期限不得少于 2 年。

⑦应建立客户投诉处理机制。对客户提出的书面或口头意见、投诉，企业相关管理部门应作记录并查找原因，妥善处理。

（二）文件管理（对应 GB 14881—2013 的 14.2）

应建立文件的管理制度，对文件进行有效管理，确保各相关场所使用的文件均为有效版本。

（三）技术管理（对应 GB 14881—2013 的 14.3）

鼓励采用先进技术手段（如电子计算机信息系统），进行记录和文件管理。

第四节　食品生产日常监督检查要点表使用指引

本节的序号排列与食品生产日常监督检查要点表保持一致，其中带“*”的为重点检查项目，其他为一般检查项目，带“T”的为特殊食品的规范序号。

一、食品生产者资质

*1.1　具有合法主体资质，生产许可证在有效期内。

［检查指引］查看企业食品生产许可证是否在有效期内。

［常见问题］证书已超期。

*1.2　生产的食品、食品添加剂在许可范围内。

［检查指引］查看许可范围是否一致，证书副本、明细表是否齐全。

［常见问题］实际生产的食品、食品添加剂与食品生产许可证上载明的许可食品种类不一致。

实际生产的特殊食品按规定注册或备案，注册证书或备案凭证符合要求。

*T.1　实际生产的特殊食品按规定注册或备案，注册证书或备案凭证符合要求。

［检查指引］①查看生产的特殊食品有无注册证书或备案证明。②查验注册证书或备案证明内容是否与市场监管总局“特殊食品信息查询平台”相关信息内容一致。

［常见问题］①查验的资料与总局“特殊食品信息查询平台”相关信息内容不一致。②注册证书过期。③注册或备案的特殊食品相关内容发生变更的，未履行变更手续。

二、生产环境条件（厂区、车间、设施、设备）

2.1　厂区无扬尘、无积水，厂区、车间卫生整洁。

［检查指引］①厂区内的道路一般应铺设混凝土、沥青，或者其他硬质材料；空地应采取必要措施，如铺设水泥、地砖或铺设草坪等方式，保持环境清洁，正

常天气下不得有扬尘和积水等现象。②生产车间地面应当无积水、无蛛网积灰、无破损等；需要经常冲洗的地面，应当有一定坡度，其最低处应设在排水沟或者地漏的位置。③查看车间的墙面及地面有无污垢、霉变、积水，不得有食品原辅料、半成品、成品等散落。

［常见问题］①正常天气下厂区有扬尘和积水问题。②车间地面有破损或有当场不能去除的污垢、霉变、积水等。

*2.2　厂区、车间与有毒、有害场所及其他污染源保持规定的距离或具备有效防范措施。

［检查指引］①应重点查看环境给食品生产带来的潜在污染风险，并采取适当的措施将其降至最低水平；查看附近是否有有毒有害污染源，或者污染源是否对生产有影响；查看厂区内垃圾是否密闭存放，是否散发出异味，是否有各种杂物堆放。②不得有对食品有显著污染的区域，厂区垃圾应定期清理，易腐败的废弃物应尽快清除，不得有苍蝇、老鼠等；垃圾一般应存放在垃圾房或者垃圾桶内，不得露天堆放。③车间外废弃物放置场所应与食品加工场所隔离防止污染。

［常见问题］厂区、车间内或附近有影响生产或可能污染食品的污染源，且不能当场消除的。

2.3　设备布局和工艺流程、主要生产设备设施与准予食品生产许可时保持一致。

［检查指引］①应重点查看企业是否根据产品特点、生产工艺、生产特性以及生产过程对清洁程度的要求合理划分作业区，并采取有效分离或分隔。②对照许可档案查看是否对主要生产设备设施随意减少或更改布局。

［常见问题］企业将擅自更改划分作业区。

2.4　卫生间保持清洁，未与食品生产、包装或贮存等区域直接连通。

［检查指引］检查卫生间是否根据需要设置，卫生间的结构、设施与内部材质应易于保持清洁；卫生间内的适当位置应设置洗手设施。卫生间不得与食品生产、包装或贮存等区域直接连通，不得对生产区域产生影响。

［常见问题］①卫生间不清洁，对食品生产产生污染隐患的。②卫生间与食品生产、包装或贮存等区域直接连通的。

2.5　有更衣、洗手、干手、消毒等卫生设备设施，满足正常使用。

［检查指引］①检查企业更衣室设施，是否按规定摆放，更衣室内空气是否进行杀菌消毒，查看是否有洗手设施、干手、消毒设施，并能正常使用。②有与生产量或工作人员数量相匹配的更衣设施，保证工作服与个人服装及其他物品分开放置；工作服、帽等有有效消毒措施。③更衣室是否消毒，一般可采用紫外线灯、臭氧发生器等进行消毒（如使用紫外线灯，检查是否及时更换，如果灯管发黑应当更换；紫外线灯能否打开正常使用）。④洗手设施的水龙头数量应与同班次食品加工人员数量相匹配，必要时应设置冷热水混合；洗手池应采用光滑、不透水、易清洁的材质制成，其设计及构造应易于清洁消毒；应在邻近洗手设施的显著位置标示简明易懂的洗手方法。⑤消毒液的配置和更换应当有使用说明和制度要求，并遵照执行（消毒液可以是食用酒精或者次氯酸钠为主的高效消毒剂）。

［常见问题］①个人衣物同工作服混放，更衣室没有消毒设施或消毒设施不能正常使用。②洗手、干手、消毒设备、设施不能正常使用。③无消毒液配置和使用制度，或记录。

2.6　通风、防尘、排水、照明、温控等设备设施正常运行，存放垃圾、废弃物的设备设施标识清晰，有效防护。

［检查指引］①检查通风情况，是否有适宜的自然通风或人工通风措施；必要时应通过自然通风或机械设施有效控制生产环境的温度和湿度。通风设施应避免空气从清洁度要求低的作业区域流向清洁度要求高的作业区域。②检查是否合理设置进气口位置，进气口是否与排气口和户外垃圾存放装置等污染源保持适宜的距离和角度。进、排气口是否装有防止虫害侵入的网罩等设施。若生产过程需要对空气进行过滤净化处理，应加装空气过滤装置并定期清洁。③检查是否根据生产需要安装除尘设施。④检查厂房内的自然采光或人工照明是否能满足生产和操作需要（光源应使食品呈现真实的颜色）。⑤检查在暴露食品和原料的正上方安装的照明设施是否使用安全型照明设施或采取防护措施。⑥检查温控设施是否正常运行，是否按要求进行检修。⑦是否配备设计合理、防止渗漏、易于清洁的存放废弃物的专用设施；车间内存放废弃物的设施和容器是否标识清晰。必要时应在适当地点设置废弃物临时存放设施，并依废弃物特性分类存放。

［常见问题］①通风、防尘、照明、温控、存放垃圾和废弃物等设备设施缺乏或不能正常运行。②暴露食品和原料的正上方的照明设施没有使用安全型照明设施或采取防护措施。

2.7　车间内使用的洗涤剂、消毒剂等化学品明显标示、分类贮存，与食品原料、半成品、成品、包装材料等分隔放置，并有相应的使用记录。

［检查指引］①生产过程中使用的洗涤剂、消毒剂等化学品应专门存放，专人管理，不能与食品原料、成品、半成品或包装材料放在一起；领用要有专门记录。②除清洁消毒必需和工艺需要，不应在生产场所使用和存放可能污染食品的化学品。

［常见问题］①洗涤剂、消毒剂等化学品与原料、半成品、成品、包装材料等存在混放，或标识不清的情况。②洗涤剂、消毒剂等化学品领用记录缺失。

2.8　生产设备设施定期维护保养，并有相应的记录。

［检查指引］①应有维修保养制度。②应有维护、保养记录，记录项目齐全、完整。

［常见问题］生产设备设施未定期进行维护保养，没有相应的记录。

2.9　监控设备（如压力表、温度计）定期检定或校准、维护，并有相关记录。

［检查指引］检查监控设备（如压力表、温度计）定期检定或校准、维护。

［常见问题］对压力表、温度计等专业监控设备没有相关检定或校准、维护记录。

2.10　定期检查防鼠、防蝇、防虫害装置的使用情况并有相应检查记录，生产场所无虫害迹象。

［检查指引］①查看设备安装位置是否到位；设备是否及时清理；设备安装处是否有明显标示；装置使用记录是否齐全。②检查是否制定和执行虫害控制措施，并定期检查；生产车间及仓库应采取有效措施（如纱帘、纱网、防鼠板、防蝇灯、风幕等），防止鼠类昆虫等侵入。若发现有虫鼠害痕迹时，应追查来源，消除隐患。应准确绘制虫害控制平面图，标明捕鼠器、粘鼠板、灭蝇灯、室外诱饵投放点、生化信息素捕杀装置等放置的位置。③厂区应定期进行除虫灭害工作，并有相应记录。④防鼠、防蝇、防虫工作时，不得直接或间接污染食品或影响食品

安全。

［常见问题］①防鼠、防蝇、防虫设备安装不到位或不能正常运作。②缺少定期检查防鼠、防蝇、防虫害装置使用情况的记录。③生产场所发现虫害迹象。

2.11　准清洁作业区、清洁作业区设置合理并有效分割。有空气净化要求的，应当符合相应要求，并对空气洁净度、压差、换气次数、温度、湿度等进行监测及记录。

［检查指引］保健食品的检查指引包括：①检查洁净区及非洁净区划分是否符合要求，洁净区级别划分是否符合要求。②检查洁净区空气净化系统是否正常运行并符合要求；是否定期进行检测和维护保养并记录；是否建立和保存空气洁净度监测原始记录和报告。③检查有相对负压要求的相邻车间之间是否有指示压差的装置，静压差符合要求。④检查生产固体保健食品的洁净区、粉尘较大的车间是否保持相对负压，除尘设施有效。⑤检查洁净区温湿度是否符合生产工艺的要求并有监测记录。⑥检查是否具有温湿度控制措施和相应记录。⑦检查洁净区与非洁净区之间是否设置缓冲设施。⑧检查生产车间是否设置与洁净级别相适应的人流、物流通道，避免交叉污染。

婴幼儿配方食品的检查指引包括：①检查清洁作业区的空气调节和净化系统是否独立，准清洁区的通风设施、清洁作业区的空气调节和净化系统是否正常运行，是否保存相关设施的运行、维修记录。②检查是否制定了清洁作业区、准清洁作业区的洁净度监控计划，空气洁净度、压差、换气次数、温度、湿度等监测数值、监测频次是否符合 GB 23790—2010《食品安全国家标准　粉状婴幼儿配方食品良好生产规范》和《婴幼儿配方乳粉生产许可审查细则（2022 版）》要求。③检查进入清洁作业区的空气是否采用三级过滤。清洁作业区与非清洁作业区直接可能存在空气流通的隔离面上是否按照压差计，压差是否≥10 Pa。④检查清洁作业区是否安装温湿度设备，湿度是否≤65%，温度是否在 16 ℃～25 ℃。⑤检查清洁作业区是否保持干燥。如有供排水设施及系统，是否采取了有效防护措施，设备、管路是否有凝结水现象。⑥清洁作业区、准清洁作业区的对外出入口门能否自动关闭。清洁作业区入口是否设置了二次更衣室。

特殊医学用途配方食品的检查指引包括：①对照清洁作业区、准清洁作业区的环境监控计划，检查空气洁净度、压差等监测指标的设置是否符合良好生产规范、生产许可审查细则要求。抽查监控记录，是否按计划规定的频次、指标、取样点进行了监测，记录是否可追溯。②现场检查清洁作业区是否保持干燥，清洁作业区与非清洁作业区之间的压差是否大于等于 10 Pa。清洁作业区是否控制环境温度和湿度，无特殊要求时温度是否控制在 16 ℃～25 ℃范围内，湿度是否≤65%，清洁作业区的温度、湿度监控设备是否正常运行，温度、湿度监控记录是否符合要求。③现场检查人流、物流从清洁程度要求低的作业区进入清洁程度要求高的作业区时，相关净化及防止交叉污染的设施是否正常运行，如清洁作业区、准清洁作业区安装能自动关闭（如安装自动感应器或闭门器等）的门、缓冲间（气闸室）、传递窗（口）、货淋室及杀菌隧道等。如清洁作业区内设有输送物料的电梯，重点检查是否有确保满足清洁作业区要求的控制措施（如电梯井的卫生状况、电梯轿厢的空气净化措施、电梯设备的清洁消毒措施等）及相应执行情况。

［常见问题］①相关设施设备未定期进行检查维护。②有异常情况（如监测指标超出限值要求、连续超过纠偏限度和警戒限度等）时未进行有效的风险分析，并及时采取相应的控制措施和纠偏措施。③特殊情况下（如停产后重新生产、空气净化系统进行重大维修、车间改造等），未对清洁作业区环境条件进行监控、评估与控制。

三、进货查验

*3.1　查验食品原料、食品添加剂、食品相关产品供货者的许可证、产品合格证明文件等；供货者无法提供有效合格证明文件的，有检验记录。

［检查指引］分别抽查 1 种～2 种食品原料、食品添加剂、食品相关产品，查看供货者的许可证、产品合格证明文件，应当查验企业是否依照食品安全标准进行自行检验或委托检验，并查验相关检验记录。例如：①国内采购的食品原料、食品添加剂及食品添加剂生产原料，应当查验供货者的许可证和产品合格证明文件。②供货者名称与原料产品标签生产商信息一致，相关证照在有效期内；产品合格证明文件与所购原料批次一致。③合格证明文件应包括批检、型检等，批检

必须一一对应，型检频次和要求按照相应的产品标准要求实施。④进口的食品、食品添加剂生产用原辅料及包装材料，应当查验检验检疫部门出具的对应批次的有效的检验检疫证明，进口冷链食品还要有核酸检测证明和溯源证明。

［常见问题］①不能提供抽查的原辅料供货者的许可证和产品合格证明文件；供货者无法提供有效合格证明文件的食品原料，无检验记录。②索证资料未及时更新，证照过有效期。

*3.2　进货查验记录及证明材料真实、完整，记录和凭证保存期限符合要求。

［检查指引］①查验是否有对应的进货查验记录。②查验记录是否真实完整，即如实记录产品的名称、规格、数量、生产日期或者生产批号、保质期、进货日期以及供货者名称、地址、联系方式等内容。③记录和凭证保存期限不少于产品保质期期满后六个月，没有明确保质期的，保存期限不少于二年。

［常见问题］①无进货查验记录。②进货查验记录格式不完整、内容缺失。③记录和凭证保存期限不符合要求。

3.3　建立和保存食品原料、食品添加剂、食品相关产品的贮存、保管记录、领用出库和退库记录。

［检查指引］对抽查的品种，检查是否建立和保存了贮存、保管记录和领用出库记录。①有贮存要求的原辅料仓库，应有温湿度记录。②原辅料有进出库和领用记录。③仓库出货顺序应遵循先进先出的原则，必要时应根据不同食品原辅料的特性确定出货顺序。

［常见问题］无原辅料贮存、保管记录和领用出库记录，或者记录缺失或记录不完整。

*T.2　生产特殊食品使用的原料、食品添加剂与注册或备案的技术要求一致。

［检查指引］①检查使用的原料、食品添加剂的种类，结合产品技术要求、产品配方检查情况，确认使用数量是否符合规定。②重点关注仓库及其他房间是否存放可疑物品，特别是禁用物质。

［常见问题］①使用的原料，食品添加剂种类，数量不符合注册或备案的配方、技术要求、食品安全标准等规定。②使用的原辅料规格与注册或备案的技术要求不一致。

四、生产过程控制

*4.1 使用的食品原料、食品添加剂、食品相关产品的品种与索证索票、进货查验记录内容一致。

［检查指引］①检查现场抽查的品种是否与索证索票、进货查验记录一致。②检查现场抽查的品种是否与产品标签的配料表一致。

［常见问题］①现场抽查的原辅料与索证索票、进货查验记录不一致。②使用的原辅料与产品标签的配料表不一致。

*4.2 建立和保存生产投料记录，包括投料品名、生产日期或批号、使用数量等。

［检查指引］①是否建立生产投料记录。②记录是否完整，是否包括投料品名、生产日期或批号、使用数量等。

［常见问题］无生产投料记录，或投料记录不完整。

*4.3 未发现使用非食品原料、食品添加剂以外的化学物质、回收食品、超过保质期与不符合食品安全标准的食品原料和食品添加剂投入生产。

［检查指引］①现场查看原料仓库、生产车间不得有食品添加剂以外的化学物质、回收食品、超过保质期与不符合食品安全标准的食品原料和食品添加剂。②现场查看回收食品、超过保质期与不符合食品安全标准的食品原料和食品添加剂应专门存放，并及时处理。③现场查看抽查的投料记录中不得有非食品原料、食品添加剂以外的化学物质、回收食品、超过保质期与不符合食品安全标准的食品原料和食品添加剂。

［常见问题］发现使用非食品原料、食品添加剂以外的化学物质、回收食品、超过保质期与不符合食品安全标准的食品原料和食品添加剂生产食品。

*4.4 未发现超范围、超限量使用食品添加剂的情况。

［检查指引］抽查企业食品添加剂领用记录、投料记录，对照 GB 2760—2014《食品安全国家标准　食品添加剂使用标准》，不得超范围、超限量使用食品添加剂，或者抽检产品，进一步验证企业是否存在超范围、超限量使用食品添加剂。

［常见问题］存在超范围、超限量使用食品添加剂的情况。

*4.5　生产或使用的新食品原料，限定于国务院卫生行政部门公告的新食品原料范围内。

［检查指引］查看使用的原料，在我国无食用习惯的动物、植物、微生物及其提取物或特定部位，不在《既是食品又是药品的物品名单》和国家卫生健康委公布的新资源食品名单中，应当先经过卫生行政部门批准后方可使用。

［常见问题］使用未通过批准的新食品原料。

*4.6　未发现使用药品生产食品，未发现仅用于保健食品的原料生产保健食品以外的食品。

［检查指引］原料仓库、车间等场所，以及进货记录、投料记录以及产品配料表中不得有药品和仅用于保健食品的原料（《可用于保健食品的物品名单》）。

［常见问题］在食品中添加药品或者使用仅用于保健食品的原料生产食品。

4.7　生产记录中的生产工艺和参数与准予食品生产许可时保持一致。

［检查指引］①检查前应当先查阅企业许可档案。②抽查企业生产记录，查看生产工艺和参数是否与申请许可时提交的工艺流程一致。

［常见问题］实际生产工艺和参数与企业申请许可时提供的工艺流程不一致，未及时提出变更或者报告。

4.8　建立和保存生产加工过程关键控制点的控制情况记录。

［检查指引］①检查关键控制点控制情况记录，包括必要的半成品检验记录、温度控制、车间洁净度控制等（无微生物控制要求的食品添加剂生产企业不检查“车间洁净度控制”）。②查看是否建立关键控制点控制制度；生产的成品是否每批次都有关键控制点记录（抽查 1～3 批次）；关键控制点的记录是否项目齐全、完整，与实际相符。

［常见问题］无关键控制点控制情况记录，或者记录不完整，或者记录与实际不相符。

4.9　生产现场未发现人流、物流交叉污染。

［检查指引］①工人不得从物流通道进入生产车间。②原辅料、成品等不得从人流通道进入生产车间。③低清洁区的工人不得未经更衣、洗手消毒、戴口罩等进入高清洁区。④工人不得未经更衣、洗手消毒等进入生产车间。⑤未经过内包

装的成品不得出生产车间。

［常见问题］生产现场存在人流、物流交叉污染情况。

4.10 未发现待加工食品与直接入口食品、原料与成品交叉污染。

［检查指引］①查看原料进入车间前经过脱包或采用其他清洁外包处理后进入生产车间；除外包装车间外，其他车间内是否有未经脱包的原料，原料表面外包是否有污物（有内包材的原料原则是需要去除外包材；没有内包材的原料需清洁表面后进入车间）。②查看待加工食品存放区域，是否会受到污染，是否有标识；查看待加工食品与直接入口食品、原料与成品，是否有专门区域分别存放，是否存在交叉污染。

［常见问题］①原料未拆包直接进车间，存在污染隐患。②待加工食品与直接入口食品、原料与成品交叉污染。

4.11 有温度、湿度等生产环境监测要求的，定期进行监测并记录。

［检查指引］①根据生产要求查看生产现场是否有必备的温度、湿度控制设备，是否有记录。②根据生产要求查看生产现场温度、湿度控制设备是否有温、湿度显示。③根据生产要求查看生产现场温度、湿度是否达到要求。

［常见问题］①生产环境有温度、湿度控制要求的，无必备的温度、湿度控制设备，或者无温度、湿度监测记录。②现场温度、湿度不能达到要求。

4.12 工作人员穿戴工作衣帽，洗手消毒后进入生产车间。生产车间内未发现与生产无关的个人用品或者其他与生产不相关物品。

［检查指引］①工作人员穿戴清洁的工作衣、帽，头发不得露于帽外。②进入作业区域应规范穿着洁净的工作服，并按要求洗手、消毒。③进入作业区域不应佩戴饰物、手表，不应化妆、染指甲、喷洒香水；不得携带或存放与食品生产无关的个人用品。④生产车间内不能有与生产无关的个人，或其他与生产不相关物品。

［常见问题］①未按规定标准穿戴工作衣帽及佩戴口罩。②车间内有与生产不相关的杂物。

4.13 食品生产加工用水的水质符合规定要求并有检测报告，与其他不与食品接触的用水以完全分离的管路输送。

［检查指引］①查看食品生产加工用水的水质是否符合 GB 5749—2022《生活

饮用水卫生标准》的规定，是否有相关检测报告或证明文件，没有的是否自行送检。②现场查看是否有与其他不与食品接触的用水以完全分离的输送管路，并有明显标识。

［常见问题］①使用的食品生产加工用水无相关检测报告。②输送管道没有完全分离和明显标识。

4.14　食品添加剂生产使用的原料和生产工艺符合产品标准规定。复配食品添加剂配方发生变化的，按规定报告。

［检查指引］①检查前应当先查阅企业许可档案。②抽查企业生产记录，查看生产使用的原料和生产工艺是否与许可时产品标准规定一致。③查看复配食品添加剂生产企业配方或投料记录是否与许可时一致，若有变化的，是否按规定报告。

［常见问题］①食品添加剂生产使用的原料和生产工艺与产品标准规定不符合。②复配食品添加剂配方发生变化的，未按规定报告。

*T.3　按照经特殊食品注册或备案的产品配方、生产工艺等技术要求组织生产。

［检查指引］①查看生产的特殊食品品种是否均具有经企业批准的生产工艺规程，生产工艺规程是否符合注册或备案的产品配方、生产工艺、技术要求等相关规定。②查看产品自检结果是否达到规定的质量标准和要求。

［常见问题］①产品生产工艺规程未根据产品注册或备案的批准文件制定。②修改生产工艺规程涉及生产工艺发生变更的，未按规定应办理注册或者备案变更手续。

*T.4　批生产记录真实、完整、可追溯，批生产记录中的生产工艺和参数等与工艺规程和有关制度要求一致。

［检查指引］①检查是否制定批生产记录制度。②抽查批生产记录是否符合工艺规程要求，记录的信息能真实、准确、客观反映整个生产过程，实现从原料到成品全过程可追溯。③核查纠偏措施定期验证报告，确定是否按要求进行定期验证，纠偏措施是否有效。④实施实时电子信息监控的，是否建立电子信息记录，抽查部分纸质记录是否与电子信息记录一致。

［常见问题］①无生产记录。②批生产记录不真实，有随意涂改现象，记录填

写与实际现场操作不符。③各工序生产记录、生产工艺参数等记录不完整。④生产工艺参数与工艺规程不一致。⑤生产记录填写不及时，记录、审核不认真。

T.5　原料、食品添加剂实际使用量与注册或备案的配方和批生产记录中的使用量一致。

［检查指引］①检查产品投料记录中的物料种类、投料比例、投料顺序是否与产品注册或备案的配方一致。②对比原辅料、食品添加剂出入库记录和生产记录，检查领取量、批次与批生产记录中的使用量、批次是否一致。③查看注册或备案的配方与批生产记录中的使用量是否一致。

［常见问题］①记录不真实、有随意涂改现象。②记录不完整、不一致。③未经第二人复核。

T.6　保健食品原料提取物或原料前处理符合要求。

［检查指引］①检查原料的前处理（如提取、浓缩等）是否在与其生产规模和工艺要求相适应的场所进行，是否配备必要的通风、除尘、除烟、降温等安全设施并运行良好，且定期检测及记录。②检查原料的前处理是否与成品生产使用同一生产车间。③检查保健食品生产工艺有原料提取、纯化等前处理工序的，是否自行完成，且具备与生产的品种、数量相适应的原料前处理设备或者设施。④检查近两年的原料提取物是否按规定留样。⑤选择由保健食品原料提取物生产企业提供原料提取物的，检查保健食品原料提取物生产企业是否具备合法生产资质和相应的检验设备与能力。

［常见问题］①前处理设备设施发生变化，不再满足生产规模及工艺要求。②原料前处理、提取浓缩和动物脏器、组织的洗涤或处理等生产操作未与其制剂生产严格分开，人流物流通道未与成品生产车间分设。③未执行原料提取物生产记录、检验记录、销售记录等相关记录制度，或记录的内容不完善。④前处理操作环境与保健食品生产洁净级别不相适应。⑤未按稳定性考察制度开展稳定性考察。⑥提供保健食品原料提取物的生产企业不具备相应的合法资质或检验能力。

五、委托生产

*5.1　委托方、受托方具有有效证照，委托生产的食品、食品添加剂符合法

律法规、食品安全标准等规定。

［检查指引］①现场查看委托方是否有有效的营业执照、食品经营许可证，受托方是否具有食品生产许可证。②受托方生产的食品、食品添加剂是否符合法律法规、食品安全标准等规定。

［常见问题］①委托方、受托方不具有有效证照。②委托生产的食品、食品添加剂不符合法律法规、食品安全标准等规定。

5.2　签订委托生产合同，约定委托生产的食品品种、委托期限等内容。

［检查指引］查看委托方、受托方是否签订委托合同，约定委托生产的食品品种是否符合规定，是否与受托方的食品生产许可范围一致，委托期限是否已经到期等内容。

［常见问题］双方未签订委托合同，约定委托生产的食品品种超出受托方的食品生产许可范围，委托期限已经到期等。

5.3　有委托方对受托方生产行为进行监督的记录。

［检查指引］查看委托方是否对受托方生产行为有监督记录。

［常见问题］无委托方对受托方生产行为的监督记录。

5.4　委托生产的食品标签清晰标注委托方、受托方的名称、地址、联系方式等信息。

［检查指引］查看委托生产的食品标签是否清晰标注委托方的名称、地址、联系方式，受托方的名称、地址、联系方式、食品生产许可证等信息。

［常见问题］委托生产的食品标签未清晰标注委托方的地址、联系方式和受托方的食品生产许可证等信息。

T.7　委托方持有保健食品注册证书或注册转备案凭证，受托方具备相应的生产能力且能完成生产委托品种的全部生产过程。

［检查指引］①检查受托方是否具备受托生产产品工艺要求的厂房、设备，以及具有相应知识和经验的人员，是否满足委托方所委托产品的生产要求。②检查受托方是否建立受委托生产产品质量管理制度，明确受托产品生产及质量管理内容，承担受委托生产产品质量责任。

［常见问题］①受托方有保健食品生产许可证，但许可范围未包括与委托生产

产品相同的品种和剂型。②受托方不具备满足委托产品的生产要求，或不能完成委托生产品种的全部生产过程。

六、产品检验

6.1　企业自检的，具备与所检项目适应的检验室和检验能力，有检验相关设备及化学试剂，检验仪器按期检定或校准。

［检查指引］①检验室应具备标准、审查细则所规定的出厂检验设备（包括相关的辅助设施、试剂等），检验设备的精度应满足出厂检验需要，检验设备的数量与生产能力相适应。一般情况下常见的检验项目包括：出厂检验项目净含量所对应的必备出厂检验设备为电子天平（0.1 g）；出厂检验项目水分所对应的必备出厂检验设备为分析天平（0.1 mg）、干燥箱或卡尔费休滴定液；出厂检验项目菌落总数和大肠菌群所对应的必备出厂检验设备为微生物培养箱、灭菌锅、生物显微镜、无菌室（或超净工作台）。②出厂检验设备应按期检定或校准，一般情况下，天平、压力锅（压力表）应具备合格计量检定证书，干燥箱、培养箱应具备合格校准证书，生物显微镜无须检定或校准。检定或校准周期一般为一年（压力表为半年，部分无法直接校验压力的进口压力表也可通过校验温度换算压力来等效校验）。③检验试剂均应在有效期内，有毒有害检验试剂专柜上锁存放，专人保管，检验试剂的消耗量应与使用记录相匹配。

［常见问题］①检验室中缺少出厂检验项目必备的仪器和试剂。②检验仪器设备未按期检定。③检验试剂超过有效期。④有毒有害检验试剂未设专人专柜管理。

6.2　不能自检的，委托有资质的检验机构进行检验。

［检查指引］①不能自检的，应当委托有资质的检验机构进行检验。②从生产或销售记录中随机抽查 1～3 批次成品，查看检验报告原件。

［常见问题］①未建立委托检验制度，未同有资质的检验机构签订委托合同。②不能提供第三方检验报告原件。

*6.3　有与生产产品相应的食品安全标准文本，按照食品安全标准规定进行检验。

［检查指引］①检验室中应配备完整的食品安全标准文本，一般要有原辅料标

准、企业产品标准、出厂检验方法标准。②成品须逐批随机抽取样品，出厂检验项目应满足企业产品标准和产品许可审查细则要求。

［常见问题］①未配备与生产产品相适应的食品安全标准文本。②出厂检验缺少项目，不符合出厂检验要求。

*6.4　建立和保存原始检验数据和检验报告记录，检验记录真实、完整，保存期限符合规定要求。

［检查指引］抽查 1～3 批次成品检查（对自检的企业适用）：①出厂检验报告应与生产记录、产品入库记录的批次相一致。②出厂检验报告中的检验结果（如净含量、水分、菌落总数、大肠菌群等）应有相对应的原始检验记录。③企业出厂检验报告及原始记录应真实、完整、清晰。④出厂检验报告一般应注明产品名称、规格、数量、生产日期、生产批号、执行标准、检验结论、检验合格证号或检验报告编号、检验时间等基本信息。

［常见问题］①检验报告不规范（如生产日期、取样日期、检验日期混淆，缺少检验依据）。②缺少出厂检验原始记录。③出厂检验原始记录不真实或伪造原始记录。

6.5　按规定时限保存检验留存样品并记录留样情况。

［检查指引］①记录保存期限不得少于产品保质期满后六个月；没有明确保质期的，保存期限不得少于二年。②企业留样产品的包装、规格等应与出厂销售的产品相一致（直接入口食品），留样产品的批号应与实际生产相符（不适用于食品添加剂生产企业）。③一般情况下，产品保质期少于二年的，留样产品保存期限不得少于产品的保质期；产品保质期超过二年的，留样产品保存期限不得少于二年。

［常见问题］①记录保存期限不符合规定。②未进行留样。③留样记录与实际生产记录不符。④留样保存期限不符合要求。

*T.8　对出厂的婴幼儿配方食品、特殊医学用途婴儿配方食品等按照要求批批全项目自行检验，每年对全项目检验能力进行验证。

［检查指引］①检查出厂检验制度和相关检验规程，确定出厂检验项目是否符合法律法规、产品标准以及《婴幼儿配方乳粉生产许可审查细则（2022 版）》

《食品生产许可管理办法》《食品生产许可审查通则（2022版）》的规定。②抽查一段时期内的生产计划、成品出入库记录、销售记录等，核算成品批次与出厂检验报告份数的一致性。③抽查产品的出厂检验报告，检查是否按照标准规定的技术要求逐批全项目检验合格，检验报告是否妥善保存。④对照出厂检验记录，检查是否如实记录食品相关信息、检验合格证号、销售情况，并检查保存期限；检查检验合格证号能否追溯到相应的出厂检验报告。⑤检查每年进行的出厂产品全项目检验能力验证情况，验证项目是否覆盖全部出厂检验项目。如有验证未通过项目，追查整改情况（重点关注该项目对出厂检验结果的影响，以及相关批次成品的复检情况）。

［常见问题］①原始数据记录和检验报告与产品批生产记录、出厂检验报告不吻合。②不具备全部出厂检验项目的检验能力，实施委托检验。③未按规定每年对全项目检验能力进行验证。

七、贮存及交付控制

7.1　食品原料、食品相关产品的贮存有专人管理，贮存条件符合要求。

［检查指引］抽查企业主要食品原料、食品相关产品仓库1个～3个。①检查原料存放应离墙、离地（离墙，通常是否离开墙面10 cm以上；离地，应堆放在垫仓板上），是否按先进先出的原则出入库。②检查库房内存放的原料应按品种分类贮存，有明显标志，同一库内不得贮存相互影响导致污染的物品。③检查原料、食品相关产品仓库应整洁，地面墙面应平滑无裂缝、无积尘、积水、无霉变。④检查原料仓库不得存放有毒有害及易爆易燃等物品，生产过程中使用的清洗剂、消毒剂、杀虫剂等应分类专门贮存。⑤检查原料库内不得存放与生产无关的物品。⑥检查原料库内不得存放过期原料，即原料过期或变质应及时清理。⑦检查原料、食品相关产品库内不得存放成品或半成品，尤指回收食品。⑧检查贮存条件符合原料的特点和质量安全要求。

［常见问题］①原料未分类存放、专人管理。②通风、温湿度等贮存条件不符合要求。③过期原料企业未及时处理及记录。④原料库中存放成品或半成品，特别是回收食品。

7.2　食品添加剂专库或专区贮存，明显标示，专人管理。

[检查指引] ①食品添加剂应专门存放，有明显标示。②有专人管理，定期检查质量和卫生情况。

[常见问题] 食品添加剂原料与食品原料混放，无专人管理。

7.3　不合格品在划定区域存放，具有明显标示。

[检查指引] ①是否建立不合格品管理制度。②是否按照制度要求处理不合格品，是否记录处理情况。③不合格品应放在指定区域，明显标示，及时处理。

[常见问题] ①未建立不合格品管理制度。②未记录不合格原辅料处理情况。③不合格品同合格品混放无明显区分。

7.4　根据产品特点建立和执行相适应的贮存、运输及交付控制制度和记录。

[检查指引] ①是否根据食品特点和卫生需要选择适宜的贮存和运输条件，建立和执行相应的出入库管理、仓储、运输和交付控制制度，是否有记录。②重点检查有冷链要求的是否有相关制度和记录。

[常见问题] ①贮存和运输条件不符合食品储运的特殊要求。②未对出入库管理、仓储、运输和交付控制等进行记录或相关记录不规范。③有冷链要求的无冷链控制制度或无相关记录。

7.5　仓库温、湿度符合要求。

[检查指引] ①有存贮要求的原料或产品，仓库应设有温、湿度控制设施，即有温度要求的，应安装空调等装置；有湿度要求的，应具备除湿装置。②各类冷库应能根据产品的要求达到贮存规定的温度，并设有可正确指示库内温度的指示设施，装有温度自动控制器。所有温、湿度控制应定期检查和记录。

[常见问题] ①有贮存温、湿度要求的，仓库未安装温、湿度控制设备或者设备不能正常使用。②仓库温、湿度控制设备未进行定期检查和记录。

*7.6　有出厂记录，如实记录食品的名称、规格、数量、生产日期或者生产批号、检验合格证明、销售日期以及购货者名称、地址、联系方式等内容。

[检查指引] 检查出厂记录是否如实记录食品的名称、规格、数量、生产日期或者生产批号、检验合格证明、销售日期以及购货者名称、地址、联系方式等内容。

［常见问题］记录缺失或不完整。

八、不合格食品管理和食品召回

8.1 建立和保存不合格品的处置记录，不合格品的批次、数量应与记录一致。

［检查指引］①是否建立不合格品管理制度。②是否将不合格品单独存放。③是否按照制度要求处置不合格品。④食品是否有不合格品的处置记录。

［常见问题］①未建立不合格品管理制度。②不合格品未单独存放，与其他成品或原料混堆。③未按不合格品管理制度处置不合格品。④不合格品没有处置记录或记录不详细、不规范。

*8.2 实施不安全食品的召回，召回和处理情况向所在地市场监管部门报告。

［检查指引］①检查企业是否建立召回管理制度。②对有不安全食品销售情况的企业，是否实施召回，召回和处理情况是否有向所在地市场监管部门报告。

［常见问题］①未建立召回管理制度。②存在不安全食品销售的情况，未按要求实施召回并记录。③召回和处理情况未向所在地市场监管部门报告。

8.3 有召回计划、公告等相应记录；召回食品有处置记录。

［检查指引］查看对有不安全食品销售情况的生产企业，是否实施召回，有不安全食品召回记录（含产品名称、商标、规格、数量、生产日期、生产批号等信息），有召回计划、公告等记录，是否有召回食品有处置记录。

［常见问题］①存在不安全食品销售的情况，有召回计划、公告等相应记录。②召回食品没有处置记录或记录不清。③召回记录同处理记录不一致。

*8.4 有召回食品无害化处理、销毁等措施，未发现召回食品再次流入市场（对因标签存在瑕疵实施召回的除外）。

［检查指引］①召回记录和处理记录信息要相符。②禁止使用召回食品作为原料用于生产各类食品，或者经过改换包装等方式以其他形式进行销售。

［常见问题］①未对召回食品进行无害化处理、销毁等措施，使用召回的食品作为原料进行再加工。②将召回的食品改换包装再行销售。

九、标签和说明书

*9.1　预包装食品的包装有标签，标签标注的事项完整、真实。

［检查指引］①查看预包装食品的包装是否有标签。②标签标注是否符合 GB 7718—2011《食品安全国家标准　预包装食品标签通则》相关规定，有食品名称、配料表、净含量和规格、生产者和（或）经销者的名称、地址和联系方式、生产日期和保质期、贮存条件、食品生产许可证编号、产品标准代号及其他需要标示的内容。

［常见问题］预包装食品的包装标签标注的事项不完整，存在虚假标注。

*9.2　未发现标注虚假生产日期或批号的情况。

［检查指引］在包装线上和成品仓库中抽查 1 种～3 种成品，检查产品标注的生产日期或批号，应与生产记录一致。

［常见问题］存在虚假标注生产日期或批号的问题。

*9.3　未发现转基因食品、辐照食品未按规定标示。

［检查指引］查看预包装食品的包装是否在食品名称附近标示“辐照食品”，转基因食品是否按规定进行了标示。

［常见问题］发现转基因食品、辐照食品未标示或未按规定在指定区域标示。

*9.4　食品添加剂标签载明“食品添加剂”字样，并标明贮存条件、生产者名称和地址、食品添加剂的使用范围、用量和使用方法。

［检查指引］①根据 GB 29924—2013《食品安全国家标准　食品添加剂标识通则》要求标示。②应在食品添加剂标签的醒目位置，清晰地标示“食品添加剂”字样。③单一品种应按 GB 2760—2014《食品安全国家标准　食品添加剂使用标准》中规定的名称标示食品添加剂的中文名称。④应标示食品添加剂使用范围和用量，并标示使用方法。⑤应标示食品添加剂的贮存条件。⑥应当标注生产者的名称、地址和联系方式。进口食品添加剂应标示原产国国名或地区名，以及在中国依法登记注册的代理商、进口商或经销商的名称、地址和联系方式。⑦提供给消费者直接使用的食品添加剂，注明“零售”字样，标明各单一食品添加剂品种及含量。

［常见问题］①未标示“食品添加剂”字样。②未按标准规定标示规范的食品添加剂的中文名称。③未标示食品添加剂使用范围、用量和使用方法。④未标示食品添加剂的贮存条件。⑤未标注生产者的名称、地址和联系方式。⑥提供给消费者直接使用的食品添加剂，未注明“零售”字样。

*9.5　未发现食品、食品添加剂的标签、说明书涉及疾病预防、治疗功能，未发现保健食品之外的食品标签、说明书涉及保健功能。

［检查指引］在成品中抽查 1 个～3 个产品标签、说明书，是否提到或暗示有预防、治疗功能，未发现保健食品之外的食品标签、说明书涉及保健功能。

［常见问题］①产品标签、说明书通过文字或图片暗示有疾病预防、治疗功能，特别是图片隐晦表达。②普通食品宣传有保健功能。

*T.9　特殊食品标签、说明书内容与注册或备案的内容要求一致，符合相关法律法规要求。

［检查指引］①登录市场监管部门官网，查询注册或备案信息，检查标签、说明书相关内容是否与产品注册或备案材料一致，是否标明注册或备案号。②对照相关法律法规和标准的规定，检查标签、说明书是否具有虚假或涉及疾病预防、治疗功能的内容。③保健食品标签、说明书是否符合《保健食品标注警示用语指南》要求，是否设置警示用语区及“保健食品不是药物，不能代替药物治疗疾病”的警示用语，生产日期和保质期是否清晰标注在最小销售包装（容器）外明显位置。委托生产产品是否标明委托双方的信息。④婴幼儿配方乳粉产品名称中有动物性来源的，是否根据产品配方在配料表中如实标明使用的生乳、乳粉、乳清（蛋白）粉等乳制品原料的动物性来源；使用的乳制品原料有两种以上动物性来源时，是否标明各种动物性来源原料所占比例。⑤特殊医学用途配方食品的标签、说明书是否在醒目位置标示“请在医生或者临床营养师指导下使用”“不适用于非目标人群使用”“本品禁止用于肠外营养支持和静脉注射”等内容。

［常见问题］①具有明示或者暗示疾病预防、治疗功能的内容。②标识内容不够清晰，有让消费者误解的文字、图形或者绝对化的内容。③配料表和营养成分表未按照 GB 7718—2011《食品安全国家标准　预包装食品标签通则》、

GB 28050—2011《食品安全国家标准　预包装食品营养标签通则》、GB 13432—2013《食品安全国家标准　预包装特殊膳食用食品标签》等要求标示。④委托生产的保健食品，委托双方的信息不全。⑤对 0 月龄～6 月龄婴儿配方食品中的必需成分进行含量声称和功能声称；使用“进口奶源”“源自国外牧场”“生态牧场”“进口原料”等模糊信息；对于按照食品安全标准不应当在产品配方中含有或者使用的物质，以“不添加”“不含有”“零添加”等字样强调未使用或者不含有。

十、食品安全自查

10.1　建立食品安全自查制度，并定期对食品安全状况进行检查评价。

[检查指引] 查看企业是否建立食品安全自查制度，查看自查记录，是否定期对食品安全状况进行检查评价。

[常见问题] ①无食品安全自查制度文件。②未定期对食品安全状况进行自查评价并记录。

*10.2　对自查发现食品安全问题，立即采取整改、停止生产等措施，并按规定向所在地市场监管部门报告。

[检查指引] ①查看企业自查时发现生产经营条件发生变化或者有发生食品安全事故潜在风险的等食品安全问题，是否按照要求进行处置。②是否按规定向所在地市场监管部门报告。

[常见问题] 对自查发现的食品安全问题未进行处置或处置不到位，未按规定向所在地市场监管部门报告。

*T.10　定期对生产质量管理体系的运行情况进行自查，保证其有效运行，并向所在地县级人民政府市场监管部门提交自查报告，自查发现问题整改率达100%。

[检查指引] ①查看企业是否建立生产质量管理体系自查制度。②是否按照自查制度要求实施并形成报告，自查内容是否真实，存在问题或缺陷项是否及时整改，或整改措施是否可行。③是否按规定向所在地县级市场监管部门提交自查报告。

［常见问题］①生产质量管理体系内容不全面，不能有效运行。②只是形式上建立体系检查制度，没有持续改进措施，不清楚体系建立的目的。③未对生产质量管理体系内部审核进行书面规定。④未按照规定每年开展内部审核。⑤检查存在的问题及整改情况未形成书面报告并留存。

十一、从业人员管理

*11.1　建立企业主要负责人全面负责食品安全工作制度，配备食品安全管理人员、食品安全专业技术人员。

［检查指引］①查看是否有企业主要负责人全面负责食品安全工作制度。②是否有明确的食品安全管理人员的任命，明确有资质的食品安全专业技术人员。

［常见问题］①食品安全管理人员和负责人无任命书；②食品安全专业技术人员无资质。

11.2　有食品安全管理人员、食品安全专业技术人员培训和考核记录，未发现考核不合格人员上岗。

［检查指引］①检查企业培训计划。②检查企业培训档案、考核记录及原始签到表。③现场抽查管理人员若干，询问相关培训内容。

［常见问题］①未制订培训计划。②培训档案记录不全或伪造培训档案。

*11.3　未发现聘用禁止从事食品安全管理的人员。

［检查指引］①被吊销许可证的食品生产经营者及其法定代表人、直接负责的主管人员和其他直接责任人员自处罚决定作出之日起五年内不得申请食品生产经营许可，或者从事食品生产经营管理工作、担任食品生产经营企业食品安全管理人员。②因食品安全犯罪被判处有期徒刑以上刑罚的，终身不得从事食品生产经营管理工作，也不得担任食品生产经营企业食品安全管理人员。

［常见问题］聘用有禁止从事食品相关工作的人员从事食品工作。

11.4　企业负责人在企业内部制度制定、过程控制、安全培训、安全检查以及食品安全事件或事故调查等环节履行了岗位职责并有记录。

［检查指引］抽查记录检查企业负责人在企业内部制度制定、过程控制、安全培训、安全检查以及食品安全事件或事故调查等环节是否履行了岗位职责并有

记录。

［常见问题］企业负责人未履行相关职责。

*11.5　建立并执行从业人员健康管理制度，从事接触直接入口食品工作的人员具备有效健康证明，符合相关规定。

［检查指引］①应有从业人员健康管理制度。直接接触食品人员应当每年进行健康体检并获得健康证明。②健康证明应当在食品生产经营范围内适用。③患有痢疾、伤寒、甲型病毒性肝炎、戊型病毒性肝炎等消化道传染病的人员，以及患有活动性肺结核、化脓性或者渗出性皮肤病等有碍食品安全的疾病的人员，不得从事接触直接入口食品的工作。

［常见问题］①抽查的从业人员无健康证或健康证过期。②未建立从业人员健康管理制度。③安排患有痢疾、伤寒、甲型病毒性肝炎、戊型病毒性肝炎等消化道传染病的人员，以及患有活动性肺结核、化脓性或者渗出性皮肤病等有碍食品安全的疾病的人员，从事接触直接入口食品的工作。

11.6　有从业人员食品安全知识培训制度，并有相关培训记录。

［检查指引］检查是否有培训制度、计划及相关培训内容记录。

［常见问题］未开展培训，或者没有培训记录。

十二、信息记录和追溯

12.1　建立并实施食品安全追溯制度，并有相应记录。

［检查指引］检查是否有建立食品安全追溯制度，是否有追溯记录。

［常见问题］未建立追溯制度，未见记录。

12.2　未发现食品安全追溯信息记录不真实、不准确等情况。

［检查指引］随机抽查 1 个～3 个产品，查看是否能从产品追溯到原料来源，相关追溯信息是否准确无误。

［常见问题］食品安全追溯信息记录弄虚作假，追溯不到源头。

12.3　建立信息化食品安全追溯体系的，电子记录信息与纸质记录信息保持一致。

［检查指引］查看是否有通过电脑、手机 App 等平台建立信息化食品安全追

溯体系，电子记录信息与纸质记录信息准确性保持一致。

［常见问题］未建立信息化食品安全追溯体系的，电子记录信息与纸质记录信息不一致。

十三、食品安全事故处置

13.1　有定期排查食品安全风险隐患的记录。

［检查指引］查看定期检查本企业排查食品安全风险隐患的记录。

［常见问题］未定期开展检查，或者没有记录。

13.2　有食品安全处置方案，并定期检查食品安全防范措施落实情况，及时消除食品安全隐患。

［检查指引］①查看是否建立食品安全处置方案。②查看定期检查各项食品安全防范措施的落实情况和记录，并及时消除隐患。

［常见问题］①未建立食品安全处置方案，定期开展检查，或者没有记录。②隐患消除不到位。

*13.3　发生食品安全事故的，对导致或者可能导致食品安全事故的食品及原料、工具、设备、设施等，立即采取封存等控制措施，并向事故发生地市场监管部门报告。

［检查指引］①对发生食品安全事故的企业（其他企业合理缺项），检查企业是否根据预案进行报告、召回、处置等，检查相关记录。②是否查找原因，制定有效的措施，防止同类事件再次发生。

［常见问题］①无记录，未报告。②未认真查找原因。③未制订有效的改正措施。

十四、前次监督检查发现问题整改情况

14.1　对前次监督检查发现的问题完成整改。

［检查指引］对照前次监督检查结果记录表，结合本次监督检查情况，查看是否完成整改。

［常见问题］企业对前次监督检查发现的问题整改不到位。

第五节　各类食品关键风险控制点清单

一、粮食加工品

（一）加工原料安全问题

粮食加工品的原料主要为小麦、稻谷等粮谷类农产品，由于其在生长、收获、储藏、运输中容易被污染，因而会影响到加工制品的安全。由原料导致的危害包括：化学性危害（重金属污染、农药残留污染等）、生物性危害（有害生物老鼠等的污染、微生物污染、病变粮粒的污染等）、物理性危害（混入的杂草种子、砂石、金属碎屑、碎玻璃、砖瓦块等）。

（二）加工工艺不当引起的质量安全问题

1. 小麦粉、大米及其他粮食加工品

（1）过度加工带来的质量安全问题

稻谷加工一般采用“三碾二抛光”工艺，很多企业为了增加产品外观的精细度，甚至采用三道或四道抛光，造成营养成分流失，出米率降低，同时降低了成品的营养价值，造成了原料资源的极大浪费，也增大了能源和辅料的消耗。

（2）塑料包装材料等引起的塑化剂问题

如果采用回收的废旧塑料等材料制作聚合物材料，就极有可能加入塑化剂，带来一定的风险。

2. 挂面

（1）干燥过程

干燥是整个挂面生产线中投资最多、技术性最强的工序，与产品质量和生产成本有极为重要的关系。生产中发生的酥面、潮面、酸面等现象，都是由于干燥设备和技术不合理造成的，因此必须予以高度的重视。

（2）生产中面头的处理

挂面生产中的湿面头应即时回入和面机或熟化机中。干面头可采用浸泡或粉碎法处理，然后返回和面机。半干面头一般采用浸泡法，或晾干后与干面头一起粉碎。浸泡法效果好，采用较广泛，但易发酸变质。粉碎法要求面头粉细度与面粉相同，且回机量一般不超过15%。少数厂家采用打浆机，使干面头受到粉碎和浸泡双重作用，效果很好，且较卫生。

（三）违规使用食品添加剂及非法添加物问题

有少数粮油加工企业为使产品色泽更亮、更好看，以迎合市场，谋求更大利润，在其他粮食加工品生产程中，违规使用食品添加剂色素等，如染色小米、黑米等，以次充好，以假充真，欺骗消费者。

（四）关键控制环节

1. 小麦粉

小麦粉的制作包括清理、研磨、食品添加剂添加（工艺有要求的）、营养强化剂添加（工艺有要求的）等环节。

①清理主要是除去小麦中的各种杂质，包括植物的根、茎、叶、砂、有害的异种粮、泥块、砂石及各种金属杂质等。泥块、砂石等杂质会使面粉牙碜。各种金属杂质在生产过程中会引起设备事故，影响小麦粉生产和设备的安全。

②研磨是利用研磨机械，将经过清理后的小麦剥开，把胚乳从皮层上刮下来，并把胚乳磨细成粉的过程。

③食品添加剂的添加（必要时）根据需要，使用的种类和用量应符合GB 2760—2014《食品安全国家标准　食品添加剂使用标准》的规定，添加后要混合均匀。

④营养强化剂的添加（必要时）根据需要，使用的品种和用量应符合GB 14880—2012《食品安全国家标准　食品营养强化剂使用标准》的规定，添加后要混合均匀。

2. 大米

虽然大米的质量很大程度上取决于稻谷品质的优劣和新陈程度，但是大米加工技术水平的高低也至关重要。稻谷的清理、碾米、成品整理等应作为关键环节进行控制。这里说的关键控制环节主要指在生产过程中的控制，至于原料采购验收、产品出厂检验等环节也很关键，但对其的控制是在其他过程中实现的。生产过程中关键控制环节关键控制点的设置及控制，对企业生产的产品的质量及安全起着非常重要的作用。由于企业生产设备条件的不同等因素，对企业生产设备关键控制环节的核查应结合实际生产工艺过程予以考查。

（1）稻谷的清理

稻谷的清理主要是除去稻谷中的砂石，同时还要除去稻谷中的稗粒及可能存在的铁屑等金属物质以保证后道工序顺利进行及生产设备的安全。

（2）碾米

碾米主要是保证大米精度，并能根据要求生产出不同精度等级的大米。

（3）成品整理

成品整理一般由大米分级（必要时采用抛光、色选工序）工序组成，主要是保证大米的各项物理感官指标满足要求。

3. 挂面

（1）配料过程

配料过程中使用的食品添加剂的品种应符合 GB 2760—2014《食品安全国家标准　食品添加剂使用标准》规定，同时添加剂的使用量也要符合其规定范围。

（2）干燥过程

挂面干燥过程中对温度、相对湿度、干燥时间的控制是很关键的过程。现行挂面干燥工艺一般分为三类，即高温快速干燥法、低温慢速干燥法和中温中速干燥法。中温中速干燥法具有投资较少、耗能低、生产效率高、产品质量好等特点，已在国内推广。干燥过程中温度、相对湿度、干燥时间控制得不好，干燥设备和技术不合理，通常会在生产中发生酥面、潮面、酸面等现象，因此必须予以高度的重视。

（3）称重包装

称重包装过程中要进行负偏差的控制、杂质异物的控制。由于传统的圆筒形纸包装仍广泛采用人工，较难实现机械化，因而容易造成负偏差或人工包装过程中造成杂质异物的出现。目前，新型的塑料密封包装已实现自动计量包装。

4. 其他粮食加工品

应将谷物的清理、碾米（谷物粒、粉）、碾磨（谷物粒、粉）、灭霉处理（谷物片）、和面（面粉类制成品）、蒸粉（米粉类制成品中有蒸粉工艺的）、包装作为关键环节进行控制。这里说的关键控制环节主要指在生产过程中的控制，至于原料采购验收、产品出厂检验等环节也很关键，但对其控制在其他过程中实现。生产过程中关键控制环节关键控制点的设置及控制，对企业生产的产品的质量及安全起着非常重要的作用。但由于企业生产设备条件的不同等因素，对企业生产设备关键控制环节的核查应结合实际生产工艺过程予以考查。

（1）谷物的清理

谷物的清理主要是除去谷物收割过程中带入的尘土、泥块、砂石瓦砾及各种金属屑等杂质。

（2）碾米（谷物粒、粉）

通过此工序才可加工精米。

（3）碾磨（谷物粒、粉）

通过碾磨机械，将胚乳外皮刮下并把胚乳磨成不同粗细度的过程。

（4）灭霉处理（谷物片）

通过此工序才可加工精米。

（5）和面（面粉类制成品）

和面的质量与干物料的粒度、含水量、搅拌速度等因素相关。

（6）蒸粉（米粉类制成品中有蒸粉工艺的）

蒸粉是使脱水后米粉中淀粉糊化的过程。

（7）包装

包装过程对避免杂质杂菌污染产品，影响产品品质起着重要的作用。

（五）原辅料要求

1. 采购要求

食品原材料的采购与验收是食品质量控制的一个重要措施，也是实现食品安全生产加工的基础。因此，企业应建立原辅料、包装材料供应商审核制度，并定期进行审核评估，在和供应商签订的合同中明确双方承担的食品安全责任。企业应建立粮食加工品原料、食品添加剂和食品相关产品进货查验制度，所用粮食加工品原料、食品相关产品涉及生产许可管理的，必须采购获证产品并查验供货者的产品合格证明。粮食生产者采购原粮应当应索取供货者的资质、产品合格证明或出库检验报告，对不能提供检验报告的应自行检验或送有资质的检验机构检验，确保原辅料重金属等指标符合国家标准。对无法提供合格证明的食品原辅料，应当按照食品安全标准进行检验。

2. 贮存要求

包装物、原辅料应有专用库房。库房中不得存放有毒、有害或其他易腐、易燃及能引起交叉污染的物品。生产过程及安全防护记录中需要有不合格原辅料处置记录。

二、食用油、油脂及其制品

（一）品质指标

1. 酸价（值）、过氧化值

油脂氧化、降解过程中甘油三酯水解为甘油和脂肪酸，随后进一步氧化为低级的醛。这些降解产物的多少用酸价（值）来表示。一般来讲，酸价会随着油脂氧化、降解程度的增加而不断升高。过氧化值则是表示油脂中不饱和脂肪酸的双键被氧化打开形成过氧化物量的多少，过氧化物进一步氧化为低级的醛、酮、酸，这时酸价（值）上升但过氧化值会下降。

食用油、油脂及其制品酸价（值）不合格的主要原因有：原料采购把关不严，精炼不到位或未精炼，产品储藏条件不当，特别是在夏季，易导致脂肪的氧化酸败。因此，控制食用油、油脂及其制品酸价（值）、过氧化值超标主要控制原料、精炼工艺和产品贮藏条件，避免光照和高温加速油脂氧化降解。

油脂酸败产生的醛酮类化合物长期摄入会对人体健康有一定影响，一般情况下，使用过程中可以明显辨别出其有哈喇等异味。

2. 极性组分

煎炸用油在水分、高温的共同作用下，发生聚合、氧化、裂解和水解反应，生成羟基、酮基、醛基化合物等，这些化合物均比甘油三酯极性大，统称为极性组分。在煎炸过程中，长时间多次重复使用或不更换油脂会导致该项目超标。建议生产者合理使用煎炸油，有条件的建议使用控温设备完成煎炸过程，减少煎炸油产生氧化、聚合和裂解的有害产物。

3. **溶剂残留量**

食用植物油的生产工艺一般分为两种：压榨法和浸出法。压榨法是用物理压榨方式从油料中榨油的方法。浸出法是用食品级有机溶剂从油料中抽提出油脂。如果对浸出后油脂中有机溶剂清除不彻底，容易造成溶剂残留量超标。浸出油溶剂残留量超标，会降低油脂卫生品质，长期摄入溶剂残留量超标的油会损害人体神经系统，使人体神经细胞内的类脂物质平衡失调，对人体内脏器官也有一定刺激和伤害。

（二）真菌毒素

造成真菌毒素主要原因有：原料在采收、运输或储存过程中遇到高温、高湿环境，受到黄曲霉等霉菌污染、产生毒素；油脂加工企业在生产时使用霉变原料，没有采用精炼工艺或工艺控制不足从而导致不合格。

（三）污染物

1. **镍**

油脂氢化的基本原理是在加热含不饱和脂肪酸多的植物油时，加入金属催化剂，通入氢气，使不饱和脂肪酸分子中的双键与氢原子结合成为不饱和程度较低的脂肪酸，其结果是油脂的熔点升高（硬度加大）。上述反应过程中加入的金属催化剂镍若有残留则会导致产品不合格。

2. **苯并芘**

GB 2762—2022《食品安全国家标准　食品中污染物限量》中规定了油脂及其制品苯并芘含量限量为 10 μg/kg。该指标属于污染物指标。造成植物油产品苯并芘不合格的主要原因有：环境污染引入，原料收储不当或晾晒不当，油料加工过程温度过高，浸出油中芳烃类物质污染等。因此控制苯并芘主要从原料、生产过程中的温度控制着手。

3. **邻苯二甲酸酯类增塑剂**（DEHP、DBP）

食用油加工过程中接触的塑料、橡胶管道等带来诸多污染，更换不锈钢材料可以控制该污染物污染食用油，此外一些玻璃瓶用橡胶塑料瓶盖垫片的，若其中含有增塑剂也容易污染产品。因此建议控制所有与产品直接接触的塑料、橡胶等材质的邻苯二甲酸酯类增塑剂。

（四）关键控制环节

1. 食用植物油

①油脂精炼：脱酸，脱臭。

②水代法制芝麻油：炒制温度、对浆搅油。

③橄榄油：选取原料、低温冷压榨。

④棕榈（仁）油：分提工艺。

2. 食用油脂制品

①食用氢化油：选取原料，氢化过程，后脱色、脱臭。

②人造奶油：乳化程度；巴氏杀菌；物料进出 A、B 单元时温度的控制；熟成条件的控制。

③起酥油：物料进出 A、B 单元时温度的控制，熟成条件的控制。

④代可可脂：物料进出 A、B 单元时温度的控制（有氢化工艺的），分提工艺（有分提工艺的）。

3. 食用动物油脂

脱酸、脱臭。

（五）原辅料要求

企业应建立食品原料、食品添加剂和食品相关产品进货查验制度。所用食品原料、食品添加剂和食品相关产品涉及生产许可管理的，必须采购获证产品并查验供货者的产品合格证明。对无法提供合格证明的食品原料，应当按照食品安全标准进行检验。食用植物油生产企业采购进口或国产的植物油料应符合 GB 19641—2015《食品安全国家标准　食用植物油料》的规定。植物油料应储存在清洁、干燥、防雨、防潮的仓库或场地，防止霉变及污染。企业生产食用油、油脂及其制品的原辅料必须符合国家标准、行业标准规定。严禁采用混有非食用植物油料和油脂的原料生产食用植物油，严禁使用回收油脂生产动物油和油脂制品。动物油脂要使用符合食用卫生要求的动物体的板油、肥膘、内脏脂肪和含有脂肪的组织及器官。食用油生产、运输设备中使用的塑料管道、部件以及盛装食用植物油的塑料包装容器、瓶盖、垫片，其材质中使用的添加剂应符合 GB 9685—2016《食品安全国家标准　食品接触材料及制品用添加剂使用标准》规定，添加邻苯二甲酸酯类塑化剂的材料不能用于接触脂肪性的食品，以避免增塑剂迁移到油脂中。

三、调味品

（一）原料的安全风险

复合调味料生产加工使用的原料有：各种甜味剂、酸味剂、鲜味剂，传统发酵调味料，各种辛香料，各种食用油脂，酵母浸膏、HVP、HAP、各类骨素等特殊原料，还有淀粉、糊精等，色素、增稠剂、乳化剂、抗氧化剂等食品添加剂，以及蔬菜、肉制品、乳品、蛋制品、水产品、蘑菇等。其中许多原料的生产加工使用了酶制剂、微生物菌种以及动植物原料。原料中的农药残留、抗菌素残留、生物毒素超标、激素残留等，会直接导致调味料的食品安全问题。

（二）加工助剂和食品添加剂的安全风险

加工助剂本身并不是一种食物或成分，而是为了满足一定的技术目的，在加工原料处理或加工过程中添加的一类物质、食品或食品成分，最终产品中的加工助剂没有任何工艺功能，但最终产品中存在的残留物或衍生物是不可避免的。食品添加剂包括从动、植物中提取的和化学合成的两类。一般来说，合成添加剂易存在不安全因素。随着食品毒理学和分析化学的发展。一些原来认为无害的食品添加剂，近年来已发现存在慢性毒性或致癌、致畸作用，如奶油黄等色素、甘素等甜味剂已禁止使用。有些添加剂本身无毒，而混入的杂质易引起中毒。一些不法商贩为了追求自身利益最大化，在调味品中过分添加焦糖色素或使用不合格的焦糖色素，导致产品风险大幅提升。

（三）生产工艺的安全风险

食品生产工艺技术的安全性是引起食品安全问题的因素之一。除了生产中消毒杀菌工艺，以及操作人员自身卫生问题等在生产过程中因卫生控制失误而引起微生物污染外，调味料的生产工艺安全风险主要由产品和原料生产工艺两方面引起。由于调味料生产使用的原料种类繁多，生产技术多样，原料生产对调味料的安全性影响要引起高度重视。其中烟熏和腌制工艺的安全风险早已为人们熟知。

1. 热处理技术引起的食品安全问题

许多食品生产加工助剂、添加剂，甚至食品成分，在特殊条件下（高温油炸时油温 190 ℃，挤压膨化时温度 200 ℃～210 ℃，高压、微波等）会出现食品安全问题。油炸、挤压、微波等技术同样应用于调味料生产中。用于面粉增白的过氧化苯甲酰，在高温处理时会分解产生苯甲酸。煎炸用油在反复加热炸煎使用 3 次以上时，就可在食物中检出少量的致癌碳氮化合物，且有害物质含量随着油的炸煎使用次数升高。

2. 发酵工艺的安全风险

发酵工艺是调味料生产工艺之一。发酵食品对人类安全有很大的、隐蔽性的威胁。发酵过程中总会伴随产生不利副产物，后处理也很难使其绝迹。还有发酵过程中不同微生物进行生存竞争，不可避免地有不良微生物甚至是病原微生物的侵入。

3. 植物蛋白水解工艺的安全风险

水解植物蛋白（HVP）是复合调味料的常用原料，其水解工艺会因残存的植物油脂在盐酸的作用下水解成脂肪酸和丙三醇，丙三醇在高温下与浓盐酸作用产生对人体的肝、肾和神经系统有损害含气丙醇物质。

4. 辐照杀菌工艺的安全风险

食品辐照是为了杀灭微生物、昆虫和延长食品的货架期，已经批准在肉和肉制品杀菌，延长鲜鱼、水果、蔬菜的冷藏保鲜期，杀死调味料、谷物等中的昆虫等方面应用。辐照会导致化学反应，必须严格控制处理条件。

5. 传统干燥工艺的安全风险

蘑菇、干贝及鱼虾等是复合调味料生产的原料，其干燥脱水采用自然晒干的方法，晒干过程中容易被微生物、昆虫、尘土甚至垃圾污染，其发霉后产生的毒素非常危险。新型太阳能、远红外干燥、微波干燥等新技术可以改善脱水食品的品质、清洁和加工效果，而冷冻干燥或真空干燥则生产高价值、高品质和安全的产品。不论是传统工艺，还是现代高新技术，没有经过安全评价都存在安全风险。

（四）食品包装材料的安全风险

调味料多采用复合材料制成的包装。复合材料的聚合物单体和为改善工艺性使用的抗氧化剂、光稳定剂、热稳定剂、阻燃剂、抗静电剂、增塑剂、润滑剂、润湿剂、起泡剂、稀释剂、杀真菌剂、填料等助剂，以及溶剂和油墨等，都有可能给调味料带来安全问题。

（五）关键控制环节

1. 酱油生产关键控制环节

酿造酱油的生产关键控制环节为制曲、发酵、灭菌。制曲是种曲在酱油曲料上扩大培养的过程。制曲过程的实质是创造曲霉菌适宜的生长条件，促使曲霉充分发育繁殖，分泌酱油酿造需要的各种酶类，如蛋白酶、淀粉酶、氧化酶、脂肪酶、纤维素酶、果胶酶、转氨酶等。曲子的好坏不仅决定着酱油的质量，而且还影响原料的利用率。影响曲子好坏的关键控制指标有：接种量、培养温度、培养时间等。

发酵是先将成曲拌入多量的盐水，使其成浓稠的半流动状态的混合物。在这一过程中是水解大豆蛋白，生产成品的过程，发酵中关键指标是环节中的温度。

灭菌是酱油产品的消毒过程。关键点是灭菌若未达到工艺要求，或灭菌后二次污染，将会引起微生物超标，直接影响产品质量安全。灭菌工艺的关键控制指标是灭菌温度和灭菌时间。

2. 食醋生产关键控制环节

酿造食醋生产中关键控制环节为原料控制、醋酸发酵、灭菌。食醋的主要原料有高粱、麸皮、谷糠、稻壳等。高粱应不发霉，未变质；不混有杂物、污物；水分≤10%，符合卫生标准。麸皮、谷糠、稻壳等应具有惰性，无其他不良气味；不含杂质、污物；不发霉、不变质、干燥。生产用水应无色透明，无味；不含毒性物质；符合卫生标准。醋酸发酵是继酒精发酵之后，酒精在醋酸菌氧化酶的作用下生成醋酸的过程。醋酸发酵的关键控制指标为发酵温度和发酵时间。

3. 味精生产关键控制环节

（1）发酵的控制

谷氨酸发酵行业现存工艺可分为两大类，一种传统工艺为生物素亚适量菌种发酵利用单罐等电、离子交换提取谷氨酸的工艺，简称亚适量等电离交工艺；另一种为温度敏感型菌种发酵，利用浓缩等电、连续提取谷氨酸的工艺，简称温敏液缩等电工艺。发酵的关键控制指标为：发酵菌种的选择、发酵温度、发酵时间、通风量等。

（2）谷氨酸提取

随着味精行业的发展，谷氨酸提取工艺也不断改进。味精生产厂家多采用的提取工艺主要有：等电一离交法、连续等电一转晶法、低温一次等电法，此外尚有锌盐法、等电一锌盐法、少数工厂采用膜过滤除菌连续等电一转晶法。以上都是基于谷氨酸结晶特性及结晶晶型等理论研究而采用的分离提取方法。谷氨酸提取的关键控制指标为：温度和 pH。

4. 酱类生产关键控制环节

①原料的处理。

②制曲。

③发酵。

④配料处理。

5. 调味品生产关键控制环节

①原料的控制。

②调配。

③杀菌。

（六）原辅料要求

1. 采购要求

食品原料进货时应要求供应商提供检验合格证或化验单，食品原料应符合相应标准的要求。不得使用不合格或超过保质期的食品原料。对无法提供合格证明文件的食品原料，应当依照食品安全标准进行检验。

（1）酱油

企业生产酱油所用的原辅料必须符合国家标准、行业标准规定，如使用的原辅料为实施生产许可证管理的产品，必须选用获得生产许可证企业生产的合格产品。

（2）食醋

企业生产食醋所用的原辅料必须符合相应国家标准、行业标准规定。食用酒精应符合 GB 31640—2016《食品安全国家标准　食用酒精》规定。原辅料为实施生产许可证管理的产品，必须选用获得生产许可证企业生产的合格产品。

（3）味精

生产味精所用的淀粉与糖类原料、化工原辅料应当符合相关的标准要求。使用的食盐应符合 GB/T 5461—2016《食用盐》规定。使用的原辅料为实施生产许可证管理的产品，必须选用获得生产许可证企业生产的合格产品。

（4）酱类

企业生产酱类产品所用的原辅料必须符合国家标准或行业标准以及相关规定。使用的食盐应符合 GB/T 5461—2016《食用盐》规定。使用的原辅料为实施生产许可证管理的产品，必须选用获得生产许可证企业生产的产品。

（5）调味料

企业生产调味料产品所用的原辅料必须符合国家标准或行业标准以及相关规定。使用的食盐应符合 GB/T 5461—2016《食用盐》规定。所用的酸水解植物蛋白调味液必须符合 SB 10338—2000《酸水解植物蛋白调味液》规定。使用的原辅料为实施生产许可证管理的产品，必须选用获得生产许可证企业生产的产品。

2. 贮存要求

①应建立和执行适当的仓储制度，发现异常应及时处理。

②贮存和装卸食品的容器，工器具和设备应当安全、无害，保持清洁，降低食品污染的风险。

③贮存应避免日光直射、雨淋、显著的温湿度变化和剧烈撞击等，防止食品受到不良影响。

④食品原料的入库和使用应遵循“先进先出”的原则，按食品原料的不同批次分开存放。贮藏过程中注意防潮防霉，并定期或不定期检查，防止风干、氧化、变质，及时清理有变质迹象和霉变的原料。

⑤食品原料如有特殊贮存条件要求，应对其贮存条件进行控制并做好记录。

⑥合格和不合格的食品原料应分别存放，并有明确醒目的标识加以区分。

3. 使用要求

①原料投入使用前应目测检查，必要时进行挑选，除去霉变原料及外来杂物。

②含蛋白质的原料必须经过蒸煮、冷却，尽快降至规定的温度后，立即接入种曲。

③生产过程中使用的酶制剂、种曲菌种等发酵剂应符合生产工艺要求。选用的菌种应定期进行纯化和鉴定（传统制曲工艺除外）。外购的酶制剂、种曲菌种、活性干酵母等，应当查验有资质的部门出具的合格证明文件后方可使用。自培菌种的卫生要求应符合相关规定。

四、肉制品

（一）肉制品污染物安全风险

①重金属超标。

②违法使用兽药。

③非法饲喂导致的化学危害。

④加工过程产生的化学性危害。

传统肉制品和西式发酵肉制品在腌制、腌腊、烟熏、风干、发酵和贮藏等环节产生化学性危害，形成和累积亚硝胺、杂环胺、生物胺、多环芳烃等有害物质。大量的亚硝胺类物质与某些消化系统肿瘤如食管癌的发病率相关。烧烤和油炸类肉制品中存在大量杂环胺类物质，杂环胺也具有致癌、致突变性。另外，烟熏、烧烤和煎炸肉制品中还易产生苯并芘等多环芳烃类物质。目前，对这些有害物生成的机理和规律尚不明确，对其采取的质量安全控制措施尚不健全，部分指标未纳入食品安全指标中，构成潜在的食品安全风险。

（二）肉制品违法使用食品添加剂问题

为了改善肉制品品质和外观，适于工业化生产，在其生产加工过程中通常需要添加部分食品添加剂，如品质改良剂、肉味香精、抗氧化剂、增稠剂、发色剂和着色剂等。此外，为了保证肉制品在保质期内的品质并适当延长保质期，可能还会添加一定量的防腐剂。正确合法地使用食品添加剂不仅能改善肉制品的色、香、味、形，而且在提高食品质量，降低产品成本方面也起着关键的作用。但某些企业为片面追求产品某方面特性或加工过程中操作不规范，造成超量、超范围使用添加剂，在颜色不正常、变质的肉制品中添加香精和着色剂等。同时还存在使用成分不明的复配型添加剂的现象，以躲避监管。不少唯利是图者为了追求肉类制品的色香味和延长保存期限，超量使用硝酸盐（或亚硝酸盐）。亚硝酸盐具有致癌性，过多食用亚硝酸盐超标的肉制品会对消费者的身体健康造成伤害。

（三）微生物污染安全风险

1. 禽畜宰前微生物污染

健康动物的体表，与外界相通的腔道，以及某些部位的淋巴结内都不同程度地存在着微生物，尤其在消化道内的微生物类群更多。通常情况下，这些微生物不侵入肌肉等机体组织中，但在动物机体抵抗力下降的情况下，某些病原性（或条件致病性）微生物、如沙门氏菌等进入淋巴液、血液，并侵入肌肉组织或实质脏器中。有些微生物也可经体表创伤、感染而侵入深层组织。动物在运输、屠宰前等过程中，由于过度疲劳、拥挤、饥渴等不良因素的影响，容易受到个别病畜或带菌动物携带的病原微生物污染，从而造成宰前肉品的污染。

2. 控制措施不当或交叉污染导致的致病菌污染

当前，我国肉类产业朝着现代化、规模化的方向不断发展，生产、流通、消费规模不断增大，原材料多元化，产销距离远、时差长，为病原微生物的繁殖提供了条件。屠宰和加工过程中由于质量安全控制措施不到位，交叉污染现象较为普遍，加工装备设施、加工媒介、加工过程、健康畜禽和病畜交叉接触等造成致病菌污染，其中致病性大肠杆菌、金黄色葡萄球菌、沙门氏菌、单核细胞增生李斯特氏菌、肉毒梭菌等病原微生物是造成食物中毒的主要原因。宰杀刀具、案板、人员手套等随着使用时间的延长，污染的程度越来越严重，如果不注意加强屠宰过程中的定期消毒，将对肉品造成严重的交叉污染。

（四）肉制品中掺杂使假的安全风险

1. 原料肉注水、注胶

通过向牲畜体注射阿索本针剂（封闭针），然后将水管插入畜体胃部直接灌水，来提高畜体重量。

2. 掺假作伪或使用差、劣、病死等畜禽作为加工原料

为追求非法利益，行业内存在掺假作伪或使用差、劣、病死等畜禽作为加工原料的企业。例如，使用皮毛动物如貉子、狐狸等假冒其他肉制品，如酱牛肉、

酱驴肉，这些皮毛动物未经检验检疫就流入市场，重金属含量往往超标；通过注射牛肉香精、加入色素等方法，将母猪肉冒充其他畜肉；用价格较低的鸡肉、鸭肉通过添加牛油、羊油冒充牛羊肉等；收购病害畜禽，进行制售活动；回收过期肉作为工业生产原料；使用含有致癌物的皮革蛋白粉作为加工原料；使用重金属超标、含有农药残留的香辛料、辅料等。

（五）流通和销售环节中存在问题

1. 冷链中断导致产品腐败

随着我国肉类产业的发展，冷鲜肉和低温肉制品逐渐成为市场主导产品。冷鲜肉和低温肉制品需要全程冷链运输，但目前我国冷链体系不完善。一方面，冷链基础建设覆盖率比较低，肉类食品基本还是在没有冷链保证的情况下运销，销往中小城镇和农村市场的肉与肉制品基本还处于常温流通状态。另一方面，现有冷链体系存在“最后一公里”难题，在转运、销售等环节存在冷链中断问题，不能确保全程冷链流通。冷链的中断导致冷鲜肉和低温肉制品等需要低温储藏和运输的产品易产生腐败，影响肉与肉制品的食品安全。

2. 运输和贮藏过程中制假贩假、以次充好

肉与肉制品在运输和贮藏过程中，不法经营者为谋求不当利益，存在制假贩假、以次充好、将腐败变质食品重新流通的现象。流通环节中的制假贩假、以次充好等行为由于操作环境卫生条件差、添加成分不确定，更具危害性。

（六）关键控制环节

①原料肉应当符合 GB 2707—2016《食品安全国家标准　鲜（冻）畜、禽产品》规定，生猪产品应当有动物检疫合格证明、肉品品质检验合格证明、非洲猪瘟检测证明 / 报告；其他畜、禽肉类产品应当具有规定的动物检疫合格证明、肉品品质检验合格证明；进口肉类产品应当有入境货物检验检疫合格证明、核酸检测合格证明以及消毒单位出具的进口冷链食品货物业经消毒的证明，并录入溯源信息。未经定点屠宰厂（场）屠宰并检验检疫合格的，或未附入境检验检疫证明的猪肉，进口冷链食品无消毒证明、核酸检测证明的，不得生产加工。

②各企业根据生产产品的工艺特点和流程，设定合理的关键控制点并制定关键控制点操作规程。产品配料应确保各物料称量与配方要求一致，准确称量并

做好记录。食品添加剂使用范围和用量应符合 GB 2760—2014《食品安全国家标准　食品添加剂使用标准》。关键加工过程（如腌腊肉制品的腌制过程、热加工熟肉制品的热加工过程、发酵肉制品的发酵过程等）要注意温度、时间控制。

③贮存、运输（有温控要求的肉制品，特别是需低温保存的肉制品）过程中要注意温度控制。

（七）原辅料要求

1. 采购要求

①企业应制定原辅料（包括食品添加剂及包装材料）采购制度，供应商评价办法，原辅料验收规定，不合格原辅料处置办法等。供应商评价内容至少应包括：供应商的资质证明文件、原辅料的质量评价、具有资质的第三方型式检验报告等。应与主要供应商签订质量协议，明确双方所承担的质量责任。必要时采用现场审核等方法进行质量安全评价。

②原料肉应当符合 GB 2707—2016《食品安全国家标准　鲜（冻）畜、禽产品》规定。生猪产品应当有动物检疫合格证明、肉品品质检验合格证明、非洲猪瘟检测证明 / 报告。其他畜、禽肉类产品应当具有规定的动物检疫合格证明、肉品品质检验合格证明。进口肉类产品应当有入境货物检验检疫合格证明、核酸检测合格证明以及消毒单位出具的进口冷链食品货物业经消毒的证明，并录入溯源信息。未经定点屠宰厂（场）屠宰并检验检疫合格的，或未附入境检验检疫证明的猪肉，进口冷链食品无消毒证明、核酸检测证明的，不得生产加工。

2. 贮存要求

①应有足够的仓储场所保证原辅料单独存放，仓储场所应符合各类物料和产品的贮存条件（如温度、湿度、避光）和防火安全的规定，并进行检查和监控。

②原料和成品应分隔存放，不合格品、退货或召回产品应分离或分隔存放。

③各类不同物料和产品须有明显标识。

3. 使用要求

①每个批次物料的发放和使用应当确保其可追溯性和物料的平衡，遵循“先进先出”和“近效期先出”的原则制订物料的使用计划，确定物料处于合格状态方可分发。

②应有可追溯的、清晰的发放记录。

五、乳制品

（一）主要风险点

①企业微生物指标的生产管理与检测方面存在隐患，如菌落总数、霉菌、沙门氏菌、金黄色葡萄球菌、大肠菌群、阪崎肠杆菌等存在抽检不合格隐患。

②少数乳品企业在营养元素管理方面存在风险隐患，如蛋白质、脂肪、维生素、矿物元素、脂肪酸等，抽检多次出现不合格。

③部分乳品企业在化学污染物管理方面存在风险隐患，如塑化剂、壬基酚、季铵盐、高氯酸盐、亚硝酸盐、硝酸盐等，其中部分污染物在产品抽检时被检出。

④部分企业在重金属污染物（包括铅、砷、汞、镉、铬、锡等）管理方面存在风险隐患，如曾经出现汞异常事件。

⑤大多数乳品企业在激素管理方面存在风险隐患，如出现“激素门”事件，乳品种外源激素存在风险隐患。

⑥少数企业产品真菌毒素存在安全隐患，如黄曲霉毒素抽检不合格。

⑦部分企业对抗生素指标控制有隐患，尤其液态乳制品，国家风险监测出现过抗生素阳性。气霉素、舒巴坦、β- 内酰胺酶、磺胺类抗生素、青霉素类抗生素、土霉素类抗生素等存在隐患。

⑧激素问题的安全隐患，如部分奶牛养殖户为促进奶牛繁育或增加产奶量，使用氢化可的松、氟氢可的松、雌性激素等激素造成风险隐患。

⑨乳和乳制品中存在防腐剂的风险隐患，如山梨酸、苯甲酸、硫氰酸盐、过氧化氢。

⑩原料乳中掺假、造假的风险隐患已经大大降低了，但不能说永久根除了隐患。如果管理不严格，可能导致奶农、奶站、奶贩层层掺假、造假。掺假物质层出不穷，如质量低的饲料水解蛋白、糊精、饲料级乳清粉、植脂末等，化工类物质如双氧水，尿素、硫代硫酸钠、机械用黄油等。一些不法分子为牟取利益，专门出售掺假或造假配方。而由于原料奶的原因所带来的加工产品的质量安全问题，要乳制品加工企业、食品加工企业、消费者来买单。

⑪企业滥用添加剂的风险依然存在，如纳他霉素作为食品添加剂在酸牛乳中超范围使用。

⑫非乳制品生产原料在乳制品加工中的滥用，如仍有部分企业用动物水解蛋白以代替乳蛋白、糊精类物质代替乳糖等乳成分，来降低产品成本，欺骗消费者。

⑬超过保质期产品的再次加工的风险。乳粉产品属于乳制品中保质期较长、货架期较长的产品，消费者购买时都像购买液体乳制品一样喜欢生产日期较近的产品，这样就易造成乳粉产品部分产品销售不畅。企业将这样的产品和销售过期的产品返厂，重新溶解再次喷粉生产。更有甚者，直接将原包装换掉，打上新的生产日期重新销售。虽然国家对于这种情况发布了文件，明令禁止这种做法，但一些小型或新建企业在利益至上的思想指导下仍然重新包装销售，使得这种现象仍然继续，这类产品反式脂肪酸、维生素还是存在质量隐患。

⑭部分企业在标签标识管理方面存在安全隐患，多次出现标签标识不符合要求问题。

（二）关键控制环节

①巴氏杀菌乳：原料验收、标准化、巴氏杀菌。

②调制乳：原料验收、标准化、高温杀菌或其他杀菌、灭菌方式。

③灭菌乳：原料验收、预处理、标准化、超高温瞬时灭菌（或杀菌）、无菌灌装（保持灭菌）。

④发酵乳：原料验收、标准化、发酵剂的制备、发酵、灌装、设备的清洗。

⑤乳粉：湿法工艺：原料验收、标准化、杀菌、浓缩、喷雾干燥、包装。干法工艺：原料验收、配料的称量、隧道杀菌、预混、混合、包装。

⑥牛初乳粉：原料牛初乳的验收、杀菌、低温干燥。

⑦炼乳：原料乳的验收、杀菌及灭菌、冷却结晶、成品的灌装。

⑧奶油：原料乳的验收、杀菌及灭菌、发酵、成品的包装。

⑨干酪：原料乳的验收、杀菌及灭菌、发酵、包装。

（三）原辅料要求

1. 主要原料及产品管理制度审核内容

①生乳及原料乳粉进货查验逐批检测记录制度。

②不合格原辅料拒收、报废、返厂等处理办法规定。

③半成品、成品的不合格判定规定，并有相关处理办法。

④设备故障、停电停水等特殊原因中断生产时生产产品的处置办法，保障不符合标准的产品按不合格产品处置。

⑤出厂不合格产品的召回制度应包含 GB 12693—2010《食品安全国家标准　乳制品良好生产规范》中的相关内容，有实施召回电子信息系统的管理规定。

2. 企业采购制度审核内容

①有原辅料供应商评价办法。

②进货验收制度要包含对进厂的主要原材料进行验证、检验、记录、报告以及接收或拒收的处理意见和审批手续等内容。

③采购制度应保证原辅料符合相应的食品安全国家标准、地方标准和企业标准的规定。杜绝企业使用乳或乳制品以外的动物性蛋白质（允许使用的食品添加剂除外）或其他非食用原料制成的产品作为生产原料。

④采购制度应按照有关规定保证对购入的生乳和原料乳粉及其加工制品批批进行三聚氰胺等项目检验。

⑤企业制定的生乳收购查验规定，应保证收购的生乳来自取得生鲜乳收购许可证的生鲜乳收购站，每批有检验报告表明生乳符合 GB 19301—2010《食品安全国家标准　生乳》的质量、安全要求，并严格执行索证索票制度，做好记录。兽药、重金属等有毒有害物质或者致病性的寄生虫和微生物、生物毒素等指标符合相关食品安全国家标准规定。

⑥采购制度应保证购入生产配方乳粉时对使用的食品营养强化剂进行合格验证，确保产品质量。

六、饮料

（一）主要食品安全风险及防控

1. 品质指标

①纯净水的电导率。纯净水电导率超标的可能原因是生产工艺存在问题，如过程控制不严，反渗透滤膜长久未更换，过滤设备清洗不到位等。另外纯净水微

生物繁殖也可能引起电导率超标。

②瓶桶装饮用水的耗氧量。耗氧量为每升水中在一定条件下被氧化剂氧化时消耗的氧化剂量。水的耗氧量大，说明水中的有机物含量高。造成瓶（桶）装饮用水耗氧量指标不合格的原因主要是饮用水的水质受到有机物较多的污染，生产工艺控制不严格。

③碳酸饮料的二氧化碳气容量。GB/T 10792—2008《碳酸饮料（汽水）》规定，当二氧化碳气容量（20 ℃时）达到液体体积的 1.5 倍时，二氧化碳气容量不达标，失去抑菌作用。充气量不够或者密封不严导致二氧化碳逸出是主要原因。

④茶类饮料的茶多酚、咖啡因含量。茶多酚、咖啡因含量不符合要求主要是原料品质不符合要求或者含茶量不够所致。

⑤果汁和蔬菜汁类的原果汁含量。原果汁含量是果汁和蔬菜汁类饮料的特征指标，GB/T 31121—2014《果蔬汁类及其饮料》中规定了各类果汁和蔬菜汁类饮料原果汁的最低含量，不合格的产品和指标多集中在原果汁含量上。该指标不合格的原因主要是产品未按标准要求生产。

⑥蛋白饮料的蛋白质含量。蛋白质指标是营养指标，反映产品的品质，有的厂家为了降低成本，可能在选择原料时偷工减料，并没有添加足够多的诸如核桃、大豆等成分，导致产品中蛋白质含量达不到要求，损害消费者权益。

⑦天然矿泉水的界限指标。造成天然矿泉水界限指标不合格的原因，一是水处理过度使元素损失或由于水源矿物质的不稳定性使界限指标不能达到要求；二是水源根本不是矿泉水，存在冒充矿泉水的情况。

2. 瓶（桶）装饮用水的污染物

①溴酸盐。个别饮用水行业厂家大量使用臭氧进行杀菌，正常情况下，水中不含溴酸盐，但普遍含有溴化物，当使用臭氧对水消毒时，溴化物与臭氧发生反应，氧化后就会生成溴酸盐。溴酸盐超标主要是臭氧杀菌过度或工艺控制不当所致，应控制水源卫生，同时控制臭氧消毒工艺。

②氟化物。天然矿泉水中氟化物超标的可能原因是矿泉水的源水受到污染，导致氟含量过高，故需控制水源卫生。

③亚硝酸盐。造成饮用水亚硝酸盐不合格的主要原因有：桶装纯净水在生产

过程中由于吸附、过滤消毒等监控的失误都可能引起亚硝酸盐的形成；桶装水大多使用回收的水桶，旧桶可能会因为清洗消毒不严导致亚硝酸盐的聚集；受微生物污染的纯净水，在细菌的作用下会促进亚硝酸盐的大量生成；长时间的保存放置破坏水分子的结构，加速水的老化，使水的活性下降，导致大量有害物质的积累和亚硝酸盐的形成。

④余气（游离气）。造成余气不合格的主要原因是为解决桶装水的微生物污染问题，不少厂家不是从生产工艺、质量管理入手，而是通过加上消毒剂的使用量来解决，所以导致水中的余气含量过高。控制水源和生产过程卫生条件，降低消毒剂的使用量是关键。

3. 微生物

菌落总数、大肠菌群、霉菌、酵母菌、铜绿假单胞菌、金黄色葡萄球菌是反映饮用水卫生质量状况的重要指标。

①菌落总数。菌落总数超标说明个别企业可能未按要求严格控制生产加工过程的卫生条件，或者包装容器清洗消毒不到位，还有可能与产品包装密封不严，储运条件控制不当等有关。饮料中主要是包装饮用水的菌落总数不合格较多。

②大肠菌群。饮料中检出大肠菌群，反映该食品卫生状况不达标。大肠菌群超标可能由于产品的加工原料、包装材料受污染，或在生产过程中产品受人员、工器具等生产设备、环境的污染、有灭菌工艺的产品灭菌不彻底而导致。大肠菌群用于评价饮用水是否受到肠道疾病微生物或粪便的污染，若产品中这一微生物指标超出标准范围，说明产品的加工原料、包装材料可能受污染，或在生产过程中产品受人员、工器具等生产设备、环境的污染所致。控制卫生条件，严格执行清洗消毒制度，特别是人员卫生是关键。

③铜绿假单胞菌。天然矿泉水中铜绿假单胞菌超标可能是水源受到污染，或生产过程中卫生控制不严格，存在从业人员未经消毒即进入灌装车间、包装材料受到污染、操作时手直接与矿泉水或容器内壁接触所致。企业应控制水源卫生，加强对铜绿假单胞菌的监测。

4. 食品添加剂（防腐剂、甜味剂）

为增加饮料产品的卖相、改善口感，延长产品保质期，存在违规使用着色剂、甜味剂和防腐剂的情形。企业需严格执行 GB 2760—2014《食品安全国家标准　食品添加剂使用标准》，控制食品添加剂的使用。

①防腐剂。目前市面上常见的防腐剂包括苯甲酸、脱氢乙酸、二氧化硫、亚硫酸盐等。苯甲酸常以钠盐的形式加入食品中，能够抑制微生物繁殖，延长食品保质期限。个别饮料生产企业在加工过程中存在超限量、超范围违规使用苯甲酸的问题。脱氢乙酸常以钠盐的形式加入食品中，能够抑制微生物繁殖，延长食品保质期限。个别饮料生产企业在加工过程中存在违规使用脱氢乙酸的问题。在食品加工过程中，利用二氧化硫和亚硫酸盐类的氧化性，能有效地抑制食品加工过程中的非酶褐变。其具有还原性和漂白性，使其也可作为防腐剂，抑制霉菌和细菌的生长。所以在果蔬汁饮料中违规使用二氧化硫、亚硫酸盐等，可使食品褪色和免于褐变，改善外观品质，延长保质期，从而导致产品质量不合格。长期食用防腐剂超标的食品，可能导致人体肠胃功能、血液酸碱度失调，影响人体健康。

②甜味剂。目前常见的甜味剂包括乙酰磺胺酸钾（安赛蜜）、糖精钠、甜蜜素等。为了改善饮料的口感，违规使用安赛蜜。安赛蜜也是化工合成品，超范围、超量使用会对人体的肝脏和神经系统造成危害，特别是对代谢排毒能力较弱的老人，孕妇、小孩危害更明显。糖精钠。为了改善饮料的口感，违规使用糖精钠。食用较多的糖精钠时，会影响肠胃消化酶的正常分泌，降低小肠的吸收能力，使食欲减退。甜蜜素。为了改善饮料的口感，违规使用甜蜜素。长期食用超范围、超量使用甜蜜素的产品会危害人体肝脏及神经系统，不利于身体健康。

（二）关键控制环节

①包装饮用水。对水源水的粗滤、精滤、杀菌、灌装封盖（口）和灯检（或自动监测）。饮用纯净水的关键控制环节还包括去离子净化（离子交换、电渗析法、反渗透、蒸馏等）。其他饮用水的关键控制环节还可包括配料等工艺。

②碳酸饮料。原料（包括生产用水）的处理、调配、碳酸化、灌装封盖（口）和灯检（或自动监测）等。

③茶饮料类。原料（包括生产用水）的处理、调配（或不调配）、过滤、杀菌（除菌）、灌装封盖（口）和灯检（或自动监测）等。茶浓缩液的关键控制环节一般包括：茶叶的提取（或茶鲜叶的榨汁）、去渣、离心（或过滤）、浓缩、杀菌

（除菌）、灌装封盖（口）和灯检（或自动监测）等。

④果汁和蔬菜汁类。果蔬汁（浆）的关键控制环节一般包括原料果蔬预处理（以果蔬为原料）、榨汁（以果蔬为原料）、澄清（清汁）、过滤（清汁）、打浆（果蔬浆）、杀菌、离心（浊汁）、稀释（以浓缩果蔬汁浆为原料）、灌装封盖（口）和灯检（或自动监测）等。浓缩果蔬汁（浆）的关键控制环节一般包括：原料果蔬预处理、榨汁、澄清（清汁）、过滤（清汁）、打浆（浓缩浆）、杀菌、离心（浊汁）、浓缩、灌装封盖（口）和自动监测等。果蔬汁类饮料的关键控制环节一般包括：果蔬预处理（以果蔬为原料）、榨汁（以果蔬为原料）、稀释［以浓缩果蔬汁（浆）为原料］、调配、杀菌、灌装封盖（口）和灯检（或自动监测）等。

⑤蛋白饮料类。原料预处理、发酵（有发酵工艺的）、制浆（有该工艺的）、过滤脱气（有该工艺的）、调配、均质、杀菌灌装封盖（口）（灌装封盖杀菌）等。

⑥固体饮料。湿法工艺的关键控制环节一般包括：原料验收、调配、杀菌（浓缩）、脱水干燥、冷却、成型包装。干法工艺的关键控制环节一般包括：原料验收、备料、混料和包装。

⑦其他饮料类。原料预处理、发酵（有发酵工艺的）、调配（或不调配），均质（或不均质）杀菌、灌装封盖（口）、灯检（或自动监测）等。咖啡浓缩液的关键控制环节包括咖啡豆的烘焙、检验、研磨提取、离心、过滤、浓缩、杀菌和灌装封盖（口）等工序。

（三）原辅料要求

企业应建立食品原料、食品添加剂和食品相关产品进货查验制度。所用食品原料、食品添加剂和食品相关产品涉及生产许可管理的，必须采购获证产品并查验供货者的产品合格证明。所用的消毒剂应符合国家相应规定，有监管部门的批准文号或食品级证明。对无法提供合格证明的食品原料，应当按照食品安全标准进行检验。

饮用天然矿泉水、饮用天然泉水、饮用天然水的水源开采需经相关管理部门的批准，有取水许可证（根据各地政策执行）。饮用天然矿泉水的水源还应有水源评价报告采矿许可证（根据各地政策执行）、水源水质跟踪监测报告。其他饮用水添加的物质应符合 GB 2760—2014《食品安全国家标准　食品添加剂使用标准》及国务院卫生行政部门相关规定。以来自公共供水系统的水为生产用源水的，供水系统出入口应增设安全卫生设施，防止异物进入。以来自非公共供水系统的水（地表水或地下水）作为生产用水的，采集点应采用有效的卫生防护措施，防止源水以外的水进入采集设备。采集区域内应设立防护隔离区，限制牲畜和未授权人员进入。出水口或取水口应建立适当防护施，地下水的出水口（如井口、泉眼）应通过建筑进行防护。应采用封闭管道进行输，防止污染，不应用容器运到异地灌装。周转使用的桶应符合相关规定，由食品级聚碳醋（PC）等材料制成，回收后必须检查是否破损，是否受到污染。

所用二氧化碳应为食品级并符合其产品标准规定，使用初级农产品，应对农药残留行查验并符合规定。不得以茶多酚、咖啡因为原料调制茶（类）饮料。

所用的水果（蔬菜）应符合 GB 2763—2019《食品安全国家标准　食品中农药最大残留限量》和相应产品标准等要求，并控制污染物、腐烂率并记录。浓缩果蔬汁（浆）应符合 GB 17325—2015《食品安全国家标准　食品工业用浓缩液（汁、浆）》及相关安全标准的要求。使用的生乳、乳粉、大豆、花生等应符合 GB 19301—2010《食品安全国家标准　生乳》、GB 19644—2010《食品安全国家标准　乳粉》等相关要求，及 GB 2761—2017《食品安全国家标准　食品中真菌毒素限量》、GB 2762—2012《食品安全国家标准　食品中污染物限量》等相关食品安全国家标准的要求。使用菌种的产品，菌种必须符合《可用于食品的菌种名单》等国家有关规定，不得使用变异或杂化的菌种，并应查验鉴定证书。

七、方便食品

（一）主要食品安全风险

1. 加工原料安全问题

（1）方便面

①重金属污染问题。

②油炸用油问题。使用的棕榈油质量不佳，其酸价高、过氧化值高，会导致产品风味不佳，货架期缩短。同时，油品质量不佳也会加速其品质劣化，影响其

煎炸使用的时间。

③方便面调料包问题。方便面调料包较复杂，有生鲜料类、有香辛料、有豆酱类等，个别生鲜料类腐败变质、香辛料霉变、微生物超标，豆酱中的添加剂的使用等，都会直接影响方便面的质量。总之，若方便面加工企业缺乏对小麦粉等原料中的重金属、油炸用油的质量、方便面的调料包等的防范和控制，生产的产品有可能存在安全风险。

（2）其他方便食品

其他方便食品包含的品种繁多，使用的原辅料也多种多样，要特别注意由于原料可能带来的风险。生产方便粥等其他方便食品的原料主要为粮谷类农产品，原料在生长、收获、储藏、运输中容易被污染，进而影响加工制品的安全。

2. 加工工艺不当引起的质量安全问题

（1）方便面

①配粉过程：配粉和面是将小麦粉、辅料等加水经机械搅拌形成散碎的面团，要求面团具有良好的可塑性和延伸性。和面过程中盐水添加量过高或过低，会直接影响面团的质量。盐水加量过高会造成蒸煮不透，糊化度低，油炸不透，面条口感差，或产生夹生面，易发生霉变，缩短储藏期。盐水加量不足，面粉不能充分吸水，面筋网络结构形成不佳。

②油炸过程：油炸温度过高或过低，油炸工艺参数控制不好，会产生夹生面、卫生指标不合格的面。油炸方便面在油炸过程中，油炸用油脂始终处于高温状态，且长期与物料中的水分以及金属模具接触，极易水解酸败，因此油炸用油的品质控制不好，油中的杂质过滤不好等，都会加剧油炸用油品质的劣化程度。

③包装过程：包装时应注意投调料包的过程，检查有无被切破的调料包。调料包被切破，污染面饼，有利于微生物的生长，易造成微生物指标不符合卫生标准的规定。包装密闭封合性不好，包装漏气，会造成面饼受潮，微生物指标超标。

④方便面调料包的质量控制：方便面问世以来，已知配套的各种添加剂、包装材料、调味料、加工机械日趋完善。方便面的调味料也由简单到复杂，从只有一个料包发展到两个料包，再到三个料包。因此对调料包质量的控制，直接影响方便面的质量。

（2）其他方便食品

①生产加工过程：蒸煮杀菌过程中蒸煮温度、蒸煮时间控制不好，就会达不到杀菌的作用。未按规定对加工设备及产品盛放容器进行必要的清洗消毒，有利于微生物的生长，易造成微生物指标不符合卫生标准的规定。

②包装过程：包装过程应注意检查其密闭性，包装封口不严，将导致贮存期间易受外来微生物污染或水分增加而滋生微生物。一旦微生物滋生污染在后续过程中无法消除，危害较大。

③成品的贮存：其他方便食品包含的品种较多，不同的产品对贮存温度等条件有不同的要求，应注意满足。

3. 违规使用食品添加剂及非法添加物问题

（1）方便面

方便面产品是以小麦粉、荞麦粉、绿豆粉、米粉等为主要原料，添加食盐或面质改良剂，加适量水调制，经过压延、成型、气蒸，经油炸或干燥处理，达到一定熟度的方便食品。方便面生产中使用食品添加剂、面质改良剂的目的是改善面条的加工品质和食用品质。少数生产企业违规使用和滥用食品添加剂的情况也时有报道，应加强监管，督促广大方便面及面粉加工企业，严格执行国家食品安全相关法律法规，保证产品质量安全。

（2）其他方便食品

其他方便食品包含的品种繁多，使用的原料也多种多样，其他方便食品生产使用食品添加剂时，要特别注意添加剂的使用范围和使用量，严格按照GB 2760—2014《食品安全国家标准　食品添加剂使用标准》中对食品添加剂的使用范围及使用量的规定使用。

（二）关键控制环节

1. 方便面

①配粉过程：配粉过程是方便面生产的关键控制环节，应制定配粉的操作规程。配粉过程中使用的食品添加剂的品种和用量应符合GB 2760—2014《食品安全国家标准　食品添加剂使用标准》规定。

②设备的清洗：设备未定期清洗或未清洗干净造成残留物质变质、霉变等，

从而污染产品。霉变对成品安全有较大的影响，因此必须予以高度的重视。

③油炸：油炸是把定量切断的面块放入油炸盒中，通过高温油槽，面块中水分迅速气化，面条中形成多孔性结构，淀粉进一步糊化。影响油炸效果的因素主要有：油炸温度过低，面块炸不透；温度过高，面块会炸焦。油炸时间太短，面块脱水不彻底；油炸时间太长，面块起泡、炸焦，影响面饼质量。

④包装过程：包装时应注意投调料包的过程，检查有无被切破的调料包。检查包装密闭性，包装漏气极易造成微生物指标超标。

2. 其他方便食品

①原辅料的使用：其他方便食品包含的品种繁多，使用的原辅料也多种多样，因此对生产中使用的原辅料的质量状况及质量控制就显得尤为重要和关键。

②食品添加剂的使用：生产过程中使用的食品添加剂的品种和用量应符合GB 2760—2014《食品安全国家标准　食品添加剂使用标准》规定。

③熟制工序的工艺参数控制：熟制工序的工艺参数控制不当，温度过高或过低都会对产品质量产生影响。杀菌温度过低，热力杀菌，导致产品微生物指标不符合，造成产品质量问题，对产品安全有较大的影响，因此必须予以重视。

④干燥工序的工艺参数控制：对于具有脱水干燥工艺的主食类产品生产过程，干燥工序的温度、时间、物料含水量等参数控制不当，将导致产品复水性降低，影响产品质量。

（三）原辅料要求

1. 采购要求

企业应建立原辅料、包装材料供应商审核制度，并定期进行审核评估。应在和供应商签订的合同中明确双方承担的食品安全责任。企业应建立小麦粉、油炸用油（棕榈油）、其他方便食品原辅料、食品添加剂和食品相关产品进货查验制度。所用原辅料、食品相关产品涉及生产许可管理的，应采购获证产品并查验供货者的产品合格证明，对无法提供合格证明的食品原料，应当按照食品安全标准进行检验。

2. 贮存要求

包装物、原辅料应有专用库房。库房中不得存放有毒、有害或其他易腐、易燃及能引起交叉污染的物品。生产过程及安全防护记录中需要有不合格原辅料处置记录。

八、饼干

（一）主要食品安全风险

1. 品质指标

①水分。饼干水分的高低对产品的微生物指标、理化指标的影响较大。如果饼干的水分过高，则易于细菌、霉菌的繁殖，缩短产品的保质期。饼干产品水分超标，主要是工艺控制不严，也可能是包装未防止产品吸潮。

②过氧化值。过氧化值是表示油脂和脂肪酸等被氧化程度的一种指标，用于说明样品是否因已被氧化而变质，以油脂、脂肪为原料制成的食品，可通过检测其酸价、过氧化值来判断质量和变质程度。饼干中过氧化值超标说明可能在生产加工过程中使用了质量不合格的油脂或成品贮存环境温度不合适，使油脂氧化加剧。此外，也可能是饼干企业所用油脂通过碱洗等手段降低油脂的酸价，使油脂的抗氧化能力下降，从而在储存过程中易氧化。应加强油脂原料、生产过程和成品贮存条件控制。

2. 食品添加剂

饼干中容易出现不合格样品的添加剂是含铝膨松剂和二氧化硫。

①含铝膨松剂（铝残留量）。产品不合格说明企业为改善产品口感在生产加工过程中加入了过量的含铝膨松剂，或者其使用的复配添加剂中铝含量过高。企业应加强对食品添加剂使用限量要求的认识，精确计量。

②二氧化硫 / 亚硫酸盐。饼干中残留的二氧化硫主要是改良剂焦亚硫酸钠的分解产物。在饼干生产过程中，食品企业为改善面团的延伸性和可塑性，可能会超量添加焦亚硫酸钠，造成二氧化硫超标。

为预防饼干中的二氧化硫超标，首先，应该对面粉供应商加强管理，选择产品品质稳定、信誉良好的面粉供应商，为配料时减少焦亚硫酸钠的使用量奠定良好的物质基础。其次，应该按照法定标准使用焦亚硫酸钠，从而杜绝焦亚硫酸钠的超标使用问题，使用生物酶制剂替代焦亚硫酸钠。酶制剂的成本相对较高，但随着酶制剂推广范围的扩大，其生产成本也会有所降低。

3. 微生物指标

菌落总数、霉菌等微生物超标，是困扰很多饼干厂特别是中小型饼干企业的问题。为防止饼干产品的微生物超标问题，应采取如下多种措施：加强生产过程的环境卫生控制；注意烘烤后产品包装区的卫生管理，避免交叉污染；加强操作人员的培训，促使员工养成自觉的卫生习惯；加大对供应商的卫生管理力度等。

（二）关键控制环节

1. 配粉

主要控制配料比例，投料先后顺序，以及和面时间和面团温度。

2. 烤制

主要控制烘烤温度、时间以及均匀度等。

（三）原辅料要求

企业应建立食品原料、食品添加剂和食品相关产品进货查验制度。所用食品原料、食品添加剂和食品相关产品涉及生产许可管理的，必须采购获证产品并查验供货者的产品合格证明。对无法提供合格证明的食品原料，应当按照食品安全标准进行检验。

使用的小麦粉、食用油、糖、蛋、奶应符合国家相关标准的要求。所添加的食品添加剂应符合 GB 2760—2014《食品安全国家标准　食品添加剂使用标准》及国家卫生健康委相关公告的规定。所添加的食品营养强化剂应符合 GB 14880—2012《食品安全国家标准　食品营养强化剂使用标准》及国家卫生健康委相关公告的规定。使用乳粉（生乳）原料的，应批批检测三聚氰胺的含量。

九、罐头

（一）主要食品安全风险

罐头食品作为消费者日常生活的食物，其安全性越来越受到关注，相关的法律法规也在不断地完善。罐头食品的原料覆盖面广，在加工过程中存在各种安全风险，罐头食品安全风险项目主要包括以下方面。

①污染物类：多气联苯、二氧化硫残留量等。

②重金属：汞、砷、铝、镉等。

③生物毒素：黄曲霉毒素总量、麻痹性贝类毒素（贝类罐头）、组胺（鲐鱼等海鱼罐头）、米酵菌酸（银耳罐头）等。

④兽药残留：盐酸克伦特罗、沙丁胺醇、莱克多巴胺、氯霉素、己烯雌酚等。

⑤超范围使用食品添加剂：防腐剂（山梨酸、苯甲酸等）。

罐头类食品生产过程中，主要存在加工原料安全问题、杀菌温度不足、外来杂质、物理性胀罐或氢胀、罐内壁腐蚀、硫化物污染、内容物腐败变质或平酸菌败坏、锡超标等潜在风险。

1. 加工原料安全问题

由于大多数食品原料都可被加工制作成罐头食品，加工原料的安全问题是罐头食品的主要食品安全风险之一。无论禽畜水产罐头还是果蔬罐头，都存在因加工原料污染而导致产品不合格的风险。畜禽类罐头的生产需要用到动物源性食品原料，畜禽肉原料兽药残留超标是安全风险之一。水产罐头的水产品质量安全事件时有发生，其中水产品中组胺含量是一个重要的质量控制指标。组胺中毒是由于食用含有一定数量组胺的某些鱼类以及其他动物而引起的过敏性食物中毒。另外，果蔬中仍存在农药残留超标的情况，如金桔、柑橘等水果中有检测出杀扑磷、丙溴磷、氧乐果等有机磷类农药；大豆、红豆、绿豆等豆类产品中的毒死蜱、滴滴涕检出率较高；黄瓜、草莓、豇豆等蔬菜中的农药残留量检出概率较高。原辅料的重金属指标也会直接影响罐头产品的品质。要降低罐头食品的这类质量安全风险，关键就是要加强对原料的监控，加大对原料验收检验的力度。

2. 杀菌温度不足

杀菌温度不足是指在规定的杀菌时间内，温度低于规定的杀菌最低温度。杀菌温度不足会导致罐头中可能存在的致病菌、产毒菌、腐败菌等微生物再次生长繁殖，在室温条件下贮藏会出现产品败坏的风险。

3. 外来杂质

罐头食品中外来杂质的主要来源有：原料在运输、贮藏管理时，由于操作不当造成杂质污染；车间卫生制度不健全，造成原料污染；没有重视预处理过程中原料的检查，装罐前没有复检；加工用具破损造成的杂质污染。

4. 物理性胀罐或氢胀

物理性胀罐主要是原料中存在较多的空气、装罐太满导致杀菌后包装容器的形态发生变形，其内容物实际未发生变质腐败，是可以食用的。水果罐头易氢胀，其原因是果酸与铁皮起作用，放出氢气造成胀罐。物理性胀罐或氢胀都会引起铁罐容器外观变形，杀菌前装罐顶隙过小、真空度过低以及杀菌时降压速度太快也会引起铁罐容器外观变形。

5. 罐头壁腐蚀

氧对金属是强烈的氧化剂。在罐头中，氧在酸性介质中对锡有强烈的氧化作用。酸性或高酸性罐头食品的 pH 越低，腐蚀性越强。由于各种原料总酸量、酸的种类、硝酸根离子、色素等成分不同，不同种类的原料对镀锡薄钢板的腐蚀性强弱有差异。其腐蚀种类主要有电化学腐蚀和化学腐蚀。

6. 硫化物污染

畜禽水产类原料含硫蛋白较高，在加热或高温杀菌过程中，均会产生挥发性硫（罐内残存细菌分解蛋白质也会生成硫化氢）。这些硫与罐内壁锡反应生成紫色硫化斑（硫化锡），与铁反应则生成黑色硫化铁，污染内容物变黑。其挥发性硫发生量多少，与畜禽水产的种类、pH、新鲜度等有关，碱性情况下发生最多。采用内壁涂料可较好地防止硫化物污染，常用的罐头内壁涂料包括：环氧酚醛涂料、酚醛涂料、油树脂涂料、环氧氨基涂料。在内壁涂料中加入一些金属能提升其抗硫性，如加了铝粉的环氧酚醛涂料能很好地防止肉类罐头的硫化腐蚀。但是这些内壁涂料对罐头食品的安全有一定的潜在危害，主要包括游离酚、游离甲醛的迁移。防止空罐加工过程的涂层损伤、选用新鲜度高的原料最大限度缩短工艺流程、装罐后加有机酸使内容物维持 pH 6 左右等措施都能防止罐头硫化物污染。

7. 内容物腐败变质或平酸菌败坏

密封不良或杀菌不足会造成内容物腐败变质或平酸菌败坏，酸度低的水果罐头（如荔枝、莱阳梨、香蕉、龙眼），常发生细菌性胀罐和败坏。半成品积压时间过长，原辅料的微生物污染，成品冷却后温度过高（37 ℃以上）也会导致肉类罐头发生平酸菌败坏。一般情况下，pH 4.6 是罐头食品中酸性罐头食品和低酸性罐头食品的分界线。低酸性的果蔬类罐头可以选用新鲜的果蔬、严格清洗消毒的运输容器、彻底杀菌等措施防止酸败变质。酸性罐头通过控制 pH 来防止微生物生长，应调节并维持在 pH 4.6 以下。缩短工艺流程，可以保持原料和半成品的新鲜度，防止生产过程微生物污染；采用适宜的杀菌条件，也可以有效地预防果蔬罐头发生败坏。

8. 锡超标

罐头食品中锡污染主要是来自镀锡薄钢板制成的空罐罐壁及焊锡。酸性食品的作用以及原料果蔬中硝酸根较多，另外使用的水中含硝酸根多，都会造成罐壁及焊锡的异常溶出，使罐内食品含锡量增加。

（二）关键控制环节

1. 原材料的验收及处理

①畜禽肉类原料的验收及处理：畜禽肉类原料须采用来自非疫区健康良好的活体，宰前宰后经兽医检验合格。猪、牛、羊肉必须经冷却排酸。刚屠宰的肉禽，必须及时进行冷却。如需要长期贮藏，经冷却后的畜禽肉类原料应立即送入冻结间冷冻贮藏。畜禽肉类原料的预处理包括洗涤、去骨、去皮（或不去骨、去皮）、去淋巴以及切除不宜加工的部分，根据产品加工需要分割、切粒等。原料的不当处理，可能会导致肉类罐头出现固形物不足的质量问题。

②水产原料的验收及处理：水产原料应采用新鲜或冷冻的水产品，形态完整，肌肉有弹性，骨肉紧密相连，色泽正常、无异味，不得使用变质的水产品。水产品可采用冰冷却法或海水冷却法进行保鲜，也可以采用低温冻结的方法贮藏。水产原料的预处理是去除不能食用的部分，根据产品生产需求分割或分级挑选。

③果蔬原料的验收及处理：水果原料要求新鲜良好，成熟适度，风味正常，无畸形、霉烂、病虫害和机械伤等。蔬菜原料要求新鲜良好，色泽正常，无腐烂、病虫害和机械伤等。果蔬原料验收后，可通过控制贮藏温度或贮藏环境中气体成分提高贮藏质量。原料在装罐前必须除去不可食用的部分及一切杂质。

2. 封口工序

密封是罐头生产工艺中极其重要的一道工序，封口质量的好坏，直接影响罐头产品的质量。其罐装密封间属于清洁作业区，需要达到一定的洁净级别。罐头工厂按密封设备和容器类型分别制定封口操作规程，按工艺要求控制封罐内容物的温度、封口真空度。

①排气：原料装罐注液后，封罐前要进行排气，将罐头和食品组织中的空气尽量排除，使罐头封盖后能形成一定程度的真空度，防止败坏，有助于保证和提高罐头食品的质量。

②排气后立即封罐，是罐头生产的关键性措施。密封前，根据罐型及品种不同，选择适宜的罐中心温度或真空度，防止成品真空度过高或过低而引起杀菌后的瘪罐或物理性胀罐。密封后的罐头，用热水或洗涤液洗净罐外油污，迅速杀菌。严防积压，以免引起罐内细菌繁殖败坏或风味恶化、真空度降低等质量问题。应严格容器密封性的检查，防止杀菌过程的二次污染。封口后的罐头应及时清洗，除去外壁黏附的污物。杀菌后的罐头不宜洗涤、擦罐，以减少杀菌后再污染的机会。

3. 杀菌工序

杀菌工序是罐头食品生产企业的关键控制环节，杀菌时必须考虑两方面的因素，既要杀死罐内的致病菌和腐败菌，又要使食品不致加热过度，从而保持较好的形态、色泽、风味和营养价值。罐头食品常采用的杀菌方式有常压沸水杀菌、高压蒸汽杀菌、高压水杀菌。为避免封口后的罐头微生物的繁殖，即使杀菌锅内未装满罐头也应及时杀菌。生产企业必须对此工序进行有效监控，以确保产品的安全性。

①严格控制从密封到杀菌的时间，要求密封至杀菌，不超过 60 min 为宜。装罐后应及时杀菌，以免内容物腐败变质。

②严格控制杀菌过程的关键因子，特别要控制影响罐头热传速度的因子，如内容物的特性、pH、黏度、最大装罐量、块形大小、初温、顶隙、杀菌锅的类别等因子。

③选用合适的热力杀菌规程，必要时做热穿透测试，保证杀菌强度。罐头工厂制定杀菌操作工艺规程依据有罐头类型、杀菌设备、杀菌试验相关参数、工艺条件的变更。

④确保杀菌设备符合规范，杀菌锅内温度分布均匀。肉类罐头工厂在容器密封和杀菌两个工序的质量无法保证时，为检验产品的安全性，需要把产品放置于

37 ℃ ±2 ℃环境中 7 天。

罐头食品生产企业在实施热力杀菌过程中，未能满足热力杀菌工艺规程规定的现象称为杀菌偏差。罐头杀菌过程中一旦发现杀菌偏差，需要对杀菌后的产品进行安全性评估。杀菌偏差包括杀菌初温低于规定的最初温度、最大装罐量超过工艺范围、排气过程未满足工艺规程等。罐头在杀菌前要进行杀菌锅的排气工序，排气的主要目的是杀菌完全。

⑤冷却是将食品从杀菌温度冷却至接近室温的过程，包括常压冷却、平压冷却、反压冷却等方式。其中，反压冷却是一种罐头的冷却步骤中压力大于罐头杀菌时的压力的冷却方法。采用反压冷却方式操作时，为防止金属罐凸角、玻璃瓶的跳盖、破瓶，应逐步稳定缓慢降压。热杀菌过程中如果冷却水突然停了，杀菌锅内已经杀菌的罐头可以用自然冷却的方法进行冷却。

（三）原辅料要求

罐头生产企业应建立食品原料、食品添加剂和食品相关产品的采购、验收、运输和贮存管理制度，确保所使用的食品原料、食品添加剂和食品相关产品符合国家有关要求。

1. 采购要求

采购的食品原料应当查验供货者的许可证和产品合格证明文件。对无法提供合格证明文件的食品原料，应当依照食品安全标准及相关要求进行检验。

畜禽罐头原料应采用来自非疫区健康良好的畜禽，每批原料应有产地动物防疫部门出具的兽医检疫合格证明。激素残留、抗生素残留以及其他有毒有害物质含量应符合我国法律法规要求。进口肉禽原料应来自经国家有关部门批准的国外肉类生产企业，附有出口国家或地区官方兽医部门出具的检疫合格证书或进境口岸有关部门出具的检验检疫合格证书。

水产罐头原料的验收一般以感官鉴定为主。由于鱼贝类在死亡后，随着组织成分的变化，其外观及理化指标亦在不断发生变化，因此必须从物理感官、化学和微生物等多方面来评定，才能得到可靠的结果。水产品的捕捞和运输应符合有关要求。进口原料应有输出国主管机构的卫生证书和原产地证书，经检验检疫部门检验合格后方可使用。

果蔬类原料应来自安全无污染的种植区域，农药残留、重金属以及其他有毒有害物质残留应符合我国法律法规要求。原料应在满足产品特性的温度下储存和运输、防止发生霉变。

有特殊加工时间要求的原料，应明确从采摘、收购到进厂加工时限。

购入的原料，应具有一定的新鲜度，具有该品种应有的色、香、味和组织形态特征，不含有毒有害物，也不应受其污染。

罐头食品生产中使用的食品添加剂，必须要符合 GB 2760—2014《食品安全国家标准　食品添加剂使用标准》的要求，不可超范围或超量使用，禁止使用工业和化学级别的添加剂。其中大部分罐头食品不可以使用防腐剂（苯甲酸、山梨酸、脱氢乙酸）。罐头食品生产所使用的包装容器一般为马口铁罐、玻璃罐、复合薄膜袋等。采购的三片罐包装容器的罐体、二重卷边封口结构、罐体外观质量、耐压强度、密闭性和相容性等项目指标应符合 GB/T 17590—2008《铝易开盖三片罐》的要求，两片罐包装容器的外观尺寸、易开盖耐压强度、罐体、易开盖密闭性应符合 GB/T 9106.1—2019《包装容器　两片罐　第 1 部分：铝易开盖铝罐》的要求，塑料包装材料的水蒸气透过量、载气透过量、耐压性能、跌落性能应符合 GB/T 10004—2008《包装用塑料复合膜、袋干法复合、挤出复合》的要求。

其他原辅料的采购应对供应商实行索证索票要求，明确原料标准要求、采购标准要求与验收标准要求，并形成记录，定期复核。对无法提供合格证明文件的食品原料，企业应当依照食品安全标准进行自行检验或委托检验，并保存检验记录。不得采购或者使用不符合食品安全标准的食品原料。

2. 贮存要求

食品原料运输及贮存中应避免日光直射、备有防雨防尘设施。根据食品原料的特点和卫生需要，必要时还应具备保温、冷藏、保鲜等设施。冻肉、禽、水产类原料应贮藏在 −18 ℃以下的冷藏库内。采用冷冻的方式保藏肉禽原料，能有效地抑制微生物和酶类对肉禽原料的作用。同一库内不得贮藏相互影响风味的原料，堆放原料必须离墙、离地，与天花板保持一定距离。库内原料应规定适当的贮藏期限，防止久藏而影响原料的质量。冷藏库应经常清洗、及时除霜、定期消毒、保持清洁。新鲜果蔬类原料应存放在遮阳、通风良好的场地。地面采用便于清洗、消毒的材料铺砌，表面平整，稍有坡度，有排水沟。场地应经常清洗、定期消毒、保持清洁。水果罐头在贮藏期间经常发生变色，主要是由于发生美拉德反应，或发生抗坏血酸氧化反应，以及酶褐变所引起。特殊原料应根据产品工艺要求贮藏。贮存原辅料的仓库必须通风良好、干燥、清洁，具有防蝇、防鼠设施，应设专人管理，建立管理制度，定期检查质量和卫生情况，及时清理变质或超过保质期的食品原料。原辅料应按不同品种，高墙、离地分类堆放，并标明入库日期，仓库出货顺序应遵循“先进先出”的原则，必要时应根据不同食品原料的特性确定出货顺序。仓库内不得贮存杂物。食品原料、食品添加剂和食品包装材料等进入生产区域时应有一定的缓冲区域或外包装清洁措施，以降低污染风险。应避免交叉污染。

3. 使用要求

罐头原辅料应设专门场所贮放，由专人负责管理，注意领料正确及有效期限等，并记录使用的种类、许可证号、进货量及使用量等。药食同源食品及新食品原料的使用应符合国家相关法律法规和标准的要求，罐头（罐藏）食品生产用水应符合 GB 5749—2022《生活饮用水卫生标准》的要求。金属罐和玻璃瓶经 82 ℃以上的热水清洗、消毒，然后在清洁的台面上充分沥干后方可使用。清洗玻璃瓶时应仔细检查，彻底清除内部的玻璃碎屑等杂物。软质材料容器必须内外清洁。

十、冷冻饮品

（一）主要食品安全风险

1. 感官质量缺陷：如冰结晶，组织粗糙、体积收缩、空头等

①在冰淇淋中有冰的分离，食之有冰感，就是冰结晶。产生冰结晶的原因主要有：一是冰淇淋中所含干物质过低。二是稳定剂选用不当或用量不够。三是酸度增高。四是均质压力低。五是硬化不及时或硬化温度过低。

②外观不细腻，有大颗粒，食之有粗糙之感，称作组织粗糙。产生这种现象的原因有原料问题，也有工艺加工问题。一是原料质量差，主要是乳制品，特别是采用乳粉和甜炼乳时，溶解度差。另外稳定剂质量差或用量不足。二是均质压

力不足。三是温度控制不当。四是凝冻温度的影响。五是硬化室温度偏高，硬化速度慢。

③体积收缩。冰淇淋在硬化贮存过程中，发生体积缩小现象称为冰淇淋收缩。收缩的冰淇淋不仅形态差，而且组织粗糙，将严重影响销售。产生体积收缩的主要原因有以下几种：一是温度的影响；二是膨胀率过高；三是乳蛋白质影响；四是糖分的影响。

④空头。空头是指在棒冰、雪糕与扦子接触面有凹陷现象。造成这种现象的主要原因是盐水温度不足，冻结时间太短，凝冻不完全就急速出模。解决空头的方法是降低盐水温度或延长凝冻时间。

2. 蛋白质、脂肪、总糖含量不达标

在冷冻饮品中，蛋白质、脂肪、总糖三项均是重要的理化指标，能为提供人体丰富的营养，赋予产品独特的芳香风味，造成这三项指标不达标的原因有以下几点：

①原辅料质量差，不稳定；

②为降低成本，偷工减料、粗制滥造，如减少乳粉用量等。

3. 甜味剂超标

生产企业为降低成本，弥补产品甜度的不足，在冷冻饮品中常常使用甜味剂，但如果没有按照 GB 2760—2014《食品安全国家标准　食品添加剂使用标准》规定，就会造成超限量或者超范围使用食品添加剂。

4. 色素超标

冷冻饮品生产企业往往为了增强产品的色彩，使用着色剂改良产品的外观形态和色泽，但如果没有按照 GB 2760—2014《食品安全国家标准　食品添加剂使用标准》规定，就会造成超限量或者超范围使用着色剂。

5. 微生物指标超标

造成冷冻饮品中微生物指标超标的因素很多，有的从原料到人，有的由于设备不清洁，有的由于工作人员的手和空气受污染，归纳为以下几种：

①原辅料的污染；

②设备污染；

③环境卫生、个人卫生、车间卫生差；

④来自空气的污染；

⑤来自包装物的污染。

（二）关键控制环节

对食品生产工艺流程中确定的关键控制点严格控制的要求，主要包括原辅料控制、食品添加剂的控制；强调组织在生产加工过程中的物理和生物危害控制；重点提出对微生物、金属异物的检测；突出加工、运输、储藏、销售过程中产品及环境温度的控制对于食品安全的重要性。冷冻饮品的主要关键控制环节包括配料、杀菌和老化，主要是选择合适的巴氏杀菌温度和时间，满足杀菌要求；控制好均质的温度和压力，否则会造成冰淇淋组织形态不良，膨胀率不达标；根据制造设备以及配方中食品添加剂的性能，制定适宜的老化时间和温度。

（三）原辅料要求

1. 采购要求

应建立供应商管理制度，规定供应商的选择、审核、评估程序；建立原料、辅料进货查验制度，定期抽检原料、辅料理化指标、污染物指标、微生物指标。

（1）食品原料

采购的水、食糖、乳制品、果蔬制品、豆类、食用油脂等主要原料应符合相应的食品标准和有关规定；软冰淇淋浆料、软雪糕浆料和软冰淇淋预拌粉等制作料应符合相应的食品标准和有关规定。

食品原料必须经过验收合格后方可使用。采购的食品原料应查验供货者的食品许可证和产品合格证明文件，对无法提供合格证明文件的食品原料，应依照食品安全标准进行检验

（2）食品添加剂

食品添加剂、营养强化剂和复配食品添加剂的使用应符合 GB 2760—2014《食品安全国家标准　食品添加剂使用标准》、GB 14880—2012《食品安全国家标准　食品营养强化剂使用标准》中冷冻饮品的规定，并应符合相应的食品添加剂产品标准。

采购的食品添加剂、营养强化剂和复配食品添加剂应查验供货者的食品生产许可证和产品合格证明文件，食品添加剂必须经过验收合格后方可使用。

复配食品添加剂应确认其单一品种的使用范围和使用量符合 GB 2760—2014《食品安全国家标准　食品添加剂使用标准》、GB 14880—2012《食品安全国家标准　食品营养强化剂使用标准》中冷冻饮品的规定，并明确和掌握复配食品添加剂的使用方法。

食品添加剂的产品包装及说明书上必须有“食品添加剂”字样，其包装或说明书上应按规定标出产品名称、厂名、厂址、生产日期、保质期限、批号、主要成分、使用方法等。

（3）食品相关产品

包装材料、容器、洗涤剂、消毒剂等食品相关产品应符合其相应的产品标准。

采购的包装材料、容器、洗涤剂、消毒剂等食品相关产品，应查验供货者的生产经营许可证和产品合格证明文件，食品相关产品必须经过验收合格后方可使用。原辅料的采购、验证应进行记录，记录应至少保存 2 年。

2. 贮存要求

（1）仓库设置要求

应依据食品原料性质的不同，分别确定储存场所及其对应的温度要求。有温度控制要求的库房，应安装可正确显示库内温度的温度计 / 仪表，并定期校准。

经验收不合格的食品原料应指定区域与合格品分开放置并明显标识，应及时进行退货、换货等处理。对于超过保质期限的原辅料应单独存放指定区域，并做好明显标记，避免使用。

应设有食品添加剂、包装材料、洗涤剂、消毒剂等与食品原料分开放置的储存区域，并有专人负责管理。

原料仓库应备有足够的栈板（或托盘），贮藏物品应与墙面、地面保持距离在 20 cm 以上，以利于空气流通和物品搬运。

原料仓库应保持清洁卫生，必要时应进行消毒。运输食品原料、食品添加剂的工具和容器应保持清洁、维护良好，必要时应进行消毒。

原料仓库应配备必要的防虫、防鼠措施，避免日光直射。有温度控制要求的仓库应确保充足的电力供应。

仓库管理人员应具备识别冷冻饮品的原辅料质量和食品安全的基本知识和技

能，符合从业人员健康管理制度的要求。

（2）仓库管理

应建立食品原辅料的运输、贮存管理制度，建立相关原辅料的产品名称、规格、数量、进货日期、生产日期的记录档案。

原辅料进入库房后，应分类码放，并有明显标识。对于不同温度要求的原料辅料应设定不同温度库区。

原辅料外包装应清洁、干净，符合卫生要求。外包装受污染的原料应确保验证内容物没有受到污染后，脱包进入仓库贮存。开袋、开箱过的物品应妥善保存，不得敞口放置，避免有污物、杂物进入。

应定时、定期对库房所有物品进行查看，如有异常，及时处理。对有温度控制的库房进行温度监控并记录。

（3）使用要求

原辅料出入库应做到账实相符。领用时应遵循“先进先出”的原则。

应建立食品添加剂使用台账。食品添加剂出库使用应如实记录食品添加剂的名称、数量、用途、时间、班次等，领用人应签字确认。食品添加剂的购进、使用、库存，应当账实相符。

原辅料在运送过程中，应有明显标识。不得与有毒、有害物品同时装运，避免交叉污染。发现异常，及时处理。

十一、速冻食品

（一）主要食品安全风险

1.原料、生产及储运引入的风险

由于原料把关不严、生产过程控制不当及贮运冷链失控造成的安全风险主要包括以下几种。

①污染物超标。

②真菌毒素超标：玉米、小麦粉、大米等粮食作物在储存过程中容易受到霉菌污染，霉菌在生长代谢过程中会产生多种真菌毒素，其中以黄曲霉毒素，毒性最强，因此常常将黄曲霉毒素含量作为判断食品受真菌毒素污染状况的代表性指标。

③农药残留或兽药残留超标：速冻食品加工所使用的植物性原料如小麦粉、大米、蔬菜、水果等在种植期间为减少病虫害发生往往需要使用农药。我国农业生产的主要方式还是以农户分散种植为主，因此农药的使用不太规范，主要表现为违规使用禁用的高毒农药、不按照农药登记批准的适用范围选择农药品种以及不遵守休药期规定等，这些不规范使用农药的行为容易造成原料中农药残留超标。

速冻食品加工所使用的动物性原料如畜禽肉等，在畜禽养殖期间为减少动物疫病发生率或提高饲料转化率往往需要使用兽药。我国畜禽养殖的主要方式同农业种植相似，也是以养殖户分散养殖为主，因此兽药的使用同样不太规范，主要表现为违规使用禁用的兽药如瘦肉精类物质以及不遵守休药期规定等。这些不规范使用兽药的行为容易造成原料中兽药残留超标。

④过氧化值超标：以动物性食品或坚果类为主要原料的速冻产品因其中脂肪含量较高，在原料保存条件不当或保存时间较长时，脂肪接触氧气后会发生氧化反应，导致脂肪过氧化值含量增高。

⑤微生物污染：速冻食品加工过程中受到人员、工具、环境、包装材料等的影响污染金黄色葡萄球菌、沙门氏菌、大肠埃希氏菌 0157：H7 等致病菌或熟制品在熟制后因交叉污染导致菌落总数、大肠菌群超标。贮存、运输、销售环节冷链失控，产品温度升高也会导致微生物大量繁殖而超标，严重时甚至导致产品腐败变质。从工艺上来讲，熟制速冻食品的菌落总数和大肠菌群应明显低于生制品，所以通常需要规定熟制速冻食品菌落总数和大肠菌群指标，以反映加工区域卫生状况，降低食品安全风险。

⑥产品感官异常：产品储存期过长或包装物密封不佳致产品出现“冻结烧”，产品贮存、运输、销售环节冷链失控使产品反复冻融，产品变形等。

2. 人为滥用引入的风险

违反法律法规和标准要求使用非食用物质以及滥用食品添加剂造成的安全风险主要包括以下几种。

①使用非食用物质或含有禁用农兽药成分的原料：加工过程中使用含有禁用农兽药成分的原料以及在加工过程中使用化工原料。

②滥用食品添加剂：速冻食品的特点是通过低温保存食品并尽量保存食品的自然风味，因此跟其他加工食品相比，从工艺及产品特性上来看，添加食品添加剂的必要性大为降低。若确需使用，应严格按照 GB 2760—2014《食品安全国家标准　食品添加剂使用标准》允许使用的食品添加剂品种、使用范围及最大使用量或残留量进行产品设计，并应在生产时及时跟踪内容的更新，及时调整配方，防止超范围、超限量使用食品添加剂。

（二）关键控制环节

1. 原辅料质量

企业应对采购的原辅料供应商进行评价，保留供应商资质和进货记录、按照原辅料产品执行标准进行必要的进货检验。

2. 原辅料处理

①冷冻原料解冻时应在能防止物料品质下降的条件下进行，原料解冻不得使用静止水。

②需要进行漂烫处理的产品所使用的热处理设备应配有必要的监控仪器，确保杀死表面的微生物，控制金属及其他恶性杂质。

③加热（调制）、预冷、速冻、内包装操作人员应佩戴口罩。

④加工过程的控制：原料及半成品不得直接落地；对时间和温度有控制要求的工序应严格按照工艺要求操作；严格控制馅心类半成品暂存过程的温度、时间，不得保存在高于 10 ℃和低于 60 ℃的环境中；加热后的产品，速冻前应在符合卫生要求的预冷设施内进行预冷处理，预冷处理过程中要防止污染，同时应采用有效的除冷凝水措施，预冷后的产品应及时速冻；加强过程质量管理和抽检。

3. 速冻

速冻时，产品应保证在 30 min 内通过最大冰晶生成带（大部分食品是 −5 ℃～−1 ℃），且确保速冻过程不间断直至产品中心温度达到 −18 ℃以下。

4. 产品包装及冷链管理

①冷冻食品包装应在温度能受控制的环境中进行。

②产品应在 −18 ℃及其以下温度贮存，室内温度要定时核查、记录，温度波

动范围应控制在 2 ℃以内，冷藏库内产品堆码不应妨碍空气循环，产品与冷藏库墙、顶棚和地面的间隔不小于 10 cm。贮存的产品应实行“先进先出”制。

③速冻食品应采用全程冷链输送，运输设备装卸速冻食品时应采用“门对门”连接，速冻食品不应落地，不应滞留在常温环境。产品应在 15 ℃及其以下温度的运输工具内运输，厢体在装载前必须预冷到 10 ℃或更低的温度，在车厢外侧应设有能直接观察温度的温度计和记录仪。运输工具应清洁、卫生，不得与有毒、有害、有腐蚀性、易挥发、有异味或其他影响产品质量的物品混装。搬运产品应轻拿轻放，严禁摔扔，撞击、挤压。

④产品应在低温陈列柜中出售，低温陈列柜上货后要保持 -15 ℃及以下，柜内产品的温度允许短时间升高，但不得高于 -12 ℃，非营业时间展示的敞开面应予以覆盖。展示式冷藏柜柜壁上应标明柜的最大容量标记线，柜内食品的放置不应超出标记线。

（三）原辅料要求

①企业生产所使用的原辅料应符合法律法规及相应国家安全标准的要求。

②果蔬原料应实施基地管理控制化学危害。在满足产品特性的温度下储存和运输，新鲜、易腐烂变质、有特殊加工时间要求的原料应明确从采摘，收购到进场加工的时限。

③使用的畜禽肉等原料应经兽医卫生检验检疫，并有合格证明。猪肉必须按照《生猪屠宰管理条例》规定选用政府定点屠宰企业的产品。进口原料肉必须提供出入境检验检疫部门的合格证明材料。

④采购的食品工业用原料实施食品生产许可管理的应取得食品生产许可证，有出厂检验合格报告，必要时对包括致病性微生物、污染物、真菌毒素、农兽药残留、过氧化值等在内的安全性指标进行进货检验。

⑤不得使用非经屠宰死亡的畜禽肉及非食用原料，也不得以价格低廉的肉类冒充价格较高的肉类。

⑥加工和制冰用水应符合 GB 5749—2022《生活饮用水卫生标准》的要求，在加工前应对加工用水（冰）的余气含量进行检测，并定期对加工用水（冰）进行微生物项目检测，对水质的卫生检测每年不少于两次。

十二、薯类和膨化食品

（一）主要食品安全风险

薯类和膨化食品的主要食品安全风险是微生物指标超标，超限超量使用食品添加剂，油炸产品酸价、过氧化值超标。

1. 品质指标

①酸价。酸价主要反映食品中的油脂酸败的程度。导致酸败的主要原因有：原料采购上把关不严，所用油脂已氧化或水分过高，会加速油脂的酸败；有油炸工艺的未严格按要求更换用油等；产品储藏条件不当，高温、暴晒使产品中油脂氧化酸败。

②过氧化值。过氧化值是表示油脂和脂肪酸被氧化程度的一种指标，用于说明样品是否因已被氧化而变质，以油脂、脂肪为原料制成的薯类和膨化食品，可通过检测其酸价、过氧化值来判断质量和变质程度。薯类和膨化食品过氧化值不合格的主要原因有：原料采购上把关不严，原料油过氧化值较高；有油炸工艺的未严格按要求更换用油等；产品储藏条件不当，高温、暴晒使产品中油脂氧化酸败。应加强油脂原料、生产过程和成品贮存条件控制。

2. 食品添加剂

①含铝膨松剂（铝残留量）。《国家卫生计生委等 5 部门关于调整含铝食品添加剂使用规定的公告》（2014 年第 8 号）中规定：自 2014 年 7 月 1 日起，膨化食品生产中不得使用含铝食品添加剂。

②甜味剂。GB 2760—2014《食品安全国家标准　食品添加剂使用标准》中规定，膨化食品中不得添加甜蜜素和安赛蜜。但部分企业为增加产品口感，违规添加甜味剂。

3. 微生物指标

菌落总数和大肠菌群都是指示性微生物，微生物超标表明食品受到了微生物污染。薯类和膨化食品微生物超标主要因为生产环境卫生条件不达标；原料消毒不彻底，生产人员个人卫生不达标，或包装设施及包装材料消毒不彻底等因素所致。

4. 其他风险指标

薯类和膨化食品因为要经过油炸、焙烤等高温工艺，其中的淀粉类在高温

（120 ℃）烹调下容易产生丙烯酰胺，造成食品安全风险。

（二）关键控制环节

1. 膨化食品

①焙烤型：蒸练、干燥、焙烤。

②油炸型：蒸练、干燥、油炸。

③直接挤压型：挤压膨化、烘焙。

2. 薯类食品

薯类原料验收控制、热加工时间和温度控制、包装车间环境卫生控制。

（三）原辅料要求

企业应建立食品原料、食品添加剂和食品相关产品进货查验制度。所用食品原料、食品添加剂和食品相关产品涉及生产许可管理的，必须采购获证产品并查验供货者的产品合格证明。对无法提供合格证明的食品原料，应当按照食品安全标准进行检验。

薯类和膨化食品所用的薯类原料应严格控制其农药残留，应符合 GB 2763—2021《食品安全国家标准　食品中农药最大残留限量》要求，所用各类原料符合其执行标准和安全标准的要求；使用油脂的，严格控制油脂的酸价、过氧化值含量。企业要制定原料检验、半成品检验、成品出厂检验等检验控制要求。采购无法提供合格证明的食品原料，应当按照食品安全标准进行检验。产品经检验合格后方可出厂。

薯类和膨化食品一般检验项目必备的检验设备包括：①天平（0.1 g），主要用于测定净含量；②分析天平（0.1 mg），主要用于测定水分；③干燥箱，主要用于测定水分；④灭菌锅；⑤微生物培养箱；⑥生物显微镜或菌落计数器；⑦无菌室或超净工作台。企业出厂检验项目无微生物指标的，设备④～设备⑦可以不做要求。

十三、糖果制品

（一）主要食品安全风险

个别产品存在超范围或超限量使用甜味剂安赛蜜、甜蜜素、糖精钠，超范围或超限量使用防腐剂苯甲酸、山梨酸，微生物指标菌落总数、大肠菌群、霉菌超标等问题。

1. 超范围、超限量使用食品添加剂

糖果制品监督抽检中发现超范围、超限量使用食品添加剂问题，如糖果中超量使用安赛蜜、甜蜜素等，果冻中超量使用甜蜜素、糖精钠、苯甲酸、山梨酸等。原因主要有：为增加产品口感，违规使用甜味剂；为了过度延长产品的保质期违反规定使用防腐剂等；也存在因误读食品安全标准、工艺水平不精等原因造成不合格的情况。

2. 微生物污染

糖果制品监督抽检中发现微生物超标问题，如糖果中的菌落总数，果冻中的菌落总数、大肠菌群、霉菌等超标。原因主要有：原材料生产、储藏、运输的卫生环境条件把控不严；未严格按照生产工艺条件要求进行生产；加工卫生环境差；生产工具清洁不彻底；设备清洗消毒不完善；人员卫生管理不到位；产品的包装密封性不好，造成二次污染；产品在生产、流通和销售环节中贮藏条件不达标，造成微生物过度繁殖。

3. 其他质量安全问题

根据《糖果制品生产许可证审查细则》，糖果容易出现的质量安全问题包括：返砂或发烊；水分或还原糖含量不合格；乳脂糖产品蛋白质、脂肪不合格；含乳糖果和充气糖果，由于加入了奶制品，容易造成微生物指标超标。

根据《巧克力及巧克力制品生产许可证审查细则》，巧克力及巧克力制品、代可可脂巧克力及代可可脂巧克力制品容易出现的质量安全问题包括：产品品质变化，表面花白；巧克力泛白的原因有两种，由脂肪引起和由砂糖引起的花白；口感粗糙或黏稠；巧克力最终细度决定于精磨过程的结果，物料过大或大粒的比例过多，口感粗糙，但质点过小或小粒的比例过多，则感到糊口；油脂氧化酸败（果仁巧克力）；果仁巧克力较容易因油脂氧化而变味；代脂巧克力及其制品容易产生皂化味；贮藏中生虫、霉变。包装不严和储存条件不当，果仁等巧克力制品原料不新鲜，造成产品变质，无法食用。

根据《果冻生产许可证审查细则》，果冻产品容易出现的质量安全问题包括：

微生物污染；超范围、超限量使用食品添加剂；标签标识不规范；凝胶果冻的规格不符合标准要求；含乳型果冻蛋白质含量不合格。

（二）关键控制环节

1. 原辅料预处理

采购的原辅料应符合相关标准，严格按标准及有关规定控制农药残留、微生物及黄曲霉毒素；仔细挑除虫蛀、霉变物料，避免黄曲霉危害；加强筛选工艺管理，挑选去除毛发、石块、金属等物理性危害：采用苦杏仁等含有天然毒素的原料加工时，应加强对脱毒工序的管理，浸泡脱毒液应定时更换。

2. 水处理（生产用水）

处理后的水应达到生产工艺要求，监控并记录各项指标。

3. 配料

配料前应确保投料区环境及设备符合相关标准，领料人员应与库管人员就原料品种、数量进行沟通，对要投入原辅料的标识、数量与配料表进行核对，确保投料准确。投料人员应定期对手部及本区环境和设备进行消毒，避免原辅料污染。原辅料投入输送系统时应根据工艺需要配备适宜规格的过滤器或其他等效的除杂措施，剔除原辅料中能混杂的异物进入投料系统内。根据工艺要求，进行搅拌、熬糖等操作，并监控和记录关键工艺参数。

4. 包装

为了避免生产过程中因设备破损或磨损等产生的异物混入产品，在产品包装前（或包装后）应设置异物监测装置，降低产品金属和异物风险。严格控制人流、物流、气流走向，根据需要按照净含量要求定量包装。

5. 果冻产品

还应关注管道设备清洗控制、灌装、封口控制、杀菌工序控制等。

（三）原辅料要求

1. 采购要求

糖果制品生产企业应建立食品原料、食品添加剂、食品相关产品管理制度。建立原辅料、包装材料供应商审核制度，并定期进行审核评估。应在和供应商签订的合同中或采用其他方式明确双方承担的食品安全责任。

企业应建立食品原料、食品添加剂和食品相关产品进货查验制度。所用原料应遵守《食品安全法》及有关规定，列入《可用于保健食品的物品名单》中的物品不得作为糖果制品生产原料。食品原料、食品添加剂和食品相关产品涉及生产许可管理的，必须采购获证产品并查验供货者的产品合格证明。对无法提供合格证明的食品原料，应当按照相关食品安全标准进行检验。

使用的乳粉应符合 GB 19644—2010《食品安全国家标准　乳粉》等相关要求。植物原料（大豆、花生等）应符合 GB 2761—2017《食品安全国家标准　食品中真菌毒素限量》、GB 2762—2017《食品安全国家标准　食品中污染物限量》等食品安全标准和相应产品标准的要求。生产用水应符合 GB 5749—2022《生活饮用水卫生标准》的要求。胶基应符合 GB 29987—2014《食品安全国家标准　食品添加剂　胶基及其配料》的要求。使用菌种的产品，菌种应符合《可用于食品的菌种名单》等国家有关规定，不得使用变异或杂化的菌种，菌种在投产使用前应严格检验其特性，确保其活性和未受其他杂菌污染。所用的食品添加剂应符合相应产品标准，使用的食品添加剂品种、范围及最大使用量或残留量应符合 GB 2760—2014《食品安全国家标准　食品添加剂使用标准》、GB 14880—2012《食品安全国家标准　食品营养强化剂使用标准》及国务院卫生行政部门相关公告的规定；所用消毒剂应符合国家相关规定，并获得监管部门的卫生许可批件或符合食品安全国家标准或《消毒产品卫生安全评价规定》要求的卫生安全评价报告。

2. 贮存要求

等待查验的食品原料、食品添加剂和食品相关产品应有明显区分并应在验收合格后尽快入库，应如实记录进货查验的相关信息。食品原料、食品添加剂和食品相关产品验收和周转区域，以及验收、转运等过程，应有防范污染的措施。食品原料、食品添加剂和直接接触食品的包装材料应在适宜的条件下离地、离墙贮存以避免受到污染。食品、食品原料、食品添加剂和食品相关产品应分别仓储或分类码放，定期检查卫生状况。清洁剂、消毒剂、杀虫剂、润滑剂等应与原料、半成品、成品、包装材料等分隔放置以防止交叉污染。仓库内应配有垫仓板等设施以保证贮存物离地放置，离地距离应综合考虑仓库条件及贮存物要求进行设置。在易受潮湿天气影响的仓库中，贮存物与墙壁间、最上层储存物顶端与天花板间的距离以不小于 25 cm 和 20 cm 为宜。花生等果仁类、玉米类、乳及乳制品等原料应注意保持适宜的温度和通风状况，其贮存场所或容器不应有易造成黄曲霉毒素污染、原料氧化、变质等的风险。需冷冻、冷藏或较低温度贮存的食品原料应存放于温度适宜的仓库中，并应根据每班或每日投料量合理确定出库量。糖果、巧克力产品应置于阴凉干燥处且避免阳光直射；巧克力和巧克力制品、代可可脂巧克力和代可可脂巧克力制品宜在 30 ℃以下、相对湿度不宜超过 70% 的环境中贮藏以保持品质；含果仁的产品，其贮存、运输条件的设定，还应考虑防止果仁类成分的氧化变质等因素。

3. 使用要求

应建立原料控制程序，明确原料标准或卫生要求、采购与查验要求、记录与使用前复核要求等内容。食品原料、食品添加剂和食品包装材料等进入生产区域前宜在缓冲区域进行外包装清洁、拆卸等处理或采取良好的保护措施，以降低污染风险。缓冲区的设置应考虑卫生要求和环境条件。食品原料应始终处于清洁、干燥的环境中，其外包装不得直接接触地面，拆袋、配料等作业过程中应注意防范外包装与地面、生产设备、容器等接触带来污染的风险。可食性包装物的贮存、运输与使用应采取与食品原料同样的控制措施。

十四、茶叶及相关制品

（一）主要食品安全风险

茶叶及相关制品常见的安全风险主要有以下几方面：

①茶叶产品的农药残留风险；

②茶叶中污染物超标风险；

③茶制品的安全风险。

茶制品生产中原料选取不当，容易造成产品农药残留和污染物含量超标的风险。部分茶制品生产中需要用到食品添加剂，如果管理不当，会出现滥用食品添加剂的风险，企业应严格按照 GB 2760—2014《食品安全国家标准　食品添加剂使用标准》的要求使用食品添加剂。

茶制品在内包装环节会裸露在空气中，容易发生微生物污染的安全风险。生产企业应严格控制内包装环节的车间空气质量，空气洁净度要达到一定的要求。

调味茶和代用茶在生产中要用到一些食药两用或新食品原料等非普通食品原料，部分企业对哪些原料允许用到食品加工中不是很清楚，经常会出现把不允许使用的原料用到生产中的现象，带来一定的安全隐患。多数调味茶和代用茶产品缺乏统一的规范管理和检验要求，存在一定的重金属和农药污染的隐患。

（二）关键控制环节

1. 原料采购

企业应建立原辅料、包装材料供应商名录，并定期进行审核评估。采购原料时应当查验供应商的相关证件或产品合格证明文件。原料必须按照标准，经过验收合格后方可使用。必要时，应对关键项目或可疑项目进行检验。

2. 加工过程控制

根据不同产品种类的要求，按照相应的加工技术规程等技术文件进行加工，并确定相应的关键控制点。重点控制好关键工序的温度、时间、投叶量等工艺技术参数，避免在制品和成品产生劣变。加工过程中要做好关键控制环节的生产记录。

（三）原辅料要求

1. 采购要求

①企业应建立原辅料、包装材料供应商审核制度，定期进行审核评估。应在和供应商签订的合同中明确双方承担的食品安全责任。

②企业应建立茶叶及相关制品原辅料进货查验制度，所用食品原料涉及生产许可管理的，必须采购获证产品并查验供货者的产品合格证明。对无法提供合格证明的食品原料，应当按照食品安全标准进行检验。茶叶及相关制品内包装材料，来自获得相应产品生产许可的供应商，采购时应当查验供应商的许可证和产品合格证明文件。对采购自农户的原料如茶鲜叶、毛茶原料、窨茶用香花、代用茶鲜品原料等，应与农户签订采购合同，收购时查验并记录农户的身份证。

③茶叶及相关制品分装企业的原料，应全部来自获得同类产品生产许可的合格供应商。边销茶、茶制品、调味茶不允许分装。

④按照相关国家标准要求加工珠茶等产品时所使用的糯米粉，必须来自获得

相关产品生产许可的供应商，并按照标准，经过验收合格后方可使用。部分名优茶加工用于润滑与茶叶直接接触的金属表面的润滑剂，只能选用可食用的油脂制品，且来自获得食用油脂制品生产许可的供应商，并按照标准，经过验收合格后方可使用。

⑤原料采购记录应包括供应商评价记录、合格供应商名单、采购合同、采购查验记录（产品名称、规格、数量、生产日期 / 生产批次、保质期、进货日期及供货者名称地址、联系方式等）、供应商证明。

2. 贮存要求

①应具有与所需的原料和所生产产品的种类、数量、贮存要求相适应的原料仓库、辅料仓库、半成品仓库、成品仓库、包装材料仓库等仓储设施。

②各种仓库应依据性质的不同相互分隔或分离，其中，包装材料仓库与其他仓库相分隔。原料或产品中有强烈气味会对其他原料或产品造成影响的，其贮存仓库应与其他仓库相互分隔。例如，同时生产花茶与其他茶叶时，鲜花原料仓库、花茶半成品仓库、花茶成品仓库与其他仓库相互分隔。仓库内部不同物品分区域码放，并有明确标识，防止交叉污染。

③库房内的温度、湿度应符合原辅料，成品及其他物品的存放要求。必要时根据贮存需要建设冷藏库。

④库房内的物品应离地、离墙存放。仓库地面应设置垫垛，其高度不得低于15 cm。清洁剂、消毒剂、杀虫剂、润滑剂、燃料等物质应分别安全包装，明确标识，并应与原料、半成品、成品、包装材料等分隔放置。

3. 使用要求

①企业所有原辅料进出仓库应遵循“先进先出”的原则，并严格做好进出库记录。

②不得将茶叶及相关制品与有毒、有害或有异味的物品一同贮存运输。贮存、运输和装卸茶叶的容器、工器具和设备应当安全、无害，保持清洁。贮存和运输过程中应避免日光直射，雨淋，显著的温度、湿度变化和剧烈撞击等，防止产品变质。

③用于窨制花茶的香花，只能选用传统花茶加工中使用的茉莉花、珠兰花、

白兰花、代代花、柚子花、桂花、玫瑰花等，以及国家卫生行政主管部门规定允许在食品中使用的其他香花。

④茶叶和边销茶加工中不得添加其他任何非茶类物质（除上文提到的糯米粉和润滑油）。

⑤茶制品、调味茶、代用茶生产中使用的食品添加剂，只能选用GB 2760—2014《食品安全国家标准　食品添加剂使用标准》和国务院卫生行政部门规定的食品添加剂。食品用香精香料应来自获得相应产品生产许可的合格供应商。食品用香精香料的使用量和使用方法，应严格按照GB 2760—2014《食品安全国家标准　食品添加剂使用标准》中的工艺配方和工艺规程等规定要求执行。

⑥代用茶原料以及调味茶、调味茶制品所使用的食品配料只能选用普通食品、按照传统既是食品又是中药材的物质、新食品原料（新资源食品），并且是本企业生产的合格产品，或来自经评估合格供应商。

⑦做好包装材料的贮存，定期检查质量和卫生情况，及时清理变质的包装材料。直接接触茶叶及相关制品产品的内包装材料在使用前，应进行消毒处理。

十五、酒类

（一）酒类主要食品安全风险及防控

酒类相关的产品指标有污染物类（甲醇、氰化物、甲醛、塑化剂、氨基甲酸乙酯、生物胺等）、重金属（铅）、生物毒素（展青霉素）、食品添加剂（甜味剂、防腐剂、色素等）、品质指标（酒精度、总酸、总酯、总糖、干浸出物、氨基酸态氮等）以及致病性微生物（金黄色葡萄球菌、沙门氏菌）。对于污染物、重金属、生物毒素以及食品添加剂这些直接关系公众身体健康的安全指标，为了保证酒类食品质量安全和保障公众身体健康，国家制定了安全限量标准，安全限量标准是强制性标准，生产企业必须强制执行。推荐性的国家标准及行业标准对酒类的品质指标做出了相应的规定，企业应根据生产的具体产品种类、属性，执行相应的产品标准。食品国家标准对相关酒类产品污染物（甲醇、氰化物、甲醛）、重金属（铅）生物毒素（展青霉素）、致病菌（金黄色葡萄球菌、沙门氏菌）等限量以及食品添加剂的使用做了明确规定。另外，酒类具体品种产品标准对相应品质指标酒精度、固形物、总酸、总酯、总糖、干浸出物、双乙酰等具有明确的限量标准规定。氨基甲酸乙酯、生物胺、塑化剂等污染物还没有相应的标准。从食品安全风险防控角度看，无论国家是否制定安全标准，生产企业都应该采取控制措施，使产品中的安全风险指标含量达到最低水平。

1. 化学污染物

①氰化物。氰化物可以由木薯等酿酒原料通过发酵自然产生，木薯含有的有毒物质为亚麻仁苦苷，在发酵过程中亚麻仁苦苷水解后产生游离的氢氰酸，正常的加工工艺如加热可以去除氰化物。酒类氰化物超标可能是生产者直接使用不符合规定的原料加工或用木薯为原料的酒精勾调制成酒类产品上市出售，也可能是生产工艺去除氰化物不彻底造成的。对于一些个别小酒厂，生产不规范，采购不明来源、廉价的木薯酒精，均是造成酒类产品氰化物不合格的主要原因。

②甲醇。甲醇可以与水、乙醇任意混合互溶，是一种剧烈的神经毒素。一方面，甲醇可以直接损害中枢神经系统，特别是对视神经的损害，可导致视力减退和双目失明；另一方面，甲醇的代谢产物甲醛、甲酸也会产生毒性，甲酸可导致代谢性酸中毒。酿酒原辅料中的果胶质在发酵过程中甲氧基的水解可产生甲醇，如谷糠、薯类和水果等原辅料含有果胶质，酿酒发酵过程中会产生一定量的甲醇。正常的酒类生产发酵工艺产生的甲醇含量比较低，通常不会超标。工业酒精中大约含有 4% 的甲醇，若被不法分子当作食用酒精制作假酒，饮用后，会导致甲醇中毒。误饮 5 mL，甲醇可致严重中毒，致命剂量大约是 70 mL。酒类甲醇的风险危害主要是非法生产者使用含有甲醇的工业酒精生产白酒或配制酒。

③甲醛等醛类。醛类是酒类酿造生产过程中产生的代谢物质，是饮料酒中风味物质的组分之一，尤其是曲酒的重要香味物质，白酒中检出的醛类有乙缩醛和乙醛，次之是甲醛、丙醛、丁醛等，其中乙缩醛几乎占醛类的 50%，具有水果香。但同时，甲醛、乙醛毒性比较高，酒类中甲醛、乙醛含量过高对人体具有潜在的危害。

甲醛曾经作为食品工业加工助剂用于啤酒生产，现已禁止使用。甲醛是无色、具有强烈气味的刺激性，易溶于水、乙醇。甲醛是原浆毒物质，能与蛋白质结合。含有甲醛 35%～40% 的水溶液统称福尔马林。甲醛的毒性表现为头痛、头晕、恶心、呕吐、胸闷、眼痛、嗓子痛、胃纳差、心悸、失眠、体重减轻、记忆力减退以及植物神经紊乱等；孕妇长期吸入可能导致胎儿畸形，甚至死亡，男子长期吸入可导致男子精子畸形、死亡等。

④塑化剂。酒类中塑化剂既可以来自环境污染，也可来自包装材料迁移污染。酒类中的塑化剂经溯源分析发现塑料管道中的邻苯二甲酸二（2-乙基己基）酯DEHP和邻苯二甲酸二丁酯DBP容易迁移至酒中，是导致酒类中存在DEHP和DBP的主要因素。另外，其他生产环节中各种管道的塑料密封垫中的DEHP和DBP迁移也是酒类中存在邻苯二甲酸酯类物质的因素之一。

⑤氨基甲酸乙酯。氨基甲酸乙酯是酒类生产、贮存过程中自然产生的，具有毒性，国际癌症研究机构把氨基甲酸乙酯分类为可能令人类患癌的物质。

⑥生物胺。生物胺是酒类发酵生产过程中微生物次生代谢副产物。我国还没有酒类产品生物胺限量规定，德国、法国、比利时等国家对葡萄酒制定了生物胺限量标准。食用含高浓度生物胺的食品，当积累到一定浓度时，会引起一系列不良反应，如头痛、呼吸紊乱、心悸等不良症状。酒类产品中生物胺具有潜在的毒性。

2. 铅、镉等元素污染物

酒类中存在的元素污染物包括铅、镉、铜、汞、砷等重金属，以及铁、锰等元素。酒类中的金属元素污染物一般通过蒸酒器具、输酒管道、储酒容器以及金属包装材料等途径与酒体接触发生污染引入，也可能是由受污染的原辅料（包括酿造用水）引入。铅和镉是饮料酒的潜在重金属污染物，储酒、包装容器的锡焊接处如与酒体接触，会导致铅溶出。铅锌矿的开采、选矿和冶炼导致河水收到镉污染，进而使稻田土壤受到污染，产生了“镉大米”，如果用受到镉污染的大米生产米酒、黄酒等，存在镉污染酒类产品的可能。葡萄酒及果酒生产过程中，如果酒体与铁质器具接触，也存在铁超标的可能。

3. 生物毒素

①展青霉素。又称展青霉毒素、棒曲霉素、珊瑚青霉毒素，它是由曲霉和青霉等真菌产生的一种次级代谢产物，展青霉素具有影响生育、致瘤和免疫等毒理作用，同时也是一种神经毒素。展青霉素首先在霉烂苹果和苹果汁中发现，广泛存在于各种霉变水果和青贮饲料中。在以苹果、山楂为原料的酿制酒类产品中，

存在展青霉素污染的可能。

②赭曲霉毒素A。是由多种生长在粮食（小麦、玉米、大麦、燕麦、黑麦、大米等）、花生、蔬菜（豆类）等农作物上的曲霉和青霉产生的。赭曲霉毒素A对动物和人类的毒性主要有肾脏毒、肝毒、致畸、致癌、致突变和免疫抑制作用。欧盟对葡萄酒制定了赭曲霉毒素A限量标准。

4. 农药残留

农药在保障食用农产品产量方面发挥了巨大作用，但是在农产品种植过程中的大量使用，尤其是超范围、超限量使用农药，导致食品农产品农药残留不合格时有发生，给食品安全与环境带来了安全隐患与威胁。例如，苹果、梨、桃、荔枝、龙眼、柑橘等水果中检出克百威和灭线磷等禁用农药，茶叶中检出三氯杀螨醇和氰戊菊酯等禁用农药等。由于酿酒原料农药残留的不合格，可能会波及酒类尤其发酵酒食品安全。

5. 食品成分等品质指标

主要是酒精度和白酒固形物，酒精度不合格的原因可能是生产企业检验器具不计量，造成检验结果偏差，也可能发酵工艺问题造成。白酒固形物超标原因可能是：一是企业生产白酒所用的水质差，造成固形物超标；二是企业生产处理技术不到位或随意添加增香物质。

6. 食品添加剂

在酒类行业生产中，超范围、超限量使用食品添加剂的现象时有发生，主要涉及甜蜜素、纽甜、阿斯巴甜、安赛蜜、糖精钠等甜味剂；苯甲酸、山梨酸等防腐剂；胭脂红、苋菜红等人工合成色素等。主要原因一是生产企业为降低成本，同时增加产品的口感，在产品中添加甜蜜素等甜味剂冒充高档酒销售。二是由于其他原辅料使用不当带入。

7. 那非类等非食用物质

在配制酒生产中，一些不法企业，为了增加配制酒保健、壮阳等功能，违法添加西地那非、豪莫西地那非、氨基他达那非等壮阳药物。

8. 掺杂造假

一些不法生产者利用酒精、香精、甜味剂、色素等食品添加剂生产假冒白酒、葡萄酒等酒类产品。

（二）酒类食品质量安全风险及防控

酒类产品质量安全主要问题：一是超范围、超限量使用食品添加剂；二是酒类产品品质指标不合格；三是氰化物、铅、塑化剂、氨基甲酸乙酯等安全指标含量高或超过安全标准限量。另外，品质指标不合格，虽不直接关系安全问题，但反映出企业生产过程可能存在问题，不符合《食品安全法》规定的过程控制要求。

1. 白酒质量安全风险及防控

白酒主要质量安全风险：一是超范围、超限量使用食品添加剂，白酒中违规使用甜蜜素、纽甜、安赛蜜、糖精钠、阿斯巴甜现象时有发生，根据近几年来国家白酒监督抽检结果，大、中、小等规模的企业都检出过白酒甜味剂不合格。二是白酒酒精度、固形物、总酸、总酯等特征、品质指标不合格。三是白酒氰化物时有不合格，主要问题集中在小型生产企业。这些企业的产品，大多是低档酒和散装酒，价格利润低，为降低生产成本，采购来源不明的食用酒精尤其是木薯酒精生产白酒导致氰化物不合格。四是塑化剂及氨基甲酸乙酯问题。白酒中甲醇鲜有不合格产品检出，但生产企业不可掉以轻心，尤其是采购食用酒精时要当心避免混入工业酒精等有害物质，近年来白酒监督抽检有检出铅指标不合格，但属个案，主要是产品包装物（尤其是金属包装，存在锡焊接）铅析出导致。另外，生产过程中酒体接触锡、铅金属物也可能导致铅析出污染酒体。

防控以上白酒质量安全问题，企业要做好以下要求：一是做好原材料进货查验把关，做好原辅料的检验，如采购食用酒精生产液态法白酒、固液法白酒，要从正规厂家进货，严禁从不明渠道采购价格低廉的食用酒精或工业酒精，防止氰化物、工业酒精等问题发生；二是做好生产过程控制，按照相应的生产许可工艺生产相应类别的白酒优化生产工艺、设备，如优化酿造工艺参数，改良生产工器具，减少或不使用塑料、锡、铅、铝等材质工器具，使过程污染物（塑化剂、氨基甲酸乙酯、铅等指标）含量降至最低，各项品质指标符合相应产品标准要求。另外，更重要的是按照标准使用食品添加剂，禁止使用食用酒精添加甜味剂、食用香精香料勾调生产固态法白酒，按照标准要求实标注白酒标签。三是做好产品出厂检验，保证出厂的产品符合标准要求。

2. 葡萄酒及果酒质量安全风险及防控

葡萄酒及果酒的质量安全问题：一是酒精度、干浸出物等品质指标不符合GB 15037—2006《葡萄酒》的规定；二是超范围、超限量使用食品添加剂不符合GB 2760—2014《食品安全国家标准　食品添加剂使用标准》，主要是超范围使用甜蜜素、糖精钠、安赛蜜等甜味剂，超范围使用胭脂红、苋菜红等人工合成色素，超限量或超范围使用山梨酸、苯甲酸、脱氢乙酸等防腐剂；三是葡萄酒中塑化剂DBP时有检出，存在一定的安全隐患。另外，从近年来国家葡萄酒监督抽检结果来看，甲醇、铅等安全指标合格率高，鲜有不合格产品检出。葡萄酒色素、甜味剂不合格，存在涉嫌造假的可能。

防控以上葡萄酒及果酒质量安全问题，企业要做好以下要求：一是严格按照葡萄酒生产工艺生产，尽量减少或避免塑料材质工器具的使用，降低烟化剂的污染，按照标准规定要求使用食品添加剂，严禁超范围、超限量使用食品添加剂。二是做好产品检验，避免产品不合格。三是还要做好酸酒原料的收购储存，防止霉烂变质，以免带来如展青霉素、赭曲霉毒素A等的污染。

3. 啤酒质量安全风险及防控

啤酒作为大宗酒饮料消费饮品，生产集中度高，基本都是大中型生产企业，生产工艺成熟。另外，从近年来公布的抽检结果看，啤酒产品合格率比较高，产品质量安全隐患小。啤酒的主要安全隐患是玻璃材质啤酒瓶的使用问题，玻璃瓶要符合标准规定，防止运输、消费过程中爆炸伤人。近年来，由于啤酒低度化、小瓶化的发展趋势，这一问题基本得到解决。另外，需要注意的是，啤酒标示存在违规现象，如熟啤酒冒充生鲜啤酒出售。

4. 黄酒质量安全风险及防控

黄酒的质量安全问题：一是酒精度、β-苯乙醇、非糖固形物、氨基酸态氮、总糖等品质指标不符合GB/T 13662—2008《黄酒》的规定；二是违规使用食品添加剂甜蜜素、糖精钠等甜味剂以及苯甲酸、山梨酸等防腐剂；三是黄酒在发酵生产及储存过程中会产生氨基甲酸乙酯，具有一定的安全隐患，目前，国家正在制定氨基甲酸乙酯限量标准。防控以上黄酒质量安全问题，企业要做好以下要求：一是按照黄酒生产工艺流程生产，禁止违规使用食品添加剂进行掺杂造假生产黄酒：二是做好原料把关，防止使用“镉大米”或污染物超标的原料生产黄酒；三是优化生产酿造、储存工艺参数，降低氨基甲酸乙酯含量；四是做好生产过程检验，包装出厂产品符合标准规定。

5. 配制酒质量安全风险及防控

配制酒的质量安全问题：一是酒精度不符合产品明示标准要求，反映生产、检验过程、控制不严；二是违规使用安赛蜜、甜蜜素、糖精钠等甜味剂及苯甲酸等防腐剂；三是氰化物有个别超标现象，反映出有使用不合格木薯酒精的生产行为；四是为增加配制酒的壮阳、保健等功能，非法添加药物及其他非食用物质。防控以上配制酒质量安全问题，企业要做好以下要求：一是严格使用配制酒的生产原料，严禁使用不符合要求的木薯酒精（包括工业酒精），严禁添加药物以及非食用物质，按照标准要求使用食品添加剂及相关食品配料；二是做好产品检验，避免酒精度不符合明示要求；三是配制酒标签标识要符合标准要求，避免虚假宣传等。

6. 其他蒸馏酒质量安全风险及防控

目前，我国其他蒸馏酒品类少，生产量比较小，主要有蒸馏型奶酒、朗姆酒等。其他蒸馏酒的质量安全问题，一是酒精度不符合产品明示标准要求，反映生产、检验过程控制不严；二是违规使用安赛蜜、甜蜜素、糖精钠等甜味剂。近年来，国家监督抽检结果表明，氰化物、铅、甲醇等安全指标鲜有不合格的防控其他蒸馏酒的质量安全问题，要做好生产工艺控制，按照标准使用食品添加剂，同时要做好产品检验，避免酒精度、食品添加剂等指标不合格的。

7. 其他发酵酒质量安全风险及防控

其他发酵酒的质量安全问题：一是酒精度不符合产品明示标准要求，反映生产、检验过程控制不严；二是违规使用安赛蜜、甜蜜素、糖精钠等甜味剂及山梨酸、苯甲酸等防腐剂。近年来，国家监督抽检结果表明，致病菌（沙门氏菌、金黄色葡萄球菌）、铅等安全指标鲜有不合格的。防控其他发酵酒的质量安全问题，要做好生产工艺控制，按照标准使用食品添加剂，同时要做好产品检验，避免酒精度、食品添加剂等指标不合格。

8. **食用酒精质量安全风险及防控**

食用酒精生产集中度比较高，企业规模比较大，生产工艺成熟，获得生产许可的企业产品质量安全隐患比较小。需要防范的是一些无证的作坊利用木薯为原料生产食用酒精，由于工艺不完善，又缺少检验能力，产品氰化物隐患比较大。

防控木薯酒精氰化物危害隐患，一是要禁止食用酒精无证生产；二是酒类生产企业要从获得生产许可的企业采购食用酒精，严禁从来源不明的渠道采购食用酒精。

（三）关键控制环节

1. **白酒生产关键控制环节**

①原辅料贮存：原辅料贮存场所应有有效的防治有害生物孳生、繁殖的措施，并能够防虫、防鼠、防止受潮、发霉、变质。

②配料：原料粉碎度符合相应要求，控制曲粮比例、润料、水温。企业的工艺文件中应有配料工序的控制管理规定，应有实际操作原始记录。

③发酵：关键控制点包括水分、酸度、温度、淀粉含量、发酵期等，企业要有作业指导书。

④蒸馏：关键控制点包括上甑操作要领、蒸馏气压、蒸馏时间及分段摘酒等要求。

⑤贮存：贮存场所要符合规定的通风、温度、湿度、防火、防爆、防渗漏要求，贮存容器符合食品安全标准要求。

⑥调配：调配用水应符合生活饮用水标准。所使用的加工助剂应符合GB 2760—2014《食品安全国家标准　食品添加剂使用标准》及相应国家标准规定。

⑦灌装：严格控制人流、物流，防止污染，设置在线检测。

⑧清场：为了防止生产中不同批次、不同酒度、不同品种之间的混淆，各生产工序在生产结束后、更换品种或批次前，应对现场进行清场并进行记录。

2. **葡萄酒及果酒生产关键控制环节**

①原材料的质量。

②发酵与贮存过程的控制。

③稳定性处理。

④调配。

3. 啤酒生产关键控制环节

①原辅料：不得采购腐败变质的原辅料。原辅料运输工具必须清洁干燥，不得与有毒、有害、有异味的物品混装、混运。贮藏必须通风良好，干燥，清洁。酒花及酒花制品应按产品标准要求的条件低温贮藏。

②生产过程中使用的食品添加剂（包括加工助剂）：应符合 GB 2760—2014《食品安全国家标准　食品添加剂使用标准》规定的名称和数量，不得超范围、超限量使用。

③清洗和消毒工作：设备设施、工器具、管道等使用洗涤剂和消毒剂处理后，必须再用生产（饮用）水彻底清洗干净，除去残留物方可生产。应制定有效的清洗消毒方法，并定期采用感官品评、微生物指示菌等方法监控清洗消毒的效果，以确保所有可能对产品造成污染的设备管道和工器具清洁卫生。

④工艺（卫生）要求的控制：糖化、发酵、过滤、灌装封盖等关键生产工艺要严格监控，实际生产中的控制参数应与操作规程的工艺参数一致。菌种管理、酵母扩培、发酵应监控微生物状况，防止发生污染。

⑤包装容器及材料的质量控制：啤酒瓶质量应符合 GB 4544—2020《啤酒瓶》要求，非 B 瓶不能使用。重复使用的啤酒瓶（桶），使用前应彻底清洗；用于灌装生（鲜）啤酒的还应进行必要的消毒。啤酒瓶、桶贮存应避免化学物质污染，禁止与有毒有害物质接触，避免直接雨淋和水浸。应建立啤酒瓶、桶的进厂抽检制度，定期检验其质量。

4. 黄酒生产关键控制环节

①发酵过程的时间和温度控制。

②容器清洗控制。

③成品酒杀菌温度和杀菌时间的控制。

5. 其他酒生产关键控制环节

①原材料的质量。

②发酵或提取过程的控制。

③贮存过程的控制。

④稳定性处理。

⑤调配。

（三）原辅料要求

1. 采购要求

采购食品原料、食品添加剂、食品相关产品，应当查验供货者的许可证和产品合格证明。对无法提供合格证明的食品原料，应当按照食品安全标准进行检验。不得采购或者使用不符合食品安全标准的食品原料、食品添加剂、食品相关产品建立食品原料、食品添加剂、食品相关产品进货查验记录制度，如实记录食品原料、食品添加剂、食品相关产品的名称、规格、数量、生产日期或者生产批号、保质期、进货日期以及供货者名称、地址、联系方式等内容，并保存相关凭证。记录和凭证保存期限不得少于产品保质期满后 6 个月。没有明确保质期的，保存期限不得少于 2 年。

2. 贮存要求

原辅料仓库的地面、墙壁应采用水泥或其他不透水材料建造。库内必须通风良好，干燥，清洁具有防蚊蝇虫、防鼠、防热、防潮设施。原料应按不同品种离墙、离地分类堆放。

3. 使用要求

定期检查质量和卫生情况，及时清理变质或超过保质期的食品原料。仓库出货顺序应遵循先进先出的原则，必要时应根据不同食品原料的特性确定出货顺序。

十六、蔬菜制品

（一）主要食品安全风险

1. 食品添加剂超范围或超量使用

①酱腌菜。GB 2760—2014《食品安全国家标准　食品添加剂使用标准》中对食品添加剂的使用和添加量都进行了详细规定，生产企业在生产过程中为了降低生产成本或延长产品的保质期，未按照国家相关法规的要求添加。在酱腌菜产品中超量或超范围添加防腐剂和甜味剂的现象非常突出。

②蔬菜干制品。干制蔬菜有色品种食用标准中不允许使用的着色剂，主要有

胭脂红、苋菜红和柠檬黄等。蔬菜脆片产品中使用标准中不允许使用的甜味剂如糖精钠、甜蜜素等。二氧化硫、亚硫酸盐（在食品中的残留量以二氧化硫计）等添加剂可以用于干制蔬菜的漂白、护色和防腐。但二氧化硫如果过量添加，经口摄入后主要毒性表现为胃肠道反应，如恶心、呕吐，还可影响钙吸收，导致机体钙丢失，因此生产中要限量使用。由于企业对采购的原辅料把关不严，使一些添加剂随着原辅料带入了成品，造成添加剂超标或超范围使用，如真空油炸的蔬菜脆片中常含有油脂原料带入的抗氧化剂。

③食用菌制品。食用菌制品中存在的食品添加剂超标主要问题是漂白剂超标。亚硫酸盐（硫黄、焦亚硫酸钠）是可以允许在干的食用菌制品中限量使用的漂白剂，其主要用途为：用硫黄等熏制后，能处理其沉着的色素，使外观增白，外观更为美观；用硫黄等熏制后还可以降低虫害，达到防腐的目的。

2. 亚硝酸盐超标

在各种绿叶蔬菜中都含有不同量的硝酸盐，尤其是如今大量使用化肥，致使菜中含的硝酸盐增多。硝酸盐是无毒的，但蔬菜在采摘、运输、存放、腌制的过程中，硝酸盐会被蔬菜中的细菌还原成亚硝酸盐。酱腌菜中亚硝酸盐的含量在腌制过程中有一个明显的变化，一般情况下，在腌制的第 4 天～第 8 天，亚硝酸盐的含量最高，第 9 天以后开始下降，20 天后基本消失。如果熟化时间不够，很容易造成亚硝酸盐超标。

3. 农药残留问题

由于农药在我国蔬菜种植业中广泛使用，农药残留超标问题在蔬菜原料中十分突出。有机磷、拟除虫药酯类、有机气农药在我国蔬菜种植中广泛使用。由于蔬菜原料中的农药无法在产品加工中得到彻底的清洗去除，为防止蔬菜制品中出现农药超标的问题，企业标准应制定相应限量指标要求。

4. 微生物指标超标

①酱腌菜。影响微生物指标的因素主要是产品的灭菌时间、灭菌的温度控制不好或生产设备未彻底消毒，生产环境不洁净，操作人员未彻底消毒及包装袋污染等。从酱腌菜的生产工艺来看，生产企业必须做到以下几点：一是生产设备必须定期清理，防止残留物发生霉变；二是生产、灌装车间要定期冲洗、灭菌，保

证环境能够满足生产需要；三是操作工人养成良好卫生习惯，注意清洁卫生和消毒，以免造成对产品的污染；四是具备完善的洗瓶和灌装设备，包装容器保持清洁；五是严格控制灭菌的温度和时间，灭菌彻底。

②蔬菜干制品。影响微生物指标的因素较多，主要有：干燥的温度、时间不足，产品水分偏高，生产设备上残留物质变质、霉变等，生产环境不良，多手工操作，操作人员卫生消毒不彻底，包装容器污染，仓储条件温、湿度控制不当等。

③食用菌制品。食用菌营养物质丰富，易滋生微生物，在食用菌干制品上生长的多是对水分要求不高的霉菌。霉变的食用菌产品不仅在感官上出现发霉、异味，而且可能还含有强致癌的真菌毒素，对人体健康具有较大危害性。

5. 重金属超标

汞、砷、铅、镉等重金属元素是神经系统、呼吸系统、循环系统重要的致癌因子，这些元素广泛分布于自然环境中，随着化肥、农药的过量使用和环境污染程度的加剧，可能会导致蔬菜中重金属含量增加。还有些蔬菜原料生长在重金属污染严重的地域，会导致重金属蓄积在成品中，影响蔬菜制品的质量安全。食品中的重金属并不能通过水洗、浸泡、加热、烹炒等人们常用的方法来减少，因此要减少重金属超标对人体的危害，需大力治理水污染，从源头上减少江河湖泊中重金属的含量。

6. 褐变

①蔬菜干制品。干制过程中，蔬菜制品常发生褐变，变成黄色、褐色或黑色。褐变有酶促褐变和非酶褐变两种。酶促褐变是由于蔬菜本身的酶的活动而引起的变色现象。减少氧气供给，对原料进行烫漂、浸硫等处理，破坏酶的活性，就有利于防止酶褐变。非酶褐变，主要是还原糖和氨基酸反应的结果。干燥过程中，由于脱水，促进了这一反应。加工前，对原料进行硫处理有阻止非酶褐变的作用，控制适宜的干燥温度，也可减少非酶褐变的发生和减轻非酶褐变的程度。

②食用菌制品。食用菌在干制加工、储藏过程中，其色泽易发生“褐变”，不仅影响产品外观质量，降低商品价值，缩短货架寿命和市场销售，而且口味变差，营养价值降低。引起干制菌类产品褐变的主要原因，一是酶促褐变，主要是由其本身存在着活性酶类物质所引起的；二是非酶促褐变，不是在酶类物质参与下所

发生的褐变现象，而是本身所含氨基酸和糖类相互作用的结果，即美拉德反应及抗坏血酸（维生素C）在空气中自动氧化是导致褐变的主要原因。引起褐变基本因素有内因和外因两个方面，内因即菌类本身所含的一些基本物质所发生的生化反应；外因即外界环境条件，如空气、水分、温度、光照等在适宜状态下，促进生化反应速度。因此要防止或延缓干制菌类产品的褐变发生，应严格控制外界环境条件，以免引起一系列不良变化，导致干品品质变劣。

（二）关键控制环节

1. 酱腌菜

①原辅料预处理：将霉变、变质、黄叶剔除。

②后熟：掌握适宜时间，避免腌制时间不当导致亚硝酸盐超标。

③灭菌：主要控制灭菌的温度及灭菌的时间以及包装容器的清洗和灭菌。

④灌装：注意灌装时样品不受污染。

2. 蔬菜干制品

①原料选择。

②原料清洗。

③干燥。

④包装。

3. 食用菌制品

①原料预处理。

②干燥。

③食用菌干制品的包装过程。

④腌渍。

（三）原辅料要求

1. 酱腌菜

①企业生产酱腌菜所用的蔬菜、水果原料应该新鲜、无霉变腐烂，采购的原辅料必须符合国家有关的食品卫生标准，已经纳入食品生产许可证管理的产品必须采购获证企业的产品。

②面酱或豆浆的大豆、小麦粉必须符合GB 2715—2016《食品安全国家标

准　粮食》及 GB/T 1355—2021《小麦粉》规定。酱应符合 GB 2718—2014《食品安全国家标准　酿造酱》。

③食盐必须符合 GB/T 5461—2016《食用盐》及 GB 2721—2015《食品安全国家标准　食用盐》规定。

④食品添加剂必须按照 GB 2760—2014《食品安全国家标准　食品添加剂使用标准》规定，采用国家允许使用、定点厂生产的食用级食品添加剂，领发生产许可证的产品应从获证企业采购。糖精钠符合 GB 1886.18—2015《食品安全国家标准　食品添加剂　糖精钠》规定，甜蜜素符合 GB 1886.37—2015《食品安全国家标准　食品添加剂　环己基氨基磺酸钠（又名甜蜜素）》规定，安赛蜜符合 GB 25540—2010《食品安全国家标准　食品添加剂　乙酰磺胺酸钾》规定，脱氢乙酸符合 GB 29223—2012《食品安全国家标准　食品添加剂　脱氢乙酸》规定，山梨酸符合 GB 1886.186—2016《食品安全国家标准　食品添加剂　山梨酸》规定。

2. 蔬菜干制品

蔬菜干制品所选用的蔬菜原料应新鲜、无异味、无腐烂现象，农药残留及污染物限量应符合相应国家标准、行业标准的规定。蔬菜干制品加工过程中所选用的辅料应符合相应的国家标准、行业标准的规定。如加工过程中使用的原辅料为实施生产许可证管理的产品，必须选用获得生产许可证企业生产的产品。

3. 食用菌制品

①食用菌制品所选用的食用菌原料应新鲜、无异味、无腐烂现象。食用菌加工过程中所选用的辅料和食品添加剂及加工助剂应符合相应的国家标准、行业标准的规定。如加工过程中使用的原辅料为实施生产许可证管理的产品，必须选用获得生产许可证企业生产的产品。食品原料必须经过验收合格后方可使用。采购的食品原料应查验供货者的食品许可证和产品合格证明文件，对无法提供合格证明文件的食品原料，应依照食品安全标准进行检验。

②食品添加剂的使用应符合 GB 2760—2014《食品安全国家标准　食品添加剂使用标准》、GB 14880—2012《食品安全国家标准　食品营养强化剂使用标准》中食用菌制品的规定，并应符合相应的食品添加剂产品标准。采购的食品添加剂

应查验供货者的食品生产许可证和产品合格证明文件，食品添加剂必须经过验收合格后方可使用。食品添加剂的产品包装及说明书上必须有“食品添加剂”字样，其包装或说明书上应按规定标出产品名称、厂名、厂址、生产日期、保质期限、批号、主要成分、使用方法等。

③食品相关产品包装材料、容器、洗涤剂、消毒剂等食品相关产品应符合其相应的产品标准。采购的包装材料、容器、洗涤剂、消毒剂等食品相关产品，应查验供货者的生产经营许可证和产品合格证明文件，食品相关产品必须经过验收合格后方可使用。

十七、水果制品

（一）主要食品安全风险

1. 食品添加剂

容易导致水果制品出现不合格样品的添加剂有着色剂、防腐剂、甜味剂和漂白剂等。

①着色剂（亮蓝、苋菜红、胭脂红、诱惑红）。亮蓝、苋菜红、胭脂红、诱惑红均是常见的合成色素，蜜饯类产品容易出现亮蓝、苋菜红、胭脂红、诱惑红不合格，原因均是为了增加卖相，超量使用所致。

②防腐剂（苯甲酸钠、山梨酸钾等）。蜜饯类水果制品容易检出苯甲酸、山梨酸等防腐剂不合格的情况。超标的原因可能是个别企业为防止食品腐败变质，超量使用了该添加剂，或者其使用的复配添加剂中该添加剂含量较高，也可能是在添加过程中未计量或计量不准确所致。

③甜味剂（如糖精钠、甜蜜素等）。抽检发现部分水果制品存在超范围或超限量使用甜味剂（主要是甜蜜素、糖精钠）的情况。原因可能是企业为增加产品甜味，超限量、超范围使用或者未准确计量甜味剂。食用较多的糖精时，会影响肠胃消化酶的正常分泌，降低小肠的吸收能力，使食欲减退。

④漂白剂（二氧化硫 / 亚硫酸盐）。水果制品中残留的二氧化硫主要是改良剂焦亚硫酸钠的分解产物，在水果制品生产中，食品企业为改善产品色泽，延长保质期，可能会超量添加焦亚硫酸钠，造成二氧化硫超标。水果制品及果酱中检出

二氧化硫残留量，可能是原料水果需长时间贮存时，或在储运过程中使用有二氧化硫残留的化学物质熏蒸或浸泡防腐、保鲜导致残留存在。为预防水果制品中的二氧化硫超标，首先，应该对供应商加强管理，选择质量良好的产品；其次，应该按照法定标准使用焦亚硫酸钠等食品添加剂。

2. 微生物指标

菌落总数、霉菌等微生物超标，是困扰很多水果制品企业，特别是中小型水果制品企业的一大难题。为防止水果制品产品的微生物超标问题，应采取多种措施，包括加强生产过程的环境、设施的卫生控制；注意烘烤后产品包装区的卫生管理，避免交叉污染；加大操作人员的卫生意识的培训，促使员工养成自觉的卫生习惯，加大对供应商的卫生管理力度等。

①菌落总数、大肠菌群。菌落总数是指示性微生物指标，并非致病菌指标，主要用来评价食品清洁度，反映食品在生产过程中是否符合卫生要求。产品菌落总数超过标准要求，表明产品在生产加工过程中可能存在卫生条件控制不到位，原料或生产加工过程受到微生物污染，灭菌不彻底或者产品本身没有灭菌工艺且环境卫生条件差等问题。

②霉菌。水果干制品常出现霉菌不合格的情况。霉菌指标属于微生物指标，该产品霉菌超出标准要求，说明产品在生产加工过程中可能存在卫生条件控制不到位，原料或生产加工过程受到微生物污染，灭菌不彻底或者产品本身没有灭菌工艺且环境卫生条件差等问题。

（二）关键控制环节

1. 蜜饯

①原料处理。

②食品添加剂使用。

③糖（盐）制。

④包装。

2. 水果制品

①原料验收和处理。

②食品添加剂的使用。

③干燥（脱水）。

④包装。

3. 果酱

①原料的验收和处理。

②浓缩。

③杀菌。

（三）原辅料要求

企业应建立食品原料、食品添加剂和食品相关产品进货查验制度，所用食品原料、食品添加剂和食品相关产品涉及生产许可管理的，必须采购获证产品并查验供货者的产品合格证明。对无法提供合格证明的食品原料，应当按照食品安全标准进行检验。水果制品所选用的原料应无异味、无腐烂现象，农药残留及污染物限量应符合相应国家标准、行业标准的规定。使用新鲜果蔬的，果蔬采摘后应根据工艺需要及时进行处理，如冷藏、腌渍、干燥等，同时强调果坯的加工应按标准相关条款执行。

十八、炒货食品及坚果制品

（一）主要食品安全风险

1. 食品添加剂如糖精钠、甜蜜素等超标

造成糖精钠和甜蜜素超标的原因一方面是由于企业为了降低生产成本，盲目地用甜味剂代替蔗糖以迎合消费者的口味，另一方面也与落后的生产工艺有关。坚果炒货食品在生产过程中一般采用汤料浸泡蒸煮吸收的方式来添加甜味剂，如添加控制不当，容易造成成品中的甜味剂如糖精钠、甜蜜素等超标。

2. 酸价、过氧化值、羰基价超标

酸价、过氧化值、羰基价超标主要是产品中油脂发生变质造成的。坚果炒货食品一般含油脂量较高，原料、半成品、成品由于本身的质量问题或在储存过程中因储存不当、温度过高引起产品氧化及酸败或油脂反复使用，都会造成酸价、过氧化值或羰基价超标。在生产过程中，如果操作工艺控制不好，温度过高，时间过长，也会促使产品的油脂加速氧化变质。

3. 成品感官有霉变、虫蛀、外来杂质以及焦、生现象

由于炒货食品及坚果制品产品的原料是农副产品，质量受气候影响较大，较难控制。原材料本身的质量又直接影响产品的最终质量。原料本身的霉变或外来杂质，未清理干净，造成成品感官不合格；烘炒、油炸时间、温度控制不当，造成产品有焦、生现象。

4. 成品微生物指标超标

造成微生物超标的主要原因与企业生产条件、环境卫生、职工的卫生意识等都有关。食品细菌的数量表示食品清洁状态。油炸头、花生类产品易微生物超标，这类产品需要经过高温热制后进行包装。如果熟制过程中温度不够，细菌未完全杀灭，或在产品包装过程中未采取有效的消毒措施、环境卫生和人员的卫生意识差，就容易造成产品交叉污染。

5. 超范围使用色素

彩色瓜子的颜色来自色素。为了使产品外观鲜艳，吸引消费者，存在使用国家标准中不允许在坚果炒货食品中使用的色素胭脂红的情况。也有的可能使用了劣质调味料，这些调味料中添加了色素，造成最终产品中残留色素。

6. 非法添加带来的食品安全风险

①使用漂白剂加工开心果、瓜子等。使用非食品级双氧水漂白开心果，使外观有光泽，颜色看上去均匀，有光泽。工业级双氧水含有多种化学杂质，如重金属，加工后带入产品，给人体造成危害。由于焦亚硫酸钠可以使产品颜色更白、更好看一些。还有不法商贩用焦亚硫酸钠和硫黄熏蒸来加工白瓜子，产生的二氧化硫会对人体肝肾造成伤害，严重的会引起急性中毒。

②使用工业石灰或明矾清洗西瓜籽。个别小企业使用工业石灰或明矾脱膜，如果产品清洗不彻底，最终会造成产品中混有重金属等有害物质。使用明矾的产品，铝残留量高。长期摄入这些产品会损伤大脑，导致痴呆，还可能出现贫血、骨质疏松等疾病，可导致儿童发育迟缓、老年人出现痴呆，孕妇摄入则会影响胎儿发育。

③使用工业滑石粉开口或抛光。有些小作坊不具备良好的加工设备，加入滑石粉炒制辅助松子开口。还有一些不法商贩在炒制瓜子等产品过程中加入滑石粉进行抛光。滑石粉其主要成分是氧化硅、钙、镁离子等，工业滑石粉含有大量对

人体有害的重金属物质，大量使用会对人体健康造成危害，属于非法添加物。

④违禁使用工业盐、泔脚油、石蜡、矿物油。流动摊贩存在用浓度高的工业盐水拌炒现象。工业盐未经提纯，含有亚硝酸钠、氯化镁等可能影响人体健康的杂质。一些路边小贩兜售的瓜子特别油亮，可能在炒制过程中，加了泔脚油，吃了对健康有害。为了使瓜子色泽光亮，也可能使用矿物油和石蜡打磨。矿物油为非法添加，进入人体后，会刺激人体的消化系统，出现头晕、恶心、呕吐等症状。

（二）关键控制环节

1. 总则

企业应针对生产过程进行充分危害分析，并考虑可能受到的认为破坏或蓄意污染，依据危害分析结果确定针对危害的关键过程控制，确保食品安全危害得到有效控制。

2. 原辅料控制

①原辅料应符合相关安全卫生要求。

②应建立原辅料合格供方名录，并制定原辅料验收标准、抽样方案及检验方法等，并有效实施。

③接收原辅料时，应检查原辅料的安全卫生检验报告。

④原料应进行必要的清理，尤其是坚果类原料，以避免物理性危害发生。

⑤坚果类主要原料使用前应采取有效措施防止水分超标，霉变，虫卵、芽孢的繁殖等危害。

3. 食品添加剂控制

①食品添加剂应当符合相关产品标准和安全卫生要求，食品添加剂使用应符合 GB 2760—2014《食品安全国家标准　食品添加剂使用标准》和国家有关规定的要求，出口企业应符合消费国要求和客户要求。

②对于使用药食同源食品及新食品原料作为原辅料和助剂的企业，应符合国家相应法律法规和标准的要求。

③食品添加剂应设专门场所贮存，由专人负责管理，确保领料的正确性及有效期限等，并记录使用的添加剂的种类、供方、批号及使用量等。

④配料过程严格执行双人核料，保证按配方准确称量、投料，避免食品添加

剂超范围、超量使用。

4. **熟制控制**

①应控制时间和温度等工艺参数，确保产品符合相应的卫生要求。熟制应配有必要的监控仪器，该仪器能够对熟制的时间、温度等参数进行描述并保留记录。监控仪器应定期进行检定或校准，确保其持续处于有效监控状态。

②新产品投产前和工艺发生重大变更后应对熟制的工艺参数（如时间、温度）等进行确认并保持记录。加工厂应对熟制后的产品进行抽样检测，以验证熟制的效果，确保最终产品的安全。

③若采用油炸作为熟制工艺，应做好炸制油脂的更换控制，以避免造成产品出现酸价、过氧化值、羰基价超标。

5. **包装控制**

①对产品进行包装时应选择适宜的包装材料以有效保护产品品质。必要时应对包装密闭性予以控制。

②对产品应采取适宜的措施进行物理性危害的控制。

（三）原辅料要求

1. **采购要求**

生产炒货食品及坚果制品的原辅料和包装材料必须符合相应的标准和有关规定，不符合质量卫生要求的，不得投产使用。如使用的原辅料为实施生产许可证管理的产品，必须选用获得生产许可证企业生产的产品，生产企业应选择合格供应商，对采购的原料严格检验，必要时通过筛选、挑选，使原料符合投料标准。有虫蛀、空壳、霉变、变质的原料不得投入生产，并去除原料中含有的杂质、空瘪、小粒、不成熟粒、霉变粒。根据不同产品特性，必要时对原料进行清洗，除去原料外部附着的薄膜、灰尘等，以方便下道工序生产。

2. **贮存要求**

由于炒货的原料为季节性收购，储藏后常年加工，受气候环境影响因素大，若贮存仓库和加工车间温度控制不严，或使用储存时间过长的原料，容易导致产品氧化变质。因此企业应严守主体责任，要建立原料索证和进货检验制度，严把原料关，同时对产品实行原料溯源制度，一旦发现质量安全问题，能进行溯源。

3. 使用要求

企业应建立和保存各种购进的食品原料、食品添加剂、食品相关产品的贮存、保管、领用出库等记录。企业应建立产品生产过程的追溯系统及记录，包括投料种类、品名、生产日期或批号、使用数量、唯一性标识在各工序间的流转记录等，便于从成品追溯到原料。

十九、蛋制品

（一）主要食品安全风险

蛋制品主要食品安全风险有原料蛋的腐败变质和兽药残留，蛋制品微生物超标，产品重金属超标，超范围、超限量使用食品添加剂。

1. 禽蛋腐败变质和兽药残留

由于微生物、环境因素和禽蛋本身的特性而造成产品腐败变质大致可以分为细菌性腐败变质和霉菌性腐败变质两类。微生物的生长、繁殖与环境因素（如气温、湿度等）有密切的关系。若微生物生长、繁殖环境合适，禽蛋则易于腐败变质；反之，禽蛋则不易腐败变质，有利于保鲜。

兽药残留是指用药后蓄积或存留于畜禽机体或产品（如鸡蛋、奶品、肉品等）中的原型药物或其代谢产物，包括与兽药有关的杂质的残留。原料鲜蛋的兽药残留（氟喹诺酮类、硝基呋喃类、恩诺沙星、金刚烷胺等）会给蛋制品带来安全风险。兽药残留主要由以下几个方面造成：①饲料生产者或养殖场为了降低蛋禽疫病风险，滥用抗生素；②不遵守休药期规定，如在产蛋期使用禁用药物；③部分生产者为增加蛋黄色泽，在饲料中添加色素沉着的阿散酸等药物或添加剂量超标，或配比不当。

2. 微生物超标

生产过程中，由于杀菌不彻底、贮存环境不符合要求而造成微生物超标。蛋液中存在有一定数量的杂菌、大肠杆菌，甚至还有沙门菌等致病菌。为了提高蛋制品的卫生安全性，必须对蛋液进行杀菌处理。要杀灭蛋液中的细菌，目前主要采用巴氏杀菌法。全蛋液和蛋黄液杀菌的条件基本一致，大致为 58 ℃～67 ℃，保持 2.5 min～4 min；蛋白液为 55 ℃～56 ℃，保持 3 min～4 min。若杀菌不彻底，就会造成蛋制品微生物超标的现象。蛋制品在加工贮存环境下，如蛋液温度在 12 ℃以下时，细菌基本上停止繁殖，若贮存环境温度太高，会使微生物繁殖较快，影响蛋制品质量。

3. 重金属超标

蛋制品生产使用的提浆裹类、涂膜或灌料所用的料液一般为无机化合物，里面含有一些重金属，如铅、汞、镉等，存在着重金属污染产品的潜在风险，导致重金属超标。另外，现代采用无铅工艺制作的皮蛋，会因制作过程中使用硫酸铜或硫酸锌导致铜或锌超标。除此以外，养禽产蛋所使用的饲料中含有较多的重金属，也会使重金属在禽蛋中积蓄，最终造成禽蛋制品的金属项目超标。

4. 食品添加剂超量、超范围适用

对蛋黄酱、冰蛋类、热凝固蛋制品、卤蛋类等蛋制品，部分企业为达到延长保鲜效果和使产品外观颜色鲜艳美观而超量或超范围适用防腐剂和着色剂。

（二）关键控制环节

1. 咸蛋

①选蛋：通过感官鉴别法对原料蛋进行分级，同时通过光照鉴别法，选取新鲜的原料蛋，保证产品质量。

②腌制：咸蛋腌制成熟时间与气温有很大的关系，气温越高，成熟时间越短。因此腌制过程中应定期检测，确定咸蛋的成熟度。

③烘烤（适用咸蛋黄类）：咸蛋黄的水分及口感受烘烤的温度与时间的影响，应控制烘烤温度为 55 ℃～70 ℃，烘烤时间为 3.5 h～4.5 h。

2. 皮蛋

①选蛋：见咸蛋选蛋要求。

②腌制：腌制过程同成品质量的关系十分密切，要严格控制室内温度和腌制时间。

3. 糟蛋

①酿酒制糟：酒糟的好坏对糟蛋的品质有很大的影响，因此酿酒制糟要严格控制酿造的时间和温度，确保酒糟的品质。

②选蛋击壳：选蛋见咸蛋选蛋要求。击壳时要控制好力度，做到壳破膜不破。

③装坛糟制：糟制是糟蛋生产过程的重要环节，糟制前要严格把控酒糟的质量，糟制过程中保证酒糟与禽蛋充分接触。

4. 干蛋制品

①选蛋：见咸蛋的选蛋要求。

②低温杀菌：蛋液中蛋白极易受热变性并发生凝固，因此要选择合适的蛋液巴氏杀菌条件。

③干燥：目前蛋粉类的干燥方法为喷雾干燥，为了产品的含水量、色、味正常，组织状态均匀，必须将喷液量、热空气温度、排风量三方面配合好。

5. 冰蛋品

①选蛋：见咸蛋的选蛋要求。

②低温杀菌：蛋液中蛋白极易受热变性并发生凝固，因此要选择合适的蛋液巴氏杀菌条件。

③充填包装：为防止包装过程中的二次污染，蛋液应在独立的洁净包装间进行包装。

6. 其他类蛋制品

①选蛋：见咸蛋的选蛋要求。

②加热灭菌：根据产品的杀菌要求控制合适的杀菌温度和时间，保证杀死产品病菌和腐败菌，同时又保持较好的形态、色泽、风味和营养价值。

（三）原辅料要求

1. 采购要求

①企业生产蛋制品所用的鲜蛋必须符合 GB 2749—2015《食品安全国家标准　蛋与蛋制品》的规定，加工用的食盐应符合 GB 2721—2015《食品安全国家标准　食用盐》的规定，原辅料必须符合相应国家标准、行业标准以及相关法律法规和规章的规定。

②如使用的原辅料为实施生产许可证管理的产品，必须选用获得生产许可证企业生产的产品。

2. 贮存要求

原辅料贮存过程中应避免日光直射、备有防雨防尘设施。根据食品原料的特点和卫生需要，必要时还应具备保温、冷藏、保鲜等设施。

鲜蛋的储藏方法详细介绍如下。

①冷藏法。冷藏法是利用低温（0 ℃以下）来延缓蛋内的蛋白质分解，抑制微生物生长繁殖，以在较长时间内保存鲜蛋的方法。其优点是操作简单、管理方便、储藏效果好。冷藏法贮蛋必须使用得当、管理合理，才能真正达到冷藏的效果。否则，易使鲜蛋变质，造成经济损失。

②浸泡法。浸泡法就是选用适当的溶液，将蛋浸在其中，使蛋与空气隔绝，起到阻止蛋内水分向外蒸发、避免微生物污染、阻止蛋内二氧化碳逸出的作用，从而起到对蛋的保鲜作用。浸泡法由于使用的溶液不同，可分为石灰水储藏法、水玻璃储藏法等。

③涂膜法。涂膜法是在禽蛋的表面涂上一层有效的薄膜，以堵塞蛋亮上的气孔和防止微生物的侵入，使蛋内二氧化碳逐渐积累、抑制酶的活性、减弱生理代谢并减少蛋内水分蒸发达到储藏保鲜的目的。这种方法不需要大型设备，操作简单、便捷，而且成本低，具有较高的经济效益。

3. 使用要求

对原料蛋的进出库、使用等管理要求，以冷藏法为例，冷藏蛋在出库时，应该先将蛋放在特设的房间内使蛋的温度慢慢升高，以防止蛋壳表面上产生凝结水珠形成出汗蛋。出汗蛋易感染微生物而引起变质。

二十、可可及焙烤咖啡产品

（一）可可

1. 可可制品主要食品安全风险

中国可可加工企业规模普遍偏小，行业整体规模也非常小。可可制品的主要食品安全风险包括掺假（冒充）和微生物污染的风险。

（1）皮渣可可粉的问题

可可制品目前存在企业用可可壳作为生产原料再加入香精调香替代可可豆生产可可粉的现象，该种行为已经对国产可可粉的产品形象造成一定的影响。国产可可粉已成为一种低档可可粉的代名词。由于原料价格上涨，而成品价格还保持相对低位，使加工企业利润空间被大大地压缩；同时国内的食品生产企业不讲究原料的质量，一味追求低价，可可生产企业只能以可可壳来磨粉再加香精来冒充正规可可粉。个别企业甚至在可可壳中再加入砻糠粉，即椰子壳粉及色素等非食品原料，掺杂可可粉会对下游食品生产企业的食品安全造成隐患。皮渣可可粉对我国出口的可可粉整体形象已经造成很大影响，中国生产的可可粉成为低端可可粉的代名词，严重影响了企业的可可制品出口。监管部门一经发现可可壳流向食品生产加工企业，要立即相互通报，分别依法查处。要加强对进口可可壳的检验检疫监管，对于以工业或其他用途进口可可壳的，进口商要在其中文标签或相关证明文件上注明用途，健全进口可可壳销售的流向记录。禁止将可可壳作为食品或饲料原料销售给可可制品等食品及饲料生产加工企业。严格审查可可制品企业生产许可条件，督促企业严格按照《可可制品生产许可审查细则》的要求组织生产，严禁使用可可壳生产加工可可粉。对获证企业要加大证后监管力度，对发现存在掺杂使假违法行为的，一律责令停产和限期整改。整改不合格的不得恢复生产。违法情节严重的，依法吊销生产许可证。涉嫌犯罪的，移交司法机关处理。发现违法产品流向下游食品生产企业的，要及时通报有关部门查处。

（2）以代可可脂、类可可脂冒充可可脂

代可可脂（CBR）是一类能迅速熔化的人造硬脂，其三甘酯的组成与天然可可脂完全不同，但在物理性能却十分接近天然可可脂。由代可可脂制成的巧克力产品表面光泽良好，保持性长，入口无油腻感，不会因温度差异产生表面霜化。但代可可脂是反式脂肪酸的一种，会对身体产生不良影响。

类可可脂是采用现代食品加工工艺，对棕榈油、牛油树脂、沙罗脂等油脂进行加工，获取与可可脂分子结构类似的油脂。使用类可可脂制作的巧克力制品，入口柔滑、脂香浓郁，尤其在 30 ℃～35 ℃时，类可可脂和天然可可脂的风味近乎一致。类可可脂不易起霜、熔点和天然可可脂相近，但价格要低到 1/3～1/5。2015 年 5 月 24 日，GB 9678.2—2014《食品安全国家标准　巧克力、代可可脂巧克力及其制品》开始实施。该标准规定，凡是代可可脂添加量超过 5% 的产品，不能直接标注为巧克力，而只能称为代可可脂巧克力或代可可脂巧克力制品。而巧克力成分含量不足 25% 的制品不应命名为巧克力制品。

（3）微生物污染风险控制

根据原料、产品和工艺的特点，针对生产设备和环境制定有效的清洁消毒制度，降低微生物污染的风险。根据产品特点确定关键控制环节进行微生物监控。必要时应建立食品加工过程的微生物监控程序，包括生产环境的微生物监控和过程产品的微生物监控。控制微生物，特别是致病菌的污染是可可制品生产企业的重要任务。

2. 可可制品关键控制环节

（1）原料可可豆的控制

可可的种植和收摘大多是分散经营的，收购的地区不同导致品质有优有劣，且每批可可豆中一般都夹杂着一定量的露豆、破损豆、虫蛀豆、发芽豆和瘪豆等疵豆，也夹杂着发酵不完全的蓝灰豆、僵豆。从市场采购的可可豆通过和外界空气自由接触，可可豆含水量可从 6% 增加到 10%～12%，从而造成可可豆霉变。

可可豆一般都要储藏一段时间供陆续使用，储藏条件和可可豆的变化密切相关，储藏不好，可可豆水分增加，容易长霉、虫蛀、发酵、过氧化值和游离脂肪酸增大，这些都会使加工产品变味，严重影响可可豆品质。

（2）可可豆的焙炒过程

经过清理的可可豆，在加工成可可制品前必须进行焙炒，焙炒使可可豆发生物理和化学变化，是加工可可和巧克力制品的一个极为重要的关键工艺。可可液块、可可脂、可可粉和巧克力的色香品质在很大程度上取决于可可豆的焙炒程度，而控制焙炒程度主要在于加热处理的时间和温度的把控。确定可可豆焙炒温度除了可可豆含水量外还涉及多种因素，如可可豆品种、可可豆大小、制成品的品质要求、种类和加工方法、焙炒方式以及采用的设备。不同的可可豆在焙炒中的干燥速率不同，可可豆又是一种导热性差的物料，所以制定可可豆焙炒程度，焙炒使用温度和时间还需要依靠丰富的实际经验加以选择和判定。优良的焙炒方式能最大限度地取得焙炒合格豆肉，具有浓郁的香气，壳肉容易分离，并有较高的豆肉得率。

（3）可可浆料的研磨过程

可可豆肉是一种不易磨细的物质，首先因为豆肉的大小不等，大的直径可达

5 mm 以上，其中又夹杂着少量壳皮，是一种多纤维物质。其次豆肉的成分复杂，有些很难一下子磨细。因此可可豆肉先经初磨成液块有利于缩短巧克力物质的精磨过程，同时，加工液块后可取出相当量的可可脂用于巧克力生产的添加脂肪，去脂肪的可可饼经粉碎则可得到可可粉。此外，豆肉富含油脂，一经撞击或摩擦，油脂就从内部渗透到表面，成为有流散性的液态，但稍经冷却，就又很快凝结成块。在强力的摩擦和滚碾中，可可物质容易生热而温度很快升高，过高的温度会影响可可豆应有的风味，所以研磨的同时还要进行温度控制，并配备真空系统，可在研磨时去除水分，酸味和异杂味，生产更高质量的可可浆料。

（4）可可制品的包装

可可制品是一种具有热敏性，难以保存的食品。其作为一种商品在保存期内经常发生不同的变化，损害商品价值。

①软化变形。当外界温度接近或达到可可制品含脂肪熔点时，可可制品会不同程度地软化和变形，因此可可制品在运输和储藏中必须保持较低温度。

②发生白斑。可可制品表面在保存期会出现白斑现象，这由于可可制品所含脂肪结晶发生变化造成的。发生白斑会使可可制品表面光泽失去，将严重影响商品的外观与价值。

③香味减少和污染。可可制品本身具有的香气滋味在保藏期内呈现不同程度的逃逸倾向，导致香味的丧失。储藏的可可制品还容易吸收周围的气味产生不应有的不愉快气味，气味污染将严重损害可可制品本身的香味特征。因此可可制品的包装也极为重要。包装材料的选择对包装质量起至关重要的作用，可可制品的包装材料一般要求有一定的柔软性和强度较好的抗水汽性、抗透气、防油性、防黏性和耐热性，适应各种包装机械的性能以及良好的热封性等，总之为防止可可制品在保存期发生质的劣变，必须要有良好的精制包装，保藏温度应控制在 10 ℃～15 ℃，相对湿度不高于 50%。

3. 可可制品原辅料要求

（1）采购要求

企业生产可可制品的可可豆应符合 SB/T 10208—1994《可可豆》规定。该标准规定了可可豆的术语，技术要求，检验方法，检验规则以及标志、包装、运输和贮存等要求，适用于生产可可制品的原料可可豆。可可仁中的可可壳和胚芽含量，按非脂干物质计算不应高于5%，或按未碱化干物质计算不应高于4.5%（指可可壳）。不得以可可壳、花生壳、麸皮、豆粕和色素等作为生产原料，不得以有机溶剂萃取法生产可可脂。生产可可制品的原辅料、包装材料必须符合相应的标准和有关规定，不符合质量卫生要求的，不得投产使用。如使用的原辅料为实施生产许可证管理的产品，必须选用获得生产许可证企业生产的产品，食品生产企业应当建立食品原料、食品添加剂、食品相关产品进货查验记录制度，如实记录食品原料、食品添加剂、食品相关产品的名称、规格、数量、供货者名称及联系方式、进货日期等内容。进货查验记录应当真实，保存期限不得少于2年。

（2）贮存要求

①食品原辅料（包括半成品、成品）贮存，保管由库房管理者等相关人员直接负责，主管负责监督、保管。

②食品原料贮存时必须依照原辅料的特性（贮存条件），做到分类存放。

③库房内严禁存有超过保质期限、腐败变质、无产品标签的原辅料，半成品，成品。

④食品原辅料、半成品贮存时，必须填写“原料入库标识”，并根据原辅料入库标识及原辅料的保质期限，做到原辅料领用的先进先出。

⑤食品原料（半成品）贮存应做到库房整洁、食品存放隔墙离地（距墙10 cm、离地20 cm）分层、分类、分架、分库、通风贮存。

⑥食品原辅料贮藏环境禁止存放有毒、有害物或其他非食品类物品。

⑦库房应具有必要的防虫、防火、防潮设施。食品原辅料贮存环境必须进行日常打扫，保证贮藏设备正常运作，达到贮存环境干净整洁、无虫害、无杂物，地面、台面、墙面干净整洁。

（3）使用要求

食品原辅料仓库应设专人管理，建立管理制度，定期检查质量和卫生情况，及时清理变质或超过保质期的食品原料。仓库出货顺序应遵循先进先出的原则，必要时应根据不同食品原料的特性确定出货顺序。

（二）焙炒咖啡

1. 焙炒咖啡的主要食品安全风险

焙炒咖啡的主要原料为咖啡豆，属于初级农产品，因此产品的风险很大部分来自原料的安全。

（1）咖啡果实前处理过程

我国种植的咖啡以手工采摘为主，到了收获季节，农民每隔几天都要摘上一遍，专挑红色的成熟果实，时间要持续几个月。咖啡果实的保质期很短，24 h 内必须进行加工，否则容易发酵酸败。这就给企业的原料收购提出了很大要求，也增加很多成本。过熟的果实容易腐败变质、不熟的则口感不佳。企业应认真筛选咖啡果实，及时加工，充分干燥咖啡豆。咖啡果实加工后的商品化咖啡豆的保存条件比较重要，一定要控制温、湿度，抑制真菌生长，防止霉变。因此建议企业配备粮食水分快速检测仪，经常对加工原料进行水分监测，确保原料质量。

（2）咖啡豆焙炒过程

目前国内的焙烤咖啡企业门槛较低，部分采用国产设备相对资金投入较少。焙烤咖啡对工艺要求非常高，甚至超过对设备的要求，如要焙烤出理想风味的咖啡，焙烤的时间往往要精确到秒。但我国这方面的专业人员非常少，也没有正规的培训机构，往往依赖焙炒师的经验，产品质量不能得到很好的、稳定的控制。

（3）咖啡成品的包装要求

烘焙过的咖啡豆很容易受到氧化，使得其中所含的油质劣化，芳香味亦挥发消失，再经过温度、湿度、日光等因素而加速变质，尤其是经过多层处理的低咖啡因咖啡豆，氧化作用进行得更快。因此，咖啡豆的包装是保留咖啡香味的关键环节。现焙炒现卖，纸塑包装袋（无论焙炒豆或者焙炒粉），无论封口与否均只有7 天～15 天的保质期。这就要求企业必须配备高级的封口包装机，才能保证产品的品质。

（4）以次充好

部分企业和经销商存在在产品名称上误导消费者的欺瞒行为，如用国产咖啡豆调配出“哥伦比亚风味咖啡”，但产品名称标注为“哥伦比亚咖啡”，或以低口碑的产品冒充高口碑产品的以次充好现象，如国产的云南咖啡却被冠以进口“蓝山咖啡”，以提高身价。还有部分企业为降低成本，在焙炒咖啡粉中掺杂炒焦的玉米粉、小麦粉等粮食产品，改良口味。尽管这一行为并无食品安全问题，但目前焙炒咖啡粉生产许可中不允许在原料中添加咖啡豆以外的任何其他物质。

2. 焙炒咖啡关键控制环节

（1）咖啡豆在焙炒过程中时间和温度的控制

调配好的咖啡豆在干热状态下处理，使生咖啡的结构和成分发生重大的化学变化和物理变化，导致咖啡豆变暗并散发出焙炒咖啡特有的香味。应严格控制时间和温度，才能保证品质的稳定。焙炒完的咖啡豆必须快速冷却，一般采用冷空气鼓风冷却，也有采用水冷却工艺。

（2）包装材料的选择和包装过程控制

根据不同产品规格要求进行包装。包装环境、人员、设施应进行严格消毒，以保证产品不受到交叉污染。包装时封口平整、打印日期清晰、净含量准确，同时严格控制包装材料的选择。

3. 焙炒咖啡原辅料要求

（1）采购要求

生产企业应当建立并落实原辅料采购查验制度，如建立生鲜咖啡豆进货查验制度，记录咖啡豆收购对象资质和收购咖啡豆的逐批检测报告记录。建立其他原辅料进货验证制度，记录供货方的资质及合格产品检验报告的记录，并指定专人管理记录。建立原辅料进货台账，记录每批采购的原辅料供货者的名称、联系方式、进货名称、数量、日期等内容。记录各种购进原辅料的贮存、保管、领用出库等情况。

（2）贮存要求

生咖啡豆是农作物，需要呼吸，因此理论上最好的储存材质是干净、不带气味，且能透气呼吸的材质，如麻布袋、草编袋或者天然橡木桶。但是，麻布袋等无法隔绝湿气与臭味，因此其中的咖啡豆在储藏和运输的过程中很容易受到损坏。真空包装是生豆包装最好的方法，真空袋能使生豆隔绝湿气、臭气和氧气，并能大大减慢呼吸过程，从而减慢咖啡豆的老化过程。在将生豆装进真空袋之前，要密切关注豆子的水分活性，避免在储藏期的生豆发霉。冷冻储藏指将生豆装进真空袋，并放进低于 0 ℃的环境下保存，这种方法能使咖啡豆的风味保存几年，但是成本很高。

原料咖啡豆的贮存对温度、湿度的要求很高，高温、潮湿、日光都是咖啡豆的敌人，能够造成咖啡豆的老化，影响品质和口感。温度、湿度过高还容易滋生霉菌，可能产生对人体有害的真菌毒素。因此确保仓库在全年都能有一个稳定的存储环境非常关键。原料一定要有效控制湿度，湿度过高会导致真菌生长、发生霉变；湿度过低则会使咖啡豆破裂。用湿法加工的咖啡生豆保存期稍短，越新鲜口感越好；干法加工的咖啡生豆保存期略长，但最好不要超过一年。关于生咖啡豆的储存和运输要求可参考 NY/T 2554—2014《生咖啡　贮存和运输导则》。

企业要分区域存放合格品和不合格品，并且要做好相应的记录，包括采购不合格食品原料的处理记录、采购不合格食品添加剂的处理记录、采购不合格食品相关产品的处理记录、生产不合格产品的处理记录等。

（3）使用要求

企业要建立原辅料进货使用台账，原辅料入库后也要按先后顺序堆放，便于先进先出。不同类型材料要堆放整齐，禁止混放。

二十一、食糖

（一）主要食品安全风险

食糖相关的产品指标有重金属（铅、砷）、食品添加剂（二氧化硫、色素等）、品质指标（总糖分、蔗糖分、还原糖分、干燥失重、电导灰分、不溶于水杂质、色值、浑浊度等）以及其他生物指标（螨）。对于重金属以及食品添加剂含量这些直接关系公众身体健康方面的问题，国家制定了安全限量标准，安全标准为强制标准，企业是必须强制执行的。推荐性的国家标准及行业标准对食糖的品质指标做了相应的规定，企业应根据生产的具体产品种类、属性，执行相应的产品标准。

食糖产品安全风险主要问题：一是品质指标不合格（成品糖色值偏高、不溶于水杂质含量超标），二是超范围、超限量使用食品添加剂（二氧化硫残留量超标、违规使用人工合成色素）。

1. 品质指标不合格

①成品糖色值偏高。色值项目是历次抽查中暴露的主要质量问题之一。色值超标主要影响糖品的外观，是杂质多寡的一种反映，也是生产工艺水平的一种体现。白砂糖色值精制级≤25 IU，优级≤60 IU，一级≤150 IU，二级≤240 IU。浑浊度精制级≤30 MAU，优级≤80 MAU，一级≤160 MAU，二级≤220 MAU。

②成品中不溶于水杂质含量超标。不溶于水杂质也是比较重要的质量指标，直观反映着食糖的外观印象及杂质含量白砂糖色值精制级≤10 mg/kg，优级≤20 mg/kg，一级≤40 mg/kg，二级≤60 mg/kg，原糖 <350 mg/kg。

2. 超限量使用食品添加剂

①二氧化硫残留量超标。二氧化硫是食糖产品的一个重要卫生指标。二氧化硫在制糖加工中普遍用到，可以起清净作用。二氧化硫残留过量对人体有一定的危害性。

②超范围使用人工合成色素。人工合成色素包括苋菜红、胭脂红、日落黄、亮蓝等多种。几乎所有的合成色素都不能向人体提供营养物质，某些合成色素甚至会危害人体健康，导致生育能力下降、畸胎等，有些色素在人体内可能会转化成致癌物质。如果色素等食品添加剂的合成过程把关不严，会造成砷、苯酚等有害物质的含量增加，对人体的伤害更大。

（二）关键控制环节

1. 原辅料的质量控制

通过验收，确保原料糖料甘蔗、糖料甜菜符合标准要求。

2. 糖汁清净

糖汁清净工艺是指借助清净剂和加热所起的化学和物理化学作用，并通过固液分离方法，尽可能除去混合汁中影响蔗糖结晶的各种非糖物质，获得色值较低、清晰、较纯净的清净汁。渗出汁中非糖分的存在会对加工造成困难，影响糖品质量并增加废蜜量和糖分的损失。因此在进行糖汁浓缩和结晶之前要进行清净，以尽可能地清除非糖分。清净的目的是除去渗出汁中的悬浮粒子，中和渗出汁的酸性，除去着色物质，尽量除去非糖分，尤其是表面活性非糖分和胶体物。通过清净过程控制使糖汁纯度提高、黏度和色值降低，为煮糖结晶制备好优质原料糖浆。

3. 蔗糖浓缩结晶成糖

蔗糖浓缩结晶成糖是制糖工艺过程中最后也是最关键的一步，它关系着最终成品糖的质量优劣，也关系着整个工艺过程的生产效率和经济效益。但蔗糖结晶成糖过程本身受干扰的因素比较多，如糖浆的锤度、糖浆杂质、真空度以及温度的变化都会影响蔗糖结晶成糖的过程，因此可以通过控制工艺提高食糖质量。

（三）原辅料要求

1. 采购要求

应制定原辅料采购标准，制定原辅料验收入库作业程序，并严格执行。原辅料必须符合国家标准和行业标准 GB/T 10496—2018《糖料甜菜》、GB/T 10498—2010《糖料甘蔗》规定。甘蔗、甜菜原料应新鲜、无腐烂，严格控制夹杂物。精制所用原料糖要符合相关的标准要求。使用的加工助剂，如石灰、硫黄、磷酸等必须符合有关要求。

2. 贮存要求

原辅料贮存应按相关标准要求存放，应能使其免遭污染、损坏，并降低质量劣化于最低程度。

3. 使用要求

采购的食品原料应当查验供货者的许可证和产品合格证明文件，对无法提供合格证明的食品原料，应当依照相关标准进行检验。企业应建立和保存各种购进的食品原料、食品添加剂、食品相关产品的贮存、保管、领用出库等记录。企业应建立产品生产过程的追溯系统及记录，便于从成品追溯到原料。

二十二、水产制品

（一）主要食品安全风险

我国是水产品生产大国，产量居于世界首位。水产品在国民经济中占有重要地位，对提高人民的生活质量发挥着越来越大的作用。随着现代工业的飞速发展，大量“三废”被排入水体和大气中；农药的过量使用，在雨水的冲刷下，也汇集到水体中，使环境受到污染。由于水生生物具有极易富集危害因子的特性，从而会导致消费者的健康受到危害。由于放养密度大，养殖水体中排泄物和残饵的累积极易使水体恶化，从而诱发各种水产动物疾病。在鱼病防治过程中盲目使用各种药物，不遵守药物的休药期。这些都会造成水产品中药物残留过高，给人类健康带来危害。

1. 污染来源

（1）生物污染

生物污染包括细菌性污染、寄生虫污染、病毒性污染等。

①细菌性污染。细菌性污染是由于水产品是多种腐败微生物和致病微生物生长的良好基质，所以受到污染的水产品能引起多种细菌性食物中毒。不论来自淡水还是海水的水产品均可感染沙门氏菌、霍乱弧菌、副溶血性弧菌、大肠埃希氏菌等细菌或其他病原微生物。感染途径是水环境被粪便或污物污染以及通过带菌的食品加工者传播。

水产品自身原有细菌包括：肉毒梭菌、弧菌、霍乱弧菌、副溶血性弧菌、其他弧菌、嗜水气单胞菌、类志贺邻单胞菌、单核细胞增生李斯特菌等。非自身原有细菌包括：沙门氏菌属、志贺氏菌、大肠埃希氏菌、金黄色葡萄球菌等。

②寄生虫污染。已知鱼体和贝类中有50多种寄生虫会引起人类疾病，有些会造成严重的健康危害

③病毒性污染。A型肝炎病毒、诺沃克病毒是两种水生生物容易感染的病毒。

（2）化学污染

化学污染是指以通过环境蓄积、生物蓄积、生物转化或化学反应等方式损害健康，或者接触对人体具有严重危害和具有潜在危险的化学品而造成的污染。

麻痹性贝类毒素和腹泻性贝类毒素。贝类（软体动物），尤其是蛤类，如文蛤、石房蛤等，常含有有毒物质。

鲭鱼毒素（组胺）。含高组胺鱼类主要是海产鱼中的青皮红肉鱼类，如鲐鱼、蓝点马鲛、蓝圆鲹、师鱼。此外，还有秋刀鱼、鲭鱼、沙丁鱼、青鳞鱼、金线鱼等。

河豚毒素。河豚鱼的毒素含量随鱼的种类、部位及季节而异。河豚毒素是小分子化合物，是一种很强的神经毒，能阻断神经冲动的传导，使呼吸抑制，引起呼吸肌麻痹。食用河豚，首先要使肌肉保持新鲜，加工处理要极为严格，彻底清

除血液方可食用。

水产养殖药物。渔药根据用途可分为抗微生物药、消毒杀菌药、环境改良药、抗寄生虫药、激素等。渔药残留是指在水生动、植物养殖过程中，为防病、治病而使用的，在生物体内产生积累或代谢不完全的渔药及其代谢产物。目前，国际上比较重视的残留药物有抗生素类、磺胺类、呋喃类、喹诺酮类等。渔药的滥用破坏了生态平衡，同时加强了水生动物、植物的耐药性，进一步加剧了水生动物、植物病害。药物在水生动物、植物体内积聚，残留量增大，直接威胁消费者身体健康。

农药。农药品种很多，按用途分有杀虫剂、杀菌剂、除草剂。荼鼠剂等。其中对水产品产生危害的主要是有机气农药，原因是其降解慢，残留期长。农药残留是指农药使用后残存于环境、生物体和食品中的农药母体、衍生物、代谢物、降解物和杂质的总称。水产品中的农药残留一部分来自受污染的养殖水域，一部分来自人为喷洒杀虫剂，用手驱电，防止蚊蝇。

金属污染物。有害金属污染源主要来自冶金、冶炼、电镀及化学工业排出的“三废”。金属元素一旦对环境造成污染或在动物体内富集起来，则很难被排出或被降解。水生生物体中蓄积的镉、铅、汞及其化合物，尤其是甲基汞，对人体的脏器、神经、循环等系统均会造成危害。

食品添加剂。食品添加剂是指为改善食品品质和色、香、味，以及为防腐、保鲜和加工工艺的需要而加入食品中的人工合成或者天然物质。GB 2760—2014《食品安全国家标准　食品添加剂使用标准》中明确规定了水产制品在生产过程中允许使用的食品添加剂品种和最大使用限量等。在水产制品生产过程中容易出现超量或超范围使用防腐剂、甜味剂、色素、抗氧化剂等食品添加剂的现象。

其他污染物。其他污染物包括多氯联苯（PCBs），以及苯并芘。

（3）物理污染

产品中掺杂有金属、玻璃、泥沙等外来杂质。

金属杂质的来源：捕捞过程中留在鱼体上的鱼钩，捕捞船上及捕捞工具中混入的金属物质生产过程中，设备、工器具损坏而混入。

玻璃杂质的来源：生产车间使用的照明灯无防护罩。使用玻璃温度计等玻璃物品、车间使用紫外线灯消毒等。

2. 生产过程安全风险

水产制品的原辅料、添加剂、包装材料等的使用，以及生产场所、工艺技术、设备设施、人员素质、管理制度和产品检验水平、运输及贮藏过程等方面都可能存在质量安全隐患，导致最终产品出现质量安全问题。

①原辅料质量问题。水产加工品原料的鲜度得不到保证，水产加工品原料存在渔药残留问题，水产加工品原料存在环境污染问题。

②辅料质量问题。辅料质量不合格，如品质指标不达标，污染物、添加剂等指标不合格。使用的辅料超过保质期。

③食品添加剂使用问题。一些生产企业存在管理制度松散、对标准理解不透彻、贪图利益等问题，致使企业在食品添加剂使用方面仍然会出现违规使用和超量使用的现象。

④包装材料质量问题。选用保护性能指标不达标的劣质包装材料，如强度、韧性、氧气透过量等某一个或多个指标不达标，造成包装破损，没有起到保护产品的作用。使用卫生指标不合格的包装材料，易污染水产品，引入外来细菌或污染物。使用不恰当的包装材料，不利于运输或存储，如带汤汁的水产品，没有选用玻璃或金属材料，冷冻水产品没有选用专门的冷冻用的浅盘和包装袋等。

⑤生产场地和设备设施存在的问题。厂区布置不合理。例如，生产区和生活区较近，厂房和设施没有按照工艺流程及所需要的洁净度级别进行设置，容易引起生产过程中的交叉污染。卫生设施落后，厂区内的洗手设施、消毒设施、更衣、浴室及厕所等设施不能满足现代化生产的需要。生产设备及贮存容器没有选用耐腐蚀、易清洗的材料，造成生产过程中容易混入外来污染。工艺技术方面存在的问题水产制品种类繁多，每个品种都有自己的生产工艺及主要的工艺关键控制点。由于企业自身的一些原因，不能按工艺技术要求控制实际生产，从而造成产品风味不足，微生物等指标不合格，达不到保质期要求等现象。

⑥人员素质及管理制度存在的问题。水产制品行业从业人员整体素质较低。特别是中小型企业的负责人文化素质不高，管理水平低，产品质量安全意识仍有待加强。部分企业虽建有各项管理制度，但在实际生产中并未实施，纯粹为应付检查，管理制度形同虚设。部分企业由于人员少，又加上水产品有季节生产的特

点，因此工作人员稳定性低。采购验收、生产过程、出厂检验等记录不完善，不按实际生产记录，有突击记录或根本不记录的现象。

⑦产品检验存在的问题。部分生产企业，特别是小型企业做不到批批检验，企业化验员检验水平低，或根本不设化验员，化验室形同虚设。

⑧运输及贮藏过程中存在的问题。水产品大多数需要冷冻或冷藏保存，特别是生食水产品。如果运输及贮藏条件达不到标准要求，会严重影响产品的质量，甚至导致产品腐败、变质。

（二）关键控制环节

1. 关键控制环节

①干制水产品：原料验收、蒸煮（熟干制品）、干燥。

②盐渍水产品：原料验收、烫煮、腌制。

③鱼糜制品：原料验收、播溃或斩拌、凝胶化。

④水生动物油脂及制品：原料验收、提油、精制。

⑤风味熟制水产品：原料验收、调味、熟制或杀菌。

⑥生食水产品：原料验收、原料处理、腌制（腌制品）。

2. 控制措施

（1）生物危害的控制

通常在水产品中发现的生物危害包括致病菌、病毒和寄生电。水产品中的生物危害既有可能来自原料，也有可能来自加工过程。

①致病菌的控制：各类致病菌都可以用充分加热的方法来杀菌控制，并且在杀菌过程中和杀菌后防交叉污染。在 4 ℃以下冷藏水产品，能够抑制沙门氏菌、耶尔森氏菌、埃希氏大肠杆菌的生长。加强加工人员个人卫生，禁止病人和病菌携带者进入生产现场。

温度控制不当会导致致病菌的生长和产毒：在加工过程中，应控制产品的内部温度和暴露时间。若内部温度在 21 ℃以上，暴露时间不得超过 2 h（如控制的对象菌仅为金黄葡萄球菌，为 3 h）；若内部温度在 10 ℃以上，21 ℃以下，暴露时间不得超过 6 h（如控制的对象菌仅为金黄色葡萄菌，为 12 h）；若内部温度在 21 ℃上下波动时，则内部温度超过 21 ℃的暴露时间不得超过 2 h，内部温度的总暴露时间不得超过 4 h。

干燥不充分会导致致病菌生长和产毒：对非冷藏干制产品在干燥过程中，应控制成品的水分活度比（A_w）在 0.85 或以下；对厌氧包装（如真空包装或气调包装）冷藏的半干制产品在干燥过程中，应控制成品的水分活度比（A_w）在 0.97 或以下（控制的对象菌是肉毒梭状芽孢杆菌 E 型和非蛋白水解 B 型和 F 型），并用冷藏控制肉毒梭状芽孢杆菌 A 型、蛋白水解 B 型和 F 型以及金黄色葡萄球菌等其他致病菌的生长和产毒。

蒸煮过程中致病菌残存：水产品经蒸煮后成为可即食的熟产品，其目的是杀灭致病菌的营养细胞（或降低到可接受水平）。在加工过程中，蒸煮的杀菌对象菌是单核细胞增生李斯特菌，蒸煮过程应提供 6D（6 个对数级的降低）的杀菌。

巴氏杀菌过程中致病菌残存：巴氏杀菌是较低温度下的热力杀菌，其目的是延长冷藏产品的贮存期或减少致病菌的数量。对厌氧包装（如真空包装）冷藏的产品，巴氏杀菌的对象菌是肉毒梭状芽孢杆菌 E 型和非蛋白水解 B 型和 F 型；对冻藏的产品，巴氏杀菌的对象菌是单核细胞增生李斯特菌。巴氏杀菌应提供 6D（6 个对数级的降低）的杀菌。

②杀灭寄生虫的冷冻工艺控制：

——在 −20 ℃或更低温度下 7 天（总时间）。

——在 −35 ℃或更低温度下 15 h。

——在 −35 ℃或更低温度下冷冻后存放于 −20 ℃或更低温度下 24 h。寄生虫也可通过加热、腌渍方法杀灭；灯检法人工剔虫能部分除虫，但不能完全除虫。

③ A 型肝炎病毒、诺沃克病毒的控制：通过充分加热产品和防止加热后的交叉污染来予以预防。此外，控制贝类捕捞船向贝类生长水域排放未经处理的污染物，可以降低贝类受诺沃克病毒污染的可能性。

（2）化学危害的控制

①贝类毒素：贝类毒素的预防措施包括确保水产品来自官方许可的水域中捕捞的；检查软体贝类标签，以确保来自许可海域、来自认可的捕捞者，并由认可的经销商提供真实的标签。

②鲭鱼毒素：在捕捞和接收过程中，鲭鱼毒素可以采取以下措施之一予以

控制。组胺测定：接收时取样检测组胺含量，不得超过 50 mg/kg；有腐败迹象的比率不得高于 2.5%。对冷藏鱼（非冻藏），如死亡后 24 h 以上才接收的，内部温度不得高于 4.4 ℃；如死亡在 12 h～24 h 内接收的，内部温度不得高于 10℃。

在加工过程中，鲭鱼毒素可以采取以下措施之一予以控制：以冷藏鱼作原料时，在加工过程中，应控制加工室内的温度和暴露时间。若室内温度在 4.4 ℃以上，并有时会超过 21 ℃时，总暴露时间不得超过 4 h；若室内温度在 4.4 ℃以上，21 ℃以下时，总暴露时间不得超过 8 h。以冻藏鱼作原料时，在加工过程中，应控制加工室内的温度和暴露时间。若室内温度在 4.4 ℃以上，并有时会超过 21 h，总暴露时间不得超过 12 h。若室内温度在 4.4 ℃以上，21 ℃以下时，总暴露时间不得超过 24 h。

③河豚毒素：河豚毒素可利用品种鉴别来予以控制。

④水产养殖药物：养殖鱼类体内药物残留危害，可通过国家实施的药物残留监控体系和动物疫病监控体系来对整体养殖环境实施控制，或通过加工者对养殖者实施兽药使用的现场管理来控制。加工者也可利用快速筛选方法在起捕前检测各种许可和禁止使用的药物是否存在来予以控制。

⑤环境化学污染物和农药：对化学污染物的危害可以通过以下措施进行控制。对养殖场进行检查，要求原料供应商提供原料不受污染的证据、记录土壤和水的检测和土地使用监控、对化学污染物进行监控和控制，以确保收购的原料来自无化学环境污染物和杀虫剂污染的水域。

⑥食品添加剂：添加剂的危害可以通过标签控制，控制加工原料中添加剂含量（包括提供供应商证书），结合原料监测实行标签控制来予以控制。

（3）物理危害的控制

①金属杂质的危害可通过对产品采用金属探测或经常检查可能损坏的设备部位来予以控制。

②玻璃杂质的危害可通过肉眼检查玻璃容器、定期检查生产线是否有玻璃破损、适当调整加盖设备（非完全控制）或通过 X- 射线设备或其他缺陷检测系统检查产品来予以控制。

（三）原辅料要求

水产制品的原辅料包含了原料、辅料、食品添加剂、加工用水及用冰、包装材料等几个方面内容。水产制品生产企业应建立原料、辅料、食品添加剂和食品相关产品的采购、验收、运输和贮存管理制度，确保所使用的物质符合国家有关规定。生产过程中不得使用任何危害人体健康和生命安全的物质。

1. 采购要求

（1）总体要求

水产制品生产企业采购食品原料、辅料、食品添加剂、食品相关产品，应当查验供货者的许可证和产品合格证明。对无法提供合格证明的食品原料，应当按照食品安全标准进行检验。不得采购或者使用不符合食品安全标准的食品原料、辅料、食品添加剂、食品相关产品。

水产制品生产企业应当建立食品原料、辅料、食品添加剂、食品相关产品进货查验记录制度，如实记录食品原料、辅料、食品添加剂、食品相关产品的名称、规格、数量、生产日期或者生产批号、保质期、进货日期以及供货者名称、地址、联系方式等内容，并保存相关凭证。记录和凭证保存期限不得少于产品保质期满后六个月。没有明确保质期的，保存期限不得少于 2 年。

水产制品生产企业应当建立原辅料管理制度并有效实施，以确保原辅料的质量符合食品安全标准及相关法规的要求。原辅料必须经过验收合格后方可使用，经验收不合格的原辅料应在指定区域与合格品分开放置并明显标记，并应及时进行退、换货等处理。

（2）原料要求

①基本要求。用于水产制品加工的水产原料必须来自无污染水域，新鲜度良好，组织紧密有弹性，无异味、无腐败现象，无外来杂质，不得含有有毒有害物质，也不得被有毒有害物质污染。所有加工用动物性水产原料必须符合 GB 2733—2015《食品安全国家标准　鲜、冻动物性水产品》规定。贝类、淡水蟹类、黄鳝、龟、鳖、鳗鱼原料应保证鲜活，已死亡的原料不得加工。对河豚鱼等自身带有生物毒素的水产品原料的处理和验收应符合有关规定。

②捕捞水产品。冰鲜水产品捕捞后应立刻冷却，水产品的温度保持在 0 ℃～

4 ℃为宜。

③养殖水产品。养殖水产品原料应来自政府主管部门许可的养殖场，养殖环境、水质、饲料、用药等方面应符合有关规定。作为加工原料的养殖水产品必须经过停药期的处理，其药物残留量不得超过国家有关规定。

（3）辅料、食品添加剂、包装材料等相关产品要求

①辅料、食品添加剂、食品相关产品应符合国家有关规定，并经验收合格后方准使用。

②包装材料应保持洁净、坚固、无毒、无异味，质量应符合食品安全标准的规定。直接与产品接触的包装应使用食品用的包装材料。

③使用的洗涤剂和消毒剂应符合 GB 14930.1—2022《食品安全国家标准　洗涤剂》和 GB 14930.2—2012《食品安全国家标准　消毒剂》规定。

（4）加工用水及用冰

①加工用水、制冰用水应符合 GB 5749—2022《生活饮用水卫生标准》规定。加工用水必须充足。使用非自来水的企业，应设净化池或消毒设备，储水池（塔或槽）设有防止外来污染的施，使用的地下水源应远离污染源，不允许直接使用地表水。应定期进行水质卫生检测，并保存记录。

②加工用冰的生产与储存应清洁、卫生，用于盛放、运输、储存的容器应易于清洗，避免污染。

2. 贮存要求

（1）运输过程贮存要求

水产品原辅料在运输过程中，应避免日光直射，配备防雨、防尘设施，还应根据原辅料特点配备冷冻、冷藏、保鲜、保温、保活等设施，确保在运输过程中保持适宜的温度，防止微生物滋生导致原辅料变质。对于鲜活水产品原料，应在适宜的存活条件下贮存及运输；冷藏水产品原料，运输温度应保持在 0 ℃～4 ℃；冻藏水产品原料，运输温度应控制在 -18 ℃以下；对获得食品生产许可的水产品原辅料，应按产品标签明示存储要求运输。

（2）库房贮存要求

①分别设立与生产规模相匹配的原料库、辅料库、包材库等。库房应设专人

管理，建立管理制度。

②库房内应避免日光直射，设有防雨、防尘、防霉、防虫、防鼠设施，定期消毒。

③库房内应保持清洁、整齐，并分垛存放，标识清楚。物品与墙壁距离不少于 30 cm，与地面距离不少于 10 cm，与库顶距离不少于 50 cm。

④库房内不应存放有碍卫生的物品，同一库房内不应存放可能造成相互污染或者串味的产品。定期检查质量和卫生情况，及时清理变质或超期产品。

⑤库房的温度、湿度应满足产品特性要求。冷藏库及冷冻库应安装能准确显示其温度的温度指示计、测温装置或温度记录装置，并且应安装能调节温度的自动控制装置或当人工操作时温度发生重大变化的自动报警系统。测温装置应安装在能指示库房平均空气温度的地方，定时记录库房温度，原始记录的保存期不得少于 2 年。冷藏库的温度应控制在 0 ℃～4 ℃，冷冻库温度应控制 -18 ℃以下。如有必要，干制品的贮存库应配备相应的温控设施、除湿设备等。

3. 使用要求

①应建立物品出入库管理制度。出货顺序应遵循先进先出的原则，必要时应根据不同食品原料的特性确定出货顺序。

②如实填写原料、辅料、食品添加剂、包装材料的出入库管理记录。食品添加剂更应按照生产工艺投料比例严控领用量，做好领用记录，严格把控食品添加剂的使用情况。

③在加工过程中，对有温度要求的工序，应安装温度控制装置，控制加工过程中原料的内部温度和暴露时间，保证原料在符合工艺要求的条件下生产加工。冷冻鱼糜的加工原料在加工过程中应保证物料半成品温度在 10 ℃以下；对易于产生组胺的鱼类，加工全过程都应进行时间和温度的控制，必要时进行组胺等指标的检测。

二十三、淀粉及淀粉制品

（一）主要食品安全风险

淀粉及淀粉制品的主要安全风险包括两类。

1. 原料、生产引入的风险

原料把关不严及生产过程控制不当造成的安全风险主要包括以下几种。

（1）污染物超标

原料受产地环境污染或在加工过程中引入污染物，主要表现为铅和砷等指标超标。铅和砷均是对人体有害的元素，铅主要影响人体神经系统和造血系统，造成脏器功能损害；儿童对铅较为敏感，铅中毒会致婴幼儿智力损伤，严重者会造成痴呆。砷主要引起人体神经系统的改变，使人出现手麻、脚麻、四肢无力、疼痛等症状，慢性砷中毒对人体各组织器官都有损伤。

（2）微生物交叉污染或过度繁殖

淀粉干燥环节水分控制过高或包装材料对水分的阻隔性不佳造成淀粉中霉菌、酵母过度繁殖，使产品变得发酸，感官指标异常，即食淀粉制品加工过程中受到人员、工具、环境、包装材料等的影响导致金黄色葡萄球菌、沙门氏菌等致病菌或菌落总数、大肠菌群超标。致病菌对人体健康具有较大的危害，当致病菌达到一定数量时，会直接引起人体急性肠胃炎等疾病，使人出现腹泻、呕吐等症状，严重时可致人体出现败血症甚至死亡。菌落总数和大肠菌群是卫生指示菌指标，分别提示食品清洁度和食品被人畜粪便污染的情况，虽较少直接致病，但细菌的生长繁殖需要利用食品中的营养物质，因而食品中细菌数量越多，越能加速食品腐败变质。对即食类淀粉制品应控制菌落总数和大肠菌群指标，以延长食品保质期及降低食品安全风险。

（3）食品添加剂超限量

二氧化硫是一种使用非常广泛的食品添加剂，其添加到食品中能有效地抑制食品加工过程中的非酶褐变，也可作为防腐剂，抑制霉菌和细菌的生长。二氧化硫用于淀粉及淀粉制品的生产中主要是起到漂白作用，在原料品质不太好的情况下往往需要加大使用量。淀粉及淀粉制品生产过程中投料比例控制不当会导致成品中二氧化硫残留超限量。从淀粉特性上讲，除绿豆、豌豆淀粉外，其他类型淀粉生产的粉丝、粉条的筋道、耐煮性难以满足要求。为解决加工过程中产品粘连、断条等问题，需要在生产粉丝、粉条的过程中使用含铝添加剂。粉丝粉条生产过程中硫酸铝钾、硫酸铝铵投料比例控制不当会导致成品中铝的残留超限量。长期摄入过量的铝容易引起记忆力减退和智力下降，还可能出现贫血、骨质疏松等疾病。

2. 人为滥用引入的风险

违反法律法规和标准要求使用非食用物质或滥用食品添加剂造成的安全风险主要包括以下几种。

（1）使用非食用物质

使用非食用物质的情况包括生产者为降低成本使用工业淀粉代替食用淀粉生产淀粉制品，也包括为提高产量、提升产品白度和口感违法添加非食用原料如顺丁烯二酸、吊白块、硼砂等。食品中使用非食用物质是违法行为。

（2）滥用食品添加剂

食品添加剂的使用应严格执行 GB 2760—2014《食品安全国家标准　食品添加剂使用标准》规定。该标准规定了食品添加剂的使用原则、允许使用的食品添加剂品种、使用范围及最大使用量或残留量。企业在开发产品时就应根据该标准的规定设计产品配方，并应在生产时及时跟踪该标准内容的更新，及时调整配方，防止超范围、超限量使用食品添加剂。

（二）关键控制环节

1. 淀粉关键控制环节

①洗浆和漂白：控制食品添加剂二氧化硫的使用量。

②干燥：控制干燥温度和时间。

2. 淀粉制品关键控制环节

①和浆：控制食品添加剂硫酸铝钾、硫酸铝铵和二氧化硫的使用量。

②干燥：选择合适的干燥场所和干燥条件。

3. 淀粉糖关键控制环节

①派缩：控制食品添加剂二氧化碳的使用量。

②干燥：控制干燥温度和时间。

（三）原辅料要求

①企业生产所使用的原辅料应符合法律法规及相应国家安全标准的要求。

②采购的新鲜原料应无发霉、腐烂、变味和病虫害；采购的食品工业用原料实施食品生产许可管理的应取得食品生产许可证，有出厂检验合格报告。

③淀粉及淀粉制品生产过程中不得使用非食用原料，如顺丁烯二酸、吊白块、硼砂等；淀粉制品生产企业所用的淀粉原料必须为食用淀粉。

④加工用水应符合 GB 5749—2022《生活饮用水卫生标准》规定。

⑤内包装材料应符合 GB 9683—1988《复合食品包装袋卫生标准》、GB 4806.7—2016《食品安全国家标准　食品接触用塑料材料及制品》等相关规定。

二十四、糕点

（一）主要食品安全风险

1. 微生物指标超标

糕点主要食品安全风险之一为微生物指标超标，主要是菌落总数、大肠菌群、霉菌、致病菌等超标。菌落总数用来判定食品被细菌污染的程度；大肠菌群用来推断食品中有无污染肠道致病菌的可能；霉菌容易引起食品的霉变，有些霉菌还会产生毒素；致病菌极易引发疾病甚至中毒，危害性很大。造成糕点菌落总数、大肠菌群、霉菌计数不合格的主要原因：一是购入的原料被污染；二是储存条件欠佳导致原料霉变；三是生产工器具清洗消毒不彻底、生产环境卫生状况差、消毒液有效浓度不够；四是人员卫生控制不严格，工人对手、工作服、鞋、帽及生产工器具进行清洗消毒不彻底等；五是生熟食品交叉污染、半成品和成品的交叉污染。

2. 油脂酸败（酸价、过氧化值超标等）

油脂是许多糕点的配料之一。由于生产企业采购的油脂不合格或者储存保管不善、加工过程中工艺控制不严等，导致糕点的酸价和过氧化值超标。

3. 食品添加剂超量、超范围使用

生产企业未了解食品原料中食品添加剂的带入情况，生产企业未严格按照 GB 2760—2014《食品安全国家标准　食品添加剂使用标准》使用添加剂，经常出现食品添加剂超量、超范围使用的情况。

（二）关键控制环节

结合 GB/T 23780—2009《糕点质量检验方法》、CCAA 0008—2014（CNCA/CTS 0013—2008A）《食品安全管理体系　糕点生产企业要求》，原辅料验收、配

料、成熟条件、金属探测等与糕点质量密切相关，其关键控制点为：成熟条件、金属探测。

1. 原辅料及与食品接触材料的控制

（1）供方控制

应建立并实施供方控制程序，对原辅料及与食品接触材料的供方进行评价，并建立合格供方名录和档案。

（2）采购标准

应制定原辅料及与食品接触材料的接受准则或规范。生产用原辅料和包装材料应符合相关质量标准要求，出口产品应满足消费国相关要求。

（3）验收标准

①原辅料购进后应对其原产地、规格、包装情况等进行初步检查，按验收的规定填写入库账、卡，并根据需要抽样自检或向质检部门申请委托检验。

②所用原辅料及与食品接触材料应符合相关食品安全要求，选用的畜禽原料应符合国家检验检疫要求，不应使用回收馅料。

③食品添加剂的使用应符合 GB 2760—2014《食品安全国家标准　食品添加剂使用标准》及相应的食品添加剂质量标准规定。营养强化剂的使用应符合 GB 14880—2012《食品安全国家标准　食品营养强化剂使用标准》规定。

④药食同源食品及新食品原料的使用应符合国家相应法律法规和标准规定。

⑤内包装材料和生产操作中凡与食品直接接触的容器、工器具等应符合食品安全要求。

2. 配料

（1）配方控制

应建立并实施配料操作规程。配方正式投入生产使用或变更时，所投入物料类别和限量物质的比例应经过食品安全小组确认，确认内容包括但不限于如下内容。

①单、复配添加剂均执行 GB 2760—2014《食品安全国家标准　食品添加剂使用标准》和 GB 14880—2012《食品安全国家标准　食品营养强化剂使用标准》要求，控制使用的种类和数量。

②应关注其他禁止的要求，如色素的使用（糕点裱花除外）、馅料的漂白处理，非食用油的违用、陈馅的使用。

（2）配料工序

①应有复核程序，要求投料人复核、确认，以防止投料种类和数量有误。

②投料时，应防止原辅料外包装的交叉污染。设立专用的原辅料外包装间。

③打蛋前蛋体必须清洗、消毒，蛋液要按照要求贮藏和使用，蛋壳应及时处理。

④调制好的半成品应按工艺规程及时流入下道工序，严格控制其暂存的温度和时间，以防变质。因故而延缓生产时，对已调配好的半成品应及时进行有效处理，防止污染或腐败变质；恢复生产时，应对其进行检验，不符合标准的应作废弃处理。

3. 熟化

（1）焙烤

应控制焙烤的温度、时间，炉体的计量器具（如温度计、定时器等）应定期校准，确保有效。月饼中心温度应不低于 85 ℃。

（2）蒸煮

应控制蒸煮的温度和时间，熟制产品中心温度应不低于 70 ℃。

（3）油炸

产品煎炸用油应使用符合 GB 2716—2018《食品安全国家标准　植物油》规定的食用植物油，煎炸用油应定期更换新。

（4）馅料制作

制作馅料时应控制温度和时间，确保符合规定要求。

4. 金属探测

①生产设备须装置有适当设施，以防止金属外来物混入生产过程中而污染产品、金属探测机等。

②金属探测工序发现关键限值偏离时，将关键限值偏离时间段产生的产品隔离，重新校准金探合格后再将隔离的产品重新检测，合格放行，不合格隔离存放，执行不合格处置程序。

（三）原辅料要求

1. 采购要求

①根据合格供方清单分别建立供方档案，优先从合格供方处采购。

②采购原辅料前首先应核对企业资质，购买原辅料后应及时通知仓库。原辅料入库前，严格按相关验收标准对进货产品的检验和验证，同时确认票物相符，数量规格、产品合格证明符合要求。

③根据验收情况，认真填写相关记录，送交相关部门签署意见是否同意入仓，再根据意见办理手续。

④对不符合要求的原辅料不能入仓，按照相关要求及时处理。

2. 贮存要求

基于食品贮藏技术，贮存的目标是避免原料在贮存过程中被污染、损坏，并最大限度减缓其品质降低的趋势。建议冷冻贮藏的产品应保持 -18 ℃以下，冷藏保存的产品一般保持在 -7 ℃。

3. 使用要求

采用先进先出的原则，对不合格或过期原料应加注标志并及时处理，超过保质期的原料、辅料不得用于生产。

二十五、豆制品

（一）主要食品安全风险

1. 原料豆类的农药残留

豆类作为农产品，存在杀虫剂、除草剂残留的风险。农药残留的要求应符合 GB 2763—2016《食品安全国家标准　食品中农药最大残留限量》规定。

2. 原料豆类及成品受到重金属及其他非金属污染物残留

GB 2762—2017《食品安全国家标准　食品中污染物限量》中规定，铅（以 Pb 计）在豆类中的限量为≤0.2 mg/kg，豆浆中的限量为≤0.05 mg/kg，其他豆类制品的限量为≤0.5 mg/kg；镉（以 Cd 计）在豆类中的限量为≤0.2 mg/kg；铬（以 Cr 计）在豆类中的限量为≤1.0 mg/kg。

3. 原料豆类及成品受到生物毒素污染风险

GB 2761—2017《食品安全国家标准　食品中真菌毒素限量》中规定，黄曲霉毒素 B_1 在发酵豆制品中的限量为≤5.0 μg/kg；赭曲霉毒素 A 在豆类中的限量为≤5.0 μg/kg。

4. 加工过程中微生物污染的风险

豆制品致病菌应符合 GB 29921—2021《食品安全国家标准　预包装食品中致病菌限量》规定，即食豆制品中的大肠菌群还应符合 GB 2712—2014《食品安全国家标准　豆制品》规定。生产过程受到杂菌的污染易导致半成品和成品的腐败变质。

5. 加工过程中超范围超量使用食品添加剂

食品添加剂的使用应符合 GB 2760—2014《食品安全国家标准　食品添加剂使用标准》规定。

6. 加工过程中使用非食用物质

禁止在豆制品生产过程中使用的非食用物质和易滥用的食品添加剂有：次硫酸钠甲醛、碱性嫩黄、苏丹红、罗丹明 B、乌洛托品、硼砂等。

（二）关键控制环节

1. 非发酵豆制品的关键控制环节

①原辅料的质量控制：通过验收，确保原料豆类符合标准要求。

②煮浆：通过控制煮浆时间和温度，使得大豆蛋白质变性，消除脲酶活性，并杀灭非耐热细菌。

③灭菌（产品和包装容器）：有效对产品和包装容器的灭菌，防止各类细菌污染。

④食品添加剂的使用：生产过程中食品添加剂的使用必须严格按照 GB 2760—2014《食品安全国家标准　食品添加剂使用标准》规定，不得超量、超范围使用。

⑤生产加工过程中环境卫生的控制：各项加工应在清洁良好的环境下进行，防止变质和受到腐败微生物及有毒有害物的污染。

2. 发酵豆制品的关键控制环节

①菌种的选择、发酵的温度和时间：杂菌的污染会造成半成品和成品的腐败

变质；发酵温度和时间的控制是产品特色形成的关键。

②食品添加剂的使用：生产过程中食品添加剂的使用必须严格按照 GB 2760—2014《食品安全国家标准　食品添加剂使用标准》规定，不得超量、超范围使用。

③生产加工过程中环境卫生的控制：各道加工应在清洁良好的环境下进行，防止变质和受到腐败微生物及有毒有害物的污染。

3. 其他豆制品的关键控制环节

①加工过程中温度的控制：各道工序加工时间的控制，加工过程中压力的控制。

②食品添加剂的使用：生产过程中食品添加剂的使用必须严格按照 GB 2760—2014《食品安全国家标准　食品添加剂使用标准》规定，不得超量、超范围使用。

③生产加工过程中环境卫生的控制。各项加工应在清洁良好的环境下进行，防止变质和受到腐败微生物及有毒有害物的污染。

（三）原辅料要求

1. 采购要求

对原辅料的采购、质量控制要求。应制定原辅料采购标准，制定原辅料验收入库作业程序，并严格执行。大豆应符合 GB 1352—2009《大豆》规定。加工用水应符合 GB 5749—2022《生活饮用水卫生标准》规定。食品添加剂、加工助剂、包装材料应符合相关国家标准或行业标准。

2. 贮存要求

原辅料贮存应防潮防霉变、防鼠防虫，分类明码存放；应按原辅料的贮存条件要求设置合适的温度，并对温度进行监控。

3. 使用要求

对原辅料的进出库应按“先进先出”的原则，并对外观品质进行检查。

二十六、蜂产品

（一）主要食品安全风险

1. 蜂蜜的蜜源

蜜蜂采集植物的花蜜、分泌物或蜜露应安全无毒，不得来源于雷公藤、博落回、狼毒等有毒蜜源植物。市场出现“土蜂蜜”“野蜂蜜”等，可能存在乱采割野蜂蜜，食用很容易引起中毒，严重的将危及生命安全。有毒蜂蜜的颜色和味道跟普通蜂蜜有很大的不同，有毒蜂蜜的颜色呈黄、绿、蓝、灰色，这与一般的蜂蜜颜色不同，另外有毒蜂蜜的味道多呈现苦、麻、涩的感觉。

2. 蜂产品的农兽药残留

兽药残留主要是治疗蜂病时所用的药物产生的污染。气霉素是导致近几年蜂产品不合格主要项目之一，是蜂产品主要食品安全风险之一。它作为一种广谱抗生素，不仅用于疾病的治疗和预防，而且也被作为饲料添加剂用于畜牧业生产。

此外蜂产品可能存在兽药残留食品安全风险，如有四环素族药物残留和甲硝唑等。蝇毒磷、氟胺氰菊酯等农药是给蜜蜂杀螨用的，易产生农药残留，也是蜂产品的主要食品安全风险之一。螨在蜜蜂蜂盖蛹房里产卵、繁殖，并寄生于成蜂体，因此也会给蜂产品带来食品安全风险。

3. 掺假掺杂

GH/T 18796—2012《蜂蜜》对蜂蜜真实性做出了如下要求：蜂蜜中不得添加任何当前明确或不明确的添加物；如果在蜂蜜中添加其他物质，不应以“蜂蜜”或“蜜”作为产品名称或名称主词。

在纯蜂蜜中掺入与蜂蜜外观性状近似，还原糖含量接近的糖浆，甚至用糖浆直接冒充蜂蜜，严重降低了蜂蜜应有的品质和营养价值，损害消费者权益。GB 9697—2008《蜂王浆》中的真实性要求为鲜蜂王浆不得添加或取出任何成分。

4. 微生物（菌落总数、酵母、嗜渗酵母等）指标

生产设备、包装容器和环境等的卫生条件，确保无污染。

加工过程的巴氏灭菌：我国蜂蜜原料大部分为非成熟蜜，水分高、易发酵、微生物易超标，在生产加工过程中需杀菌。要控制好温度和时间，既可杀死病菌又能保持物品中营养物质风味不变，淀粉酶值和羟甲基糠醛不变。

5. 蜂蜜品质要求

蜂蜜的品质问题主要是由水分、果糖和葡萄糖、蔗糖、淀粉酶值和羟甲基糠醛等理化指标导致的。

（二）关键控制环节

1. 蜂蜜的关键控制环节

①原辅料的质量控制。严把原料入库关，避免蜂蜜原料中兽药残留、农药残留超标，以及蜂蜜真实性问题。

②过滤过程控制。有效去杂，保证蜂蜜感官和品质。

③灭菌（产品和包装容器）。有效对产品和包装容器的灭菌，防止耐糖酵母、嗜渗酵母及其他菌的污染。

2. 蜂王浆的关键控制环节

①原辅料的质量控制、运输和储存：严把原料入库关，避免蜂王浆原料中药残、农残超标；蜂王浆应低温（-5 ℃）运输，于 -18 ℃以下储存。

②灌装（包装）过程的卫生控制：蜂王浆的营养成分丰富，很适合各类菌生长，应在洁净环境下灌装（包装）。

③蜂王浆冻干品加工过程温度、湿度控制：蜂王浆冻干品加工过程中，温度、湿度控制不当，会导致产品质量下降。

3. 蜂花粉的关键控制环节

①原辅料的质量控制。

②去杂。

③灭菌：蜂花粉的营养成分丰富，很适合各类菌生长，应有效灭菌。

（三）原辅料要求

1. 采购要求

蜂产品的原料都是初级农产品，不同的蜂农、不同的时间批次，蜂产品的质量不一样，不同区域、不同季节，蜂产品的品种、质量也不一样。所以蜂产品企业在收购原料时，要做好快速检测验收、登记、标识等，标识内容应包括原料名称、基地名称、总数重量、生产地、采集时间、养蜂户编号、各养蜂户的数量、用药情况等。收购回来的蜂产品按品种、等级等分开存放。

（1）蜂蜜

原料蜂蜜采购应严格把关，蜂原地应无雷公藤、博落回、狼毒等有毒蜜源植物和无毒蜜源污染。

蜂场用药应符合相关规定，药物残留检验为关键控制环节。

对蜂蜜品质和掺假掺杂严格验收，检测水分、果糖和葡萄糖含量，以及通过感官判断。感官判断是蜂蜜原料验收中最直接、最快速，甚至最可靠的一种方法。有经验的蜂产品专业人士，通过稀稠判断水分和蜂蜜成熟度，通过观察色度、气味，以及品尝判断其品种、品质，甚至可以判断掺假。

（2）蜂王浆

原料蜂王浆采购应严格把关，蜂场用药应符合相关规定，药物残留检验为关键控制环节。

蜂王浆原料在收获后短期（48 h 内）应储存在 -18 ℃以下，运输过程中的温度应控制在 -5 ℃以下；对蜂王浆品质和掺假掺杂严格验收，检测水分、10- 羟基 -2- 癸烯酸含量及通过感官判断。

（3）蜂花粉

单一花粉要验收其单一品种蜂花粉率、杂质、水分。

2. 贮存要求

①蜂蜜应在阴凉干燥处储存，打开后应密封保存。蜂蜜呈酸性，不宜与铁等金属接触，工厂一般用不锈钢、食品用塑料、镀锌、玻璃等材料制成的容器盛装。市场常用食品用塑料、玻璃等材料制成的容器盛装。

蜂蜜具有吸水性，打开后蜂蜜就会吸收空气中的水分，使蜂蜜上层变稀。在适宜条件下，酵母菌就生长繁殖，分解蜜中的糖分产生酒精和二氧化碳，在有氧条件下，酒精分解为醋酸和水，发酵的蜂蜜带有酸味和酒味。

②蜂王浆贮存温度应在 -18 ℃以下，一般用食品用塑料盛装。蜂王浆不稳定、易氧化，有很强的吸氧能力，蜂王浆中有不少化合物含有极为活泼的化学基团，如醛基、酮基，这些基团在光的作用下很快起还原反应，导致品质和新鲜度下降。只有在 -18 ℃以下时吸氧才停止。

③蜂花粉：用真空充氮包装在常温下保存，其他包装的应在 -5 ℃以下保存，短期临时存放应经过干燥和密闭处理后存于阴凉干燥处。

二十七、特殊膳食食品

（一）主要食品安全风险

特殊膳食食品作为特定（特殊）人群食用的食品，其安全性要求比普通食品更高，相关法律法规规定更加严格。特殊膳食食品在配方及工艺上具有明确的针对性，因而和其他普通食品相比，在食品安全风险方面需要特别关注，如食品添加剂超标、超范围使用，营养素含量不足或超标，重金属污染，兽药残留等。为防止这些安全风险，需要生产企业严格遵循相关法律法规，不断优化加工工艺，尤其是要对原材料验收及处理、配料、包装以及特殊工艺等过程进行严密监控。特殊膳食食品生产企业需要综合考虑产品特性、工艺特点、原料控制情况等因素，合理配备相关的检验设备，确定检验项目和检验频次，保证产品的质量。特殊膳食食品主要风险主要体现在以下几方面：一是超范围、超限量使用食品添加剂、营养强化剂；二是重金属污染、兽药残留；三是产品营养素指标不合格。

1. 超范围和超量使用食品添加剂

GB 2760—2014《食品安全国家标准　食品添加剂使用标准》中对食品添加剂的使用及添加量都进行了详细规定，企业在生产过程中，使用添加剂必须符合国家安全标准，以免造成食品添加剂超范围和超量使用。

2. 营养素含量不足或超标

营养强化剂是为了增加食品的营养成分（价值）而加入食品中的天然或人工合成的营养素和其他营养成分。营养素是指食物中具有特定生理作用，能维持机体生长、发育活动、繁殖以及正常代谢所需的物质，包括蛋白质、脂肪、碳水化合物、矿物质及维生素等。其中核心营养素包括蛋白质、脂肪、碳水化合物和钠。GB 13432—2013《食品安全国家标准　预包装特殊膳食用食品标签》中规定婴幼儿辅助食品在其保质期内，能量和营养成分的实际含量不应低于标示值的 80%。维生素、矿物质等营养素的稳定性和有效性会受温度、酸、碱或压力等加工条件的影响，如维生素 A、维生素 C、维生 D。营养强化剂经过食品从原料到成品复杂的加工流程后，存在不同程度的损失，导致食品营养强化剂的添加量和成品中的实际含量存在差异，使营养强化过程中的营养素损失问题成为婴幼儿辅助食品的一大安全隐患，且营养强化剂使用剂量相对较小，容易导致物质分散不均匀，尤其是粉状的婴幼儿食品，如果分散加工技术不当或生产工艺不够先进，会带来婴幼儿食品中营养素分布不均匀的安全问题。

3. 重金属污染

重金属污染主要造成机体的慢性损伤，进入人体的重金属要经过较长时间的积累才会显示出毒性，早期不易被察觉，从而更加重了其危害性，对婴幼儿的危害特别大。农药的使用，工业三废对土壤和农作物的污染，动物食用的饲料产生的蓄积作用均可使食品中重金属的含量增加。而婴幼儿辅助食品重金属超标主要来源于原料的污染。为了减少婴幼儿辅助食品的重金属污染，需加强对产品的源头进行严格监管。

4. 兽药残留

婴幼儿辅助食品生产加工很可能会用到动物源性食品原料，如畜禽肉、乳及乳制品等。受经济利益的驱使，滥用兽药和超标使用兽药的现象普遍存在，导致动物源性食品中的兽药残留摄入人体后，影响人类的健康。对于婴幼儿罐装辅助食品，生产企业应加强对果蔬、畜禽肉等食用农产品的采购管理，审核种植养殖地的农药、肥料、兽药、饲料和饲料添加剂等农业投入品的使用管理制度和相关记录，确保农业投入品的使用符合食品安全标准和国家有关规定。

（二）关键控制环节

通过危害分析方法明确影响产品质量的关键工序或关键点，并实施质量控制，制定操作规程。关键工序或关键点可设为：原料验收、配料、成型、杀菌等，对其形成的信息建立电子信息记录系统。在各生产工序在生产结束后、更换品种或批次前，应对现场进行清场。清场包括清理场地和清洁场地，是生产质量管理的一项重要内容，其目的是防止产品混淆、交叉污染等差错事故的发生。清场需进行记录，记录内容包括清场区域、产品名称、生产批次、清场时间、检查项目及结果、清场负责人及复查人签名。

1. 婴幼儿谷类辅助食品关键控制环节

（1）原料处理

原料精选，主要是清理谷类如大米、小麦等原料中的杂质，防止泥块、砂石及各种金属杂质等引起的物理污染，保证原料质量，避免在生产过程中引起设备故障，影响产品生产和设备安全；水处理的水质应符合生活饮用水卫生标准。若使用酶解工艺应控制酶制剂的活性及用量、作用时间及环境条件（如温度、pH 等）。

（2）配料混合

配料过程应确保物料称量与配方要求一致，对物料的名称、规格、批号等进行核对，配料记录应有双人确认签字。维生素、微量元素等物料配方须由专门配方管理人员管理，并由相关人员进行配方的复核。使用的食品添加剂和食品营养强化剂的种类和用量应符合 GB 2760—2014《食品安全国家标准　食品添加剂使用标准》和 GB 14880—2012《食品安全国家标准　食品营养强化剂使用标准》规定。混合过程应保证物料的混合均匀性。婴幼儿面条生产企业可自行选择营养素的添加方式，并保证产品中各项指标符合标准规定的要求。

（3）成型

滚筒干燥，干燥后的物料应及时刮净，避免焦黑粒的产生。严格控制干燥筒下方废弃米片的堆积，及时清除，以减少有害微生物的繁殖。干燥后的米片应在密闭管道内输送，不可将半成品裸露在清洁作业区。喷雾干燥，工序应严格控制蒸汽、水的使用，以减少有害微生物的繁殖。膨化工艺，生产婴幼儿米粉的企业应有相应措施，防止生产过程中产生焦黑物、金属屑等污染物污染产品。

（4）包装

包装材料应当由专人按照操作规程发放，并采取措施确保用于生产的包装材料正确无误。包装设备需带有自动质量计量和校正系统。

（5）在线或成品金属检测

在包装前应进行金属检测或包装后配备 X 射线检测器等在线检测金属异物，并配备剔除设备。

2. 婴幼儿罐装辅助食品关键控制环节

（1）原料处理

严格按照原料质量标准进行验收，运输车辆应具备完善的证明和记录。新鲜原料到厂后应及时进行加工，如不能及时处理，应有冷藏贮存设施，并进行温度及相关指标的监测，做好记录。水果、蔬菜类原料必要时需去除粗纤维；畜肉和禽肉类、鱼类原料应去掉骨、鳞、刺等不适宜婴幼儿食用的物质。

（2）研磨（或均质或过滤）

经处理后泥（糊）状物料应达到无须咀嚼的泥（糊）状，颗粒大小应在 5 mm 以下，保证不会引起婴幼儿吞咽困难。

（3）封罐

封罐机必须调试到罐头密封质量符合标准后方可使用。封罐机应经常保持清洁，注意保养。封口后的罐头应及时清洗，除去外壁黏附的污物。杀菌后的罐头不宜洗涤、擦罐，以减少杀菌后再污染的机会。

（4）杀菌

影响杀菌的各项因素需进行研究和测试，并根据相关因素（杀菌升温时间、杀菌温度与时间、杀菌锅内温度分布均匀性、罐头密封性等）确定杀菌工艺规程，其内容应包括杀菌系统的形式和特征、排气方法、冷却方法、产品配方。采用罐头杀菌工艺，应具有 2 名以上的杀菌操作人员。杀菌过程应记录生产日期、产品名称、罐型规格、杀菌锅编号、罐头初温、杀菌温度、冷却时间、冷却水余氧含量等内容，并附有温度自动记录图。

（5）无菌灌装

生产前应使用高温加压的水、过滤蒸汽、新鲜蒸储水或其他适合的处理剂清洁消毒。应确保所有与产品直接接触的表面达到无菌灌装的要求，并保持该状态直到生产结束。在灭菌时，时间、温度、消毒剂浓度等关键指标需要进行监控和记录。

3. 辅食营养补充品关键控制环节

（1）原料处理

应对原辅料的名称、规格、是否合格、外包装无污染等进行确认。拆包过程中，应注意内袋对外袋碎屑及线绳的静电吸附，定期对拆包进料区域进行卫生清理，检查物料内袋有无破损，发现破损或物料结块等异常，应做退料处理。

（2）配料混合

配料过程应确保物料称量与配方要求一致，对物料的名称、规格、批号等进行核对，配料记录应有双人确认签字。混合过程应保证物料的混合均匀性。维生素、微量元素等物料配方须由专门配方管理人员管理，并由相关人员进行配方的复核。使用的食品添加剂和食品营养强化剂的种类和用量应符合 GB 2760—2014《食品安全国家标准　食品添加剂使用标准》和 GB 14480—2016《食品安全国家标准　食品营养强化剂使用标准》规定。

（3）包装

包装材料应当由专人按照操作规程发放，并采取措施确保用于生产的包装材料正确无误。由于传统的包装仪器容易造成负偏差，包装仪器需带有自动质量计量和校正系统。

（4）在线或成品金属检测

在包装前应进行金属检测或包装后配备 X 射线检测器等在线检测金属异物，并配备剔除设备。

（三）原辅料要求

1. 采购要求

婴幼儿辅助食品生产企业所采用的原辅料应当符合国家法律法规及相应的标准要求，企业应建立原辅料购买管理制度，以保证原辅料符合要求，并经质量安全管理机构批准后才可采购。生产企业应当与主要原辅料供应商签订质量协议，质量协议中明确双方所承担的质量责任，并确保该供应商相对固定。

针对原材料的供应商，生产企业应制定相应的审核制度和审核办法，对于供应商所提供的资质证明文件、质量标准、质量报告等材料进行审校。主要原辅料，如大米、小米、小麦粉、果蔬、畜禽肉、水产、维生素及微量元素等的生产商或供应商，应当定期对其质量体系进行现场审核评估，形成现场质量审核报告。采用独立包装营养素（以下简称“营养包”）搭配婴幼儿面条的生产企业，应对营养包的生产商进行现场质量审核，其中营养包的营养强化剂化合物来源应符合

GB 14880—2012《食品安全国家标准　食品营养强化剂使用标准》规定。

2. 贮存要求

企业应当建立相应的仓储、运输管理制度，明确规定相关原辅料及产品不得与有毒有害物品一同贮存、运输，避免对其造成污染。仓储区应保证原辅料或产品安全贮存，并且满足相应的贮存要求，如温度、湿度、避光等。仓储区应当依据物料的性质设置不同贮存场所或分区域放置。所有原辅料的贮存必须按照规定的期限，使用计划应当遵循“先进先出”或“近有效期先出的”原则，并且定期对原辅料的质量及卫生情况进行检查，对于变质或超保质期的应及时清理。特别是对于在贮存期间容易发生变化的维生素和微量元素等营养强化剂，应验证是否合格，必要时通过检验进行确认，符合原辅料规定要求的方可使用。

3. 使用要求

原辅料在使用前，生产企业应根据相关法律法规及标准规定对其进行检验，含乳原料应批批对三聚氰胺等项目进行检验或查验合格报告。婴幼儿谷类辅助食品生产企业应当对产品中所采用的大米原料进行每批次铅、镉项目检验。辅食营养补充品的食物基质应为可即食的食物原料。大豆类及其加工制品，应经过高温等工艺处理以消除抗营养因子，如胰蛋白酶抑制物等，且每批次都应进行脲酶活性检验。婴幼儿罐装辅助食品生产企业应使用未腐败变质的优质水果、蔬菜类原料或其制品，必要时去除粗纤维；畜肉和禽肉类、鱼类原料应使用新鲜或冷冻的优质原料或其制品，应去掉骨、鳞、刺等不适宜婴幼儿食用的物质，不应使用香辛料。畜禽肉等应经卫生检验检疫，并有合格证明。猪肉应选用生猪定点屠宰企业产品。生产中所使用的食用植物油应符合相应的国家标准规定，不得使用氢化油脂，不得使用经辐照处理过的原辅料。生产用水应当符合生活饮用水卫生标准。

包装材料应符合国家相关规定并且保证是清洁、无毒的。添加邻苯二甲酸酯类物质的包装材料，不得用于直接接触食品。包装材料在特定贮存和使用条件下不应影响食品的安全和产品特性，并且不得重复使用。可用于婴幼儿辅助食品充填包装的气体有氮气、二氧化碳。

二十八、其他食品

（一）主要食品安全风险及防控

1. 特征指标

其他食品种类繁多，针对具体的产品可能具有特征性的指标，这些特征指标有的可能没有国家标准的检测方法，因此可能存在为降低生产成本，降低特征成分含量的情况。

2. 食品添加剂

其他食品种类繁多，在 GB 2760—2014《食品安全国家标准　食品添加剂使用标准》的 16 大类分类中有时也难以对应准确的类别，因此可能存在食品添加剂超量、超范围使用的情况。企业应严格按照 GB 2760—2014《食品安全国家标准　食品添加剂使用标准》的分类，使用食品添加剂，对于该标准中分类不明产品的添加剂的使用，应先咨询国家卫生健康委，待准确答复后方可使用。

3. 污染物

其他食品种类繁多，GB 2762—2017《食品安全国家标准　食品中污染物限量》规定了食品中铅、镉、汞、砷、锡、镍、铬、亚硝酸盐、硝酸盐、苯并芘、*N*- 二甲基亚硝胺、多氯联苯、3- 氯 -1，2- 丙二醇的限量指标。企业应严格遵守该标准以及产品标准中污染物指标的限量要求，从原料、生产过程严格控制产品污染物指标。

4. 真菌毒素、农兽药

企业应严格控制原料免受真菌毒素、农兽药污染。

5. 微生物

菌落总数、霉菌等微生物超标，是困扰很多其他食品厂特别是中小型其他食品企业的一大难题。为防止其他食品产品的微生物超标问题，应采取多种措施：如加强生产过程的环境、设施的卫生控制；注意灭菌后产品包装区的卫生管理，避免交叉污染；加强操作人员的卫生意识的培训，促使员工养成自觉的卫生习惯：加大对供应商的卫生管理力度等。

（1）指示性微生物（菌落总数、大肠菌群、霉菌）

菌落总数是指示性微生物指标，并非致病菌指标。主要用来评价食品清洁度，反映食品在生产过程中是否符合卫生要求。菌落总数超标说明个别企业可能未按要求严格控制生产加工过程的卫生条件，或者包装容器清洗消毒不到位，还有可能与产品包装密封不严，储运条件控制不当等有关。

大肠菌群是国内外通用的食品污染常用指示菌之一。食品中检出大肠菌群，反映该食品卫生状况不达标，提示被致病菌（如沙门氏菌、志贺氏菌、致病性大肠杆菌）污染的可能性较大。大肠菌群超标可能由于产品的加工原料、包装材料受污染，或在生产过程中产品受人员、工器具等生产设备、环境的污染、有灭菌工艺的产品灭菌不彻底而导致霉菌和酵母超标，也可能是流通环节抽取的样品霉菌和酵母超标，后者为储运条件控制不当导致。霉菌和酵母在自然界很常见，霉菌可使食品腐败变质，破坏食品的色、香、味，降低食品的食用价值。

（2）致病性微生物

GB 29921—2021《食品安全国家标准　预包装食品中致病菌限量》规定了各类食品中金黄色葡萄球菌、沙门氏菌、单核细胞增生李斯特氏菌、副溶血性弧菌等几种致病性微生物的限量要求。

（二）关键控制环节

原料验收，主要控制原料属于普通食品允许使用的原料，且要确保原料符合食品、食品添加剂相关标准的要求，不得使用药品。

灭菌，有灭菌工艺的要主要控制灭菌条件（热杀菌的控制温度、时间，物理杀菌的控制物理杀菌参数）。其他具体产品关键生产工艺，参见具体工艺及相关细则。

（三）原辅料要求

企业应建立食品原料、食品添加剂和食品相关产品进货查验制度。所用食品原料、食品添加剂和食品相关产品涉及生产许可管理的，必须采购获证产品并查验供货者的产品合格证明。对无法提供合格证明的食品原料，应当按照食品安全标准进行检验。使用乳粉（生乳）原料的，应批批检测三聚氰胺的含量。胶原蛋白肽的原料，主要包括食用哺乳动物皮肤、骨骼、内脏以及可食水生动物鱼皮、鱼鳞、鱼骨、鱼鳔等，原料要符合 GB 6783—2013《食品安全国家标准　食品添加剂　明胶》规定。胶原蛋白肽加工过程中主要使用的食品工业用加工助剂为盐酸、碳酸钠、酶、植物活性炭，属于 GB 2760—2014《食品安全国家标准　食品添加剂使用标准》附录 C 允许使用的食品工业加工助剂。

粕类产品特别是采用溶剂浸出工艺的产品一般不可作为食品配料直接添加到食品中，后续植物蛋白生产工艺一般有加热、杀菌、喷罗干燥或组织蛋白的挤压蒸煮等工序，在这些后续的工序中可使粕类产品中有机溶剂有效降低。

二十九、食品添加剂

（一）主要食品安全风险

1. 生产环境、人员卫生不符合食品卫生要求

食品添加剂生产企业形式有多种多样，有的类似于食品生产企业，而大多数则是化工企业，有些甚至是危险化学品生产企业。作为加入食品中的一个配料，无论是食品生产企业还是化工生产企业，其生产过程都应符合相应的基本卫生要求。

①企业厂区环境应整洁卫生。厂区应合理布局，生活区与生产区等各功能区域划分明显，并有适当的分离或分隔措施，防止交叉污染。厂区道路应平整、硬化，尽量降低正常天气下扬尘和积水的产生。应根据情况制定预防虫害控制程序，采取有效措施防止虫害的孳生。

②动力、供暖、空调机房、给排水系统和废水、废渣处理系统及其他辅助建筑和设施的设置应不影响生产场所卫生，不对周围环境造成污染，有特殊要求的废弃物的处理方式应符合有关规定。

③生产区不得生产和存放有碍产品卫生的其他物品。厂房和车间应根据产品特点、生产工艺、生产特性以及生产过程对清洁程度的要求，合理划分作业区，并采取有效分离或分隔。例如，食品添加剂质量规格标准中有致病菌或指示菌等微生物指标要求的，其包装场所应按清洁作业区设置，并配备适宜的更衣室、设立非手动式洗手及消毒设施。

④厂房内设置的检验室应与生产区域分隔。

⑤厂区各区域及设施的标志应当清晰。使用、贮存危险化学品的场所，应有明显的警示标识。

⑥可能产生有害气体、粉尘、污水和废渣等污染源的生产场所应单独设置，

并采取相应防护措施，不得对周围环境和最终产品有影响。废气、废水、废渣的排放应符合国家有关规定。

⑦地面、墙面、门窗、顶棚等应易于维护、清洁或消毒。应采用适当的耐用材料建造。清洁作业区还应根据产品特点符合相应的卫生要求。酶制剂、复配食品添加剂、食品用香精生产车间的地面、墙面、门窗、顶棚应符合GB 14881—2013《食品安全国家标准　食品生产通用卫生规范》相关规定。

⑧生产场所禁止吸烟、进食及进行其他有碍食品添加剂卫生的活动，作业区人员应严格遵守有关卫生制度，保持个人清洁、卫生，按规定穿戴工作衣帽、鞋靴，并进行洗手消毒等清洁措施，不得将与生产无关的物品、饰物带人；访客进入遵循同等的卫生要求。

2. 不按食品安全国家标准规定的原料和工艺组织生产

国家卫生行政主管部门在批准每一个允许使用的食品添加剂前，都按照规定组织专家对该食品添加剂生产所使用的具体原料和工艺进行审查，对其可能产生的有害物质和污染物进行评估和控制，并在相应的食品安全标准上明确。食品添加剂生产企业必须严格按照食品安全国家标准规定的原料、工艺组织生产，确保最终产品质量符合食品安全标准要求。对于食品安全国家标准中对原料级别做出规定的，生产企业必须使用相应级别或更高等级的原料；对于原料级别未做具体规定的，生产企业应在保证终产品符合相应食品安全国家标准的前提下，选择适宜的原料。对于标准规定具体生产工艺的食品添加剂产品，生产企业必须按照规定的工艺组织生产。未规定生产工艺的食品添加剂，生产企业应选择科学合理的生产工艺，加强生产过程管理，保证产品质量。不得使用可能会给人体带来任何健康风险的生产工艺组织生产。生产食品用香精和复配食品添加剂的原料必须是食品添加剂和食品原料，严禁使用非食用物质、超过保质期原料或回收原料用于生产食品用香精和复配食品添加剂。

3. 食品用香精使用未获批准的香料作为原料

GB 30616—2020《食品安全国家标准　食品用香精》明确规定，食品用香精使用的各种香料应符合GB 2760—2014《食品安全国家标准　食品添加剂使用标准》规定。未列入GB 2760—2014《食品安全国家标准　食品添加剂使用标准》

中食品用香料名单或卫生部门公告的香料不属于食品添加剂，不得用于生产食品用香精。食品用香精可以含有对其生产、贮存和应用等所必需的食品用香精辅料，包括食品添加剂和食品。食品用香精允许使用的辅料应符合相关标准的规定。在达到预期目的的前提下尽可能减少使用品种。作为辅料添加到食品用香精中的食品添加剂不应在最终食品中发挥功能作用，在达到预期目的的前提下尽可能降低在食品中的使用量。根据工艺需要，食品用香精中可以使用 GB 2760—2014《食品安全国家标准　食品添加剂使用标准》中允许使用的着色剂、甜味剂和咖啡因，但加入的品种和添加量应与最终食品的要求相一致。

4. 复配食品添加剂的配方不符合 GB 2760—2014《食品安全国家标准　食品添加剂使用标准》的规定

复配食品添加剂是由两种或两种以上单一品种的食品添加剂，添加或不添加辅料，经物理方法混匀而成的食品添加剂。复配食品添加剂的配方是该产品的核心。配方中用于生产复配食品添加剂的各种食品添加剂应符合 GB 2760—2014《食品安全国家标准　食品添加剂使用标准》和卫生部门公告规定，具有共同的使用范围，各种食品添加剂的使用量也符合 GB 2760—2014《食品安全国家标准　食品添加剂使用标准》和卫生部门公告规定，才能用于复配食品添加剂的生产。如果不符合，在食品生产中使用该复配食品添加剂，就会造成在食品中发生超范围、超量使用食品添加剂的违法行为。用于生产复配食品添加剂的辅料必须是为复配食品添加剂的加工、贮存、溶解等工艺目的而添加的食品原料，不得使用食品添加剂作为复配食品添加剂的辅料。各种食品添加剂和辅料，其质量规格应符合相应的食品安全国家标准或相关标准。复配食品添加剂在生产过程中应是简单的物理混合，不应发生化学反应，不得产生新的化合物。复配食品添加剂中的有害物质铅、砷应通过对各单一品种食品添加剂和辅料的食品安全国家标准中铅、砷限量要求进行加权计算后进行控制。对于无法采用加权计算的方法制定限量值的，则铅、砷限量值均应控制为≤2.0 mg/kg。复配食品添加剂中的致病性微生物应根据所有参与复配的食品添加剂单一品种和辅料的食品安全国家标准或相关标准对相应的致病性微生物进行控制，并在终产品中不得检出。复配食品添加剂不应对人体产生任何健康危害。复配食品添加剂在达到预期的效果下，应尽可能降低在食品中的用量。

（二）关键控制环节

食品添加剂的生产应严格按照相关食品安全标准规定的原料、工艺组织生产，确保产品质量符合食品安全标准要求，产品在保质期内应保持其功能性。根据产品特点，通过科学的方法明确生产过程中的食品安全关键环节。在关键环节所在区域，配备相关的文件以落实控制措施，并建立追溯性记录。

①采用化学法工艺生产的食品添加剂，应严格控制物料的投料顺序及化学反应设备的温度、时间、压力等参数，对于可能产生影响产品质量的副反应应有监控设备及手段。

②采取萃取工艺生产的食品添加剂，应严格控制压力、温度及萃取时间和萃取溶剂的流量，并严格控制溶剂的残留量。

③采用物理混合工艺生产复配食品添加剂的混合加工过程应严格控制工艺参数，确保物料混合均匀。

④采用生物法工艺生产的食品添加剂，应严格控制发酵设备的酸碱度、温度、时间、压力等参数。发酵使用的空气和蒸汽应无菌，杀菌过程应严格控制温度、压力等工艺参数，确保达到杀菌效果。发酵设备应易于清洁灭菌，无死角无残留。食品添加剂生产过程中若使用菌种，应制定严格的管理和操作制度，菌种保存及扩大培养操作过程应做到无菌操作。

⑤原料和内包装材料等进入生产线之前，应设置适当的工序和设施，对外包装进行清洁，防止异物进入生产线，对产品造成污染。

⑥对于与其他产品共用生产线生产的产品应制定生产线清洁制度。明确产品切换时应进行的清洁措施和清洁效果验证方法或途径。公用生产线生产使用的设备，必要时应进行消毒。

⑦在生产、使用强酸、强碱等腐蚀性化学物质的场所应有明显的警示标志，并应设置事故应急处理设施。

（三）原辅料要求

1. 采购要求

①应建立原料和相关产品的采购、验收、运输和贮存管理制度，确保所使用

的原料和相关产品符合国家有关规定，保存相应的采购、验收、贮存、使用及运输记录。

②应按照产品标准规定的原料质量规格要求采购和验收，标准中对原料级别做出规定的，应采购使用相应级别或更高等级的原料；对原料级别未做具体规定的，应在保证终产品符合相应质量规格标准的前提下，选择适宜的原料。

③采购食品原料应当查验供货者的许可证和产品合格证明文件；对无法提供合格证明文件的食品原料，应当依照食品安全标准进行检验。不得采购腐败变质、回收或工业加工后的有害废料等作为食品原料使用。畜禽类原料应查验检验检疫合格证明文件。

④采购食品添加剂应当查验供货者的许可证和产品合格证明文件。

⑤采购化工原料应当查验供货者的相关资质和产品合格证明文件，产品应符合相应的质量规格要求。

⑥采购包装材料、容器、洗涤剂、消毒剂等相关产品应当查验产品的合格证明文件，实行许可管理的相关产品还应查验供货者的许可证。

2. 贮存要求

①应根据原料特点和卫生需要建立仓储制度，选择适宜的贮存条件。

②原料和相关产品验收合格后，应分类、分区、分库贮存；经验收不合格的原料应在指定区域与合格品分开放置并明显标记，并应及时进行退、换货等处理。

③库房应具有必要的防虫、防火、防潮设施。保证贮藏设备正常运作、实现贮存环境干净整洁、无虫害、无杂物。

④危险化学品贮存应符合国家相关规定。

3. 使用要求

①原料和相关产品仓库应设专人管理，建立管理制度，定期检查质量和卫生情况，及时清理变质或超过保质期的原料和相关产品。仓库出货顺序应遵循先进先出的原则。

②在生产加工前，宜对原料和相关产品进行感官检验，必要时进行实验室检验，确保符合规定要求。

第五章
其他食品监督管理

第一节　特殊食品监督管理

一、概述

依据《食品安全法》及其实施条例有关规定，特殊食品包括保健食品、特殊医学用途配方食品、婴幼儿配方食品等。按照《食品安全法》第七十四条规定，国家对保健食品、特殊医学用途配方食品和婴幼儿配方食品等特殊食品实行严格监督管理。

二、保健食品

（一）概念

保健食品指声称并具有特定保健功能或者以补充维生素、矿物质为目的的食品，即适用于特定人群食用，具有调节机体功能，不以治疗疾病为目的，并且对人体不产生任何急性、亚急性或慢性危害的食品。

（二）保健食品的三个特征

一是食品属性，保健食品的本质是食品；二是安全性，对人体不产生任何急性、亚急性或慢性危害；三是功能性，对特定人群具有一定的调节作用，不能治疗疾病，不能替代药物。

（三）我国保健食品监管工作历史沿革

我国保健食品监管工作历史沿革大致可以分为四个阶段。

第一阶段卫生部时期（1987 年—2003 年）：1987 年 10 月，卫生部出台《中药保健药品管理规定》，明确“特殊营养食品”“传统加药食品”由省级卫生行政部门负责审批，首次确定了我国保健食品监管的法律地位。1995 年 10 月，我国颁布《中华人民共和国食品卫生法》规定国家对保健食品实行上市前注册管理制。1996 年 3 月，卫生部颁布《保健食品管理办法》，开始对保健食品实行注册许可和生产许可管理。

第二阶段国家食品药品监督管理局时期（2003 年—2013 年）：2003 年，保健食品注册审评职能由原卫生部划转为国家食品药品监督管理局。2005 年，国家食品药品监督管理局出台《保健食品注册管理办法（试行）》。2009 年，《食品安全法》正式施行，明确实施食品生产经营许可制度，对声称具有特定保健功能的食品实行严格监管。

第三阶段国家食品药品监督管理总局时期（2013 年—2018 年）：2013 年，国家食品药品监督管理总局和国家卫生与计划生育委员会成立，负责食品原料以及食品安全标准的制定和企业标准备案、保健食品的注册管理、生产许可、日常监管，以及广告管理等。2015 年 4 月，修订的《食品安全法》正式将保健食品纳入特殊食品进行监管。

第四阶段市场监管总局时期（2018 年至今）：2018 年政府机构改革后，保健食品监管由市场监管总局负责并组建特殊食品监管司，逐步修订完善和出台了一系列法规制度。一是 2019 年 8 月发布《保健食品标注警示用语指南》和《保健食品原料目录与保健功能目录管理办法》；二是 2019 年 11 月发布《保健食品命名指南》和《保健食品备案产品可用辅料及其使用规定》；三是 2019 年 12 月发布《药品、医疗器械、保健食品、特殊医学用途配方食品广告审查管理暂行办法》；四是出台《特殊食品注册现场核查工作规程》和《保健食品行业清理整治行动方案》；五是 2019 年 11 月修订后的《食品安全法实施条例》，对保健食品的生产经营做了进一步规范；六是 2020 年 1 月新颁布《食品生产许可管理办法》，继续将保健食品纳入大食品范畴统一规范管理。

（四）我国保健食品监管制度

我国保健食品监管历经三十多年发展，至今形成了一整套监管制度体系。

1. **注册备案管理**

保健食品注册制度是指市场监管部门根据注册申请人申请，依照法定程序、条件和要求，对申请注册的保健食品的安全性、保健功能和质量可控性等相关申请材料进行系统评价和审评，并决定是否准予其注册的审批过程。

注册管理是保健食品质量与安全管理的重要环节，决定了某一种保健食品的配方、生产工艺、保健功能、产品技术要求、适宜人群、不适宜人群等内容。

2016 年发布的《保健食品注册与备案管理办法》确定保健食品品种实行注册与备案双轨制管理。

目前，市场监管总局负责保健食品注册管理，以及首次进口属于补充维生素、矿物质等营养物质的保健食品备案管理。各省局负责本行政区域内保健食品备案管理，对纳入原料目录和允许声称的保健功能目录等进行备案。

2. **功能管理**

保健功能管理制度是指通过制定和发布保健功能范围以及对应保健功能评价检验程序和方法，规范保健食品功能声称的行政管理措施。保健食品的功效成分一般分为两类，一类是营养素（维生素、矿物质）补充剂，另一类是功能性保健食品。

2003 年调整公布的保健食品 27 项保健功能范围，分为三大类，第一类是增强机体及外界有害因素抵抗力的保健食品；第二类是预防慢性疾病的保健食品；第三类是调整生理功能的保健食品。对此 27 项功能，目前正在调整和完善中。

2019 年 3 月，市场监管总局发布关于征求调整保健食品保健功能意见的公告，对保健食品保健功能进行调整并公开征求意见。涉及调整、取消和进一步论证的功能共计 45 项，包括 27 项现有审评审批范围内的产品。

3. **原料管理**

保健食品原料管理制度是指通过制定和发布相关管理规定以及可用于保健食品的物品清单、禁用于保健食品物品名单，规范保健食品原料使用的行政管理措施。保健食品原料必须经过严格的安全性评价后确定名单并发布才能使用。2019 年发布的《保健食品原料目录与保健功能目录管理办法》，严格规定了目录纳入条件、纳入程序、管理方式。规定任何个人、组织在科学研究论证的基础上，均可提出纳入原料目录的建议经主管部门审查论证，符合要求后就可纳入目录，提高了原料目录评价的科学性、质量和效率。

4. 生产经营许可

保健食品生产经营许可制度是指省级市场监管部门按照《食品安全法》及其实施细则规定，根据保健食品生产经营企业申请，依照法定程序、条件和要求，对申请生产经营保健食品企业的人员、场所、原料、生产过程、成品储存与运输以及管理制度进行审查，并决定是否准予其生产经营的行政管理措施。实质上这是对企业主体生产经营条件的许可，而非产品许可。2015 年国家食品药品监督管理总局制定《食品生产许可管理办法》和《食品经营许可管理办法》，2020 年市场监管总局又修订了《食品生产许可管理办法》，均明确将保健食品生产经营纳入整个食品生产经营许可的管理范畴。

食品生产实施分类许可，分别制定《食品生产许可审查通则》和各类食品生产许可审查细则，保健食品生产许可参照药品良好生产规范（GMP）进行管理，严于一般普通食品，具体包括：①生产许可。2017 年国家食品药品监督管理总局发布《保健食品生产许可审查细则》，包括书面审查、技术审查和行政审批，涉及片剂、粉剂、颗粒剂等 18 个类别 103 项审查条款，由省级监管部门组织实施本行政区域内保健食品生产许可审查工作。②经营许可。2015 年国家食品药品监督管理总局发布《食品经营许可管理办法》，对保健食品在食品经营项目上进行了专门分类，食品经营许可由县级监管部门组织实施。在《食品销售日常监督检查要点》中，食品通用检查项目 34 项，特殊食品（含保健食品）项目 10 项，特殊场所 9 项，特殊场所包含了市场开办者、网络销售、食品贮存和运输者等。

5. 标识管理制度

保健食品标识管理制度是指监管部门对保健食品标签、说明书以及标志使用的行政管理措施。1996 年，卫生部颁布的《保健食品管理办法》和《保健食品标识规定》明确对保健食品的标识管理提出了具体要求。2015 年国家食品药品监督管理总局发布《关于进一步规范保健食品命名有关事项的公告》，明确规定“不再批准以含有表述产品功能相关文字命名的保健食品”。2019 年 8 月，市场监管总局发布《保健食品标注警示用语指南》，对企业标签标识内容进一步规范，2020 年

1月1日起正式实施。一是设置警示区，提高关注度。二是标注警示语，提高认知度。《保健食品标注警示用语指南》要求标签上标注“保健食品不是药物，不能代替药物治疗疾病”警示用语。三是规定面积大小，提高辨别度。四是规定印刷字体，提高清晰度。这些措施有利于强化企业主体责任，约束商家营销行为，保护消费者知情权，让保健食品不是药品深入人心，消费选择更加理性。

三、特殊医学用途配方食品

（一）概念

1. 特殊医学用途配方食品（不含特殊医学用途婴儿配方食品）

为了满足进食受限、消化吸收障碍、代谢紊乱或特定疾病状态人群对营养素或膳食的特殊需要，而专门加工配制而成的配方食品。该类产品必须在医生或临床营养师指导下，单独食用或与其他食品配合食用。①

特殊医学用途配方食品（不含特殊医学用途婴儿配方食品）分为三类。

全营养配方食品：可作为单一营养来源满足目标人群营养需求的特殊医学用途配方食品。

特定全营养配方食品：可作为单一营养来源能够满足目标人群在特定疾病或医学状况下营养需求的特殊医学用途配方食品。

非全营养配方食品：可满足目标人群部分营养需求的特殊医学用途配方食品，不适用于作为单一营养来源。

2. 特殊医学用途婴儿配方食品

特殊医学用途婴儿配方食品指针对患有特殊紊乱、疾病或医学状况婴儿的营养需求而设计制成的粉状或液态配方食品。在医生或临床营养师的指导下，单独食用或与其他食物配合食用时，其能量和营养成分能够满足0月龄～6月龄特殊医学状况婴儿的生长发育需求。②

（二）历史沿革

特殊医学用途配方食品诞生于1957年，是由美国食品药品监督管理局（FDA）

---

① GB 29922—2013《食品安全国家标准　特殊医学用途配方食品通则》。

② GB 25596—2010《食品安全国家标准　特殊医学用途婴儿配方食品通则》。

批准的针对具有先天性氨基酸代谢缺陷的苯丙酮尿症的婴儿研发的“膳食治疗药物”。20 世纪 80 年代，美国开始逐渐完善对特医食品的管理。我国于 2010 年即出台了针对 0 月龄～12 月龄婴儿的《特殊医学用途婴儿配方食品通则》；2013 年出台了针对 1 岁以上人群的《特殊医学用途配方食品通则》以及《特殊医学用途配方食品良好生产规范》；2018 年 2 月，国家食品药品监督管理总局批准了第一批的 4 个特殊医学用途配方奶粉，至今特殊医学用途配方食品得到较快发展，2023 年 5 月，市场监管总局共批准特殊医学用途配方食品 114 款。

（三）特殊医学用途配方食品行业发展推动因素

一是有临床需求。据《我国临床营养学科的现状与存在问题》中统计数据显示，我国住院患者中约有 65% 的患者需要临床营养支持，但是其中没有得到有效营养支持的患者占比 70%。国家统计局数据显示，我国 2018 年住院人数约为 2.5 亿。由此数据推测，我国住院患者中约有 1.6 亿人存在营养风险，其中约有 1.1 亿人没有得到有效的营养支持。特殊医学用途配方食品能够帮助病人改善其营养不良的状态。特殊医学用途配方食品通过给予患者营养支持，能够帮助患者提高免疫能力、减轻氧化应激、维护胃肠道功能与结构、降低炎症反应、促进伤口愈合。因而，最终能够对患者起到提高生存率、缩短住院时间、减少相关花费、减少再住院次数、减少并发症等作用。

二是有国家重视。近年，国家发布了《健康中国 2030 规划纲要》和《国民营养计划 2017—2030》战略方针，临床营养在这两个重要战略方针中备受重视。《健康中国 2030 规划纲要》中 2030 年的一项战略目标为”居民营养知识素养明显提高，营养缺乏疾病发生率显著下降的目标”,《国民营养计划 2017—2030》更是着重强调”推动特殊医学用途配方食品和治疗膳食的规范化应用。进一步研究完善特殊医学用途配方食品标准，细化产品分类，促进特殊医学用途配方食品的研发和生产”。

三是有产业链监管。产业链包含研制端企业和流通端渠道，市场监管贯穿整个流程。国家及地方市场监管部门负责监管研发至生产环节，市场监管总局与国家卫生健康委共同监管流通环节。研制端企业集研发、临床、注册、生产等流程于一体；流通终端则分为院内场景和院外场景。

四、婴幼儿配方乳粉

（一）概念

1. 婴儿配方食品[①]

①乳基婴儿配方食品：以乳类及乳蛋白制品为主要蛋白来源，加入适量的维生素、矿物质和（或）其他原料，仅用物理方法生产加工制成的产品。适于正常婴儿食用，其能量和营养成分能够满足0月龄～6月龄婴儿的正常营养需要。

②豆基婴儿配方食品：以大豆及大豆蛋白制品为主要蛋白来源，加入适量的维生素、矿物质和（或）其他原料，仅用物理方法生产加工制成的产品。适于正常婴儿食用，其能量和营养成分能够满足0月龄～6月龄婴儿的正常营养需要。

2. 较大婴儿配方食品[②]

①乳基较大婴儿配方食品：以乳类及乳蛋白制品为主要蛋白来源，加入适量的维生素、矿物质和（或）其他原料，仅用物理方法生产加工制成的产品。适用于正常较大婴儿食用，其能量和营养成分能满足6月龄～12月龄较大婴儿部分营养需要。

②豆基较大婴儿配方食品：以大豆及大豆蛋白制品为主要蛋白来源，加入适量的维生素、矿物质和（或）其他原料，仅用物理方法生产加工制成的产品。适用于正常较大婴儿食用，其能量和营养成分能满足6月龄～12月龄较大婴儿部分营养需要。

3. 幼儿配方食品[③]

幼儿配方食品指以乳类及乳蛋白制品和（或）大豆及大豆蛋白制品为主要蛋白来源，加入适量的维生素、矿物质和（或）其他原料，仅用物理方法生产加工制成的产品。适用于幼儿食用，其能量和营养成分能满足正常幼儿的部分营养需要。

《婴幼儿配方乳粉产品配方注册管理办法》规定，同一企业申请注册两个以

---

① GB 10765—2021《食品安全国家标准　婴儿配方食品》。

② GB 10766—2021《食品安全国家标准　较大婴儿配方食品》。

③ GB 10767—2021《食品安全国家标准　幼儿配方食品》。

上同年龄段产品配方时，产品配方之间应当有明显差异，并经科学证实。每家企业原则上不得超过3个配方系列9种产品配方，每个配方系列包括婴儿配方乳粉（0月龄～6月龄，1段）、较大婴儿配方乳粉（6月龄～12月龄，2段）、幼儿配方乳粉（12月龄～36月龄，3段）。

（二）历史沿革

婴幼儿配方乳粉起源于19世纪的欧洲和美国。1867年，德国Justus Von Liebing获得了第一个商业婴儿配方专利，将小麦粉、麦芽粉和少许碳酸钾加入牛乳中煮沸而成。

直到大约1900年，配方乳粉的概念才得以被提出，其发展大致可以被分为三个阶段。

第一阶段（1900年—1988年），配方乳粉追求蛋白质、脂肪、碳水化合物、维生素以及矿物质等基础营养素的均衡，主要是为防止人体对某类营养素的摄入不足。

第二阶段（1989年—2003年），配方乳粉开始追求营养素的强化，对于如DHA、ARA、牛磺酸、胆碱、核苷酸等对人体具有重要功能但易缺乏的营养素进行了添加强化。在此期间，美国惠氏于1998年推出了添加了母乳中两种多不饱和脂肪酸AA和DHA的婴幼儿配方乳粉S-26 Gold，这也标志着以提高智力发育为特点的新一代婴幼儿配方乳粉的问世。

第三阶段（2004年至今），婴幼儿配方乳粉的配方设计及工艺生产更加追求精确性，通过对牛、羊奶和母乳的差异化进行深入研究，开发出添加多种功能因子的婴幼儿配方乳粉，同时也开始针对特殊群体开发适宜其生长发育的功能性配方乳粉。

我国婴幼儿配方乳粉的研究和开发起步相对较晚。解放初期，国内仅有全脂奶粉和全脂加糖奶粉。1954年，中国医学科学院卫生研究所开发了第一个以大豆为基础的婴儿配方“5410”，以大豆蛋白为蛋白质的主要来源，原料为大豆粉、蛋黄粉、大米粉、植物油和蔗糖。20世纪70年代，国内正式开始进行婴幼儿配方乳粉的研发。1979年，黑龙江乳品工业研究所研制出“婴儿配方乳粉Ⅰ”，这是国内第一种婴儿配方乳粉，其主要原料为牛乳、豆浆、蔗糖和饴糖。1985年，内蒙古轻工业研究所和黑龙江省乳品工业研究所在“婴儿配方乳粉Ⅰ”的基础上研究出了以乳为基础，调整了乳清蛋白含量的“婴儿配方乳粉Ⅱ”。此后，国内婴幼儿配方乳粉的研究才真正开展起来，并逐渐跟上国际水平。

（三）工作现状

婴幼儿配方乳粉一直是社会公众关注的焦点，也是食品监管的工作重点之一。自2008年“三聚氰胺乳粉”事件以来，围绕着婴幼儿配方乳粉安全，我国已经建立了严格的法律法规保障制度。十多年来，国家先后出台或重新修订了《食品安全法》《乳品质量安全监督管理条例》《婴幼儿配方乳粉产品配方注册管理办法》等多项法律法规。2019年5月，国家发展改革委、工业和信息化部、农业农村部、国家卫生健康委、市场监管总局、商务部、海关总署为贯彻落实党中央、国务院的决策部署，制定了《国产婴幼儿配方乳粉提升行动方案》。2020年12月市场监管总局印发《乳制品质量安全提升行动方案》，以进一步提升国产婴幼儿配方乳粉的品质、竞争力和美誉度，做强做优国产乳业。

我国也成为首个实行婴幼儿配方乳粉产品配方注册制度的国家。国家通过制定严格的法规及具体的实施细则和办法，从实践层面深化了婴幼儿配方乳粉的监管体系，引导整个行业发生了深刻的变革，重塑民众对婴幼儿配方乳粉产品的信任。经过多年不懈努力，婴幼儿配方乳粉抽检合格率逐年稳步提高，质量安全指标和营养指标基本与国际水平相当，消费者对国产婴幼儿配方乳粉的信心不断增强。

（四）监管模式

《食品安全法》规定，婴幼儿配方乳粉生产企业及向中国出口的境外生产企业，都需要按照相关规定进行配方注册审批后方可生产。另外，国家对食品生产经营实行许可制度，从事婴幼儿配方食品生产的企业需依法取得食品生产许可后方可生产。产品上市后，对婴幼儿配方食品实行落实企业主体责任和严格抽检、处罚制度等。其中，落实企业主体责任是指婴幼儿配方食品生产企业应按自己提交的配方注册申请材料进行生产，并对生产、经营各个环节承担主体责任。

（五）标签标识管理

与普通食品不同，婴幼儿配方乳粉标签在符合预包装食品标签通则的基础上，还需符合《婴幼儿配方乳粉产品配方注册管理办法》《婴幼儿配方乳粉产品配方注册标签规范技术指导原则（试行）》《市场监管总局关于进一步规范婴幼儿配方乳粉产品标签标识的公告》（2021 年第 38 号）及相关食品安全国家标准规定。

第二节　食品添加剂监督管理

一、基本概念

《食品安全法》规定："食品添加剂，指为改善食品品质和色、香、味以及为防腐、保鲜和加工工艺的需要而加入食品中的人工合成或者天然物质，包括营养强化剂。"

GB 2760—2014《食品安全国家标准　食品添加剂使用标准》将食品添加剂定义为"为改善食品品质和色、香、味，以及为防腐、保鲜和加工工艺的需要而加入食品中的人工合成或天然物质。食品用香料、胶基糖果中基础剂物质、食品工业用加工助剂也包括在内"。GB 14880—2012《食品安全国家标准　食品营养强化剂使用标准》将食品营养强化剂定义为"为了增加食品的营养成分（价值）而加入到食品中的天然或人工合成的营养素和其他营养成分"。

因此，我国食品添加剂的管理范畴既包括一般性作为食品添加剂管理的物质，也包括食品用香料、胶基糖果中基础剂物质、食品工业用加工助剂和营养强化剂。

二、食品添加剂分类

（一）按来源分类

我国通常把食品添加剂分为天然食品添加剂和化学合成食品添加剂两大类。

①天然食品添加剂：利用动植物或微生物的代谢产物等为原料，经过提取所获得的天然物质。

②化学合成食品添加剂：利用各种化学反应如氧化、还原、缩合、聚合、成盐等得到的物质。

（二）按安全性评价分类

食品添加剂法典委员会（CCFA）将食品添加剂分为 A、B、C 三类，每类再细分为 1 和 2 两类，具体见表 5-1。

表 5-1　CCFA 食品添加剂分类表

A 类	A1 类	A2 类
JECFA 已制定人体每日允许摄入量（ADI）和暂定 ADI 者	经 JECFA 评价认为毒理学资料清楚，已制定出 ADI 值或者认为毒性有限无须规定 ADI 值者	JECFA 已制定暂定值，但毒理学资料不够完善，暂时许可用于食品者
B 类	B1 类	B2 类
JECFA 曾进行过安全性评价，但未建立 ADI 值，或者未进行过安全性评价者	JECFA 曾进行过评价，因毒理学资料不足未制定 ADI 者	JECFA 未进行过评价者
C 类	C1 类	C2 类
JECFA 认为在食品中使用不安全或应该严格限制作为某些食品的特殊用途者	JECFA 根据毒理学资料认为在食品中使用不安全者	JECFA 认为应严格限制在某些食品中作特殊应用者
注：JECFA（Joint FAO/WHO Expert Committee on Food Additives）为联合国粮农组织和世界卫生组织下的食品添加剂联合专家委员会。		

（三）按功能分类

GB 2760—2014《食品安全国家标准　食品添加剂使用标准》中，将食品添加剂按功能分为 22 类，分别为：酸度调节剂、抗结剂、消泡剂、抗氧化剂、漂白剂、膨松剂、胶基糖果中基础剂物质、着色剂、护色剂、乳化剂、酶制剂、增味剂、面粉处理剂、被膜剂、水分保持剂、防腐剂、稳定剂和凝固剂、甜味剂、增稠剂、食品用香料、食品工业用加工助剂、其他。

①酸度调节剂：用以维持或改变食品酸碱度的物质。

②抗结剂：用于防止颗粒或粉状食品聚集结块，保持其松散或自由流动的物质。

③消泡剂：在食品加工过程中降低表面张力，消除泡沫的物质。

④抗氧化剂：能防止或延缓油脂或食品成分氧化分解、变质，提高食品稳定性的物质。

⑤漂白剂：能够破坏、抑制食品的发色因素，使其褪色或使食品免于褐变的物质。

⑥膨松剂：在食品加工过程中加入的，能使产品发起形成致密多孔组织，从而使制品具有膨松、柔软或酥脆等特点的物质。

⑦胶基糖果中基础剂物质：赋予胶基糖果起泡、增塑、耐咀嚼等作用的物质。

⑧着色剂：使食品赋予色泽和改善食品色泽的物质。

⑨护色剂：能与肉及肉制品中成色物质作用，使之在食品加工、保藏等过程中不致分解、破坏，呈现良好色泽的物质。

⑩乳化剂：能改善乳化体中各种构成相之间的表面张力，形成均匀分散体或乳化体的物质。

⑪酶制剂：由动物或植物的可食或非可食部分直接提取，或由传统或通过基因修饰的微生物（包括但不限于细菌、放线菌、真菌菌种）发酵、提取制得，用于食品加工，具有特殊催化功能的生物制品。

⑫增味剂：补充或增强食品原有风味的物质。

⑬面粉处理剂：促进面粉的熟化和提高制品质量的物质。

⑭被膜剂：涂抹于食品外表，起保质、保鲜、上光、防止水分蒸发等作用的物质。

⑮水分保持剂：有助于保持食品中水分而加入的物质。

⑯防腐剂：防止食品腐败变质、延长食品储存期的物质。

⑰稳定剂和凝固剂：使食品结构稳定或使食品组织结构不变，增强黏性固形物的物质。

⑱甜味剂：赋予食品甜味的物质。

⑲增稠剂：可以提高食品的黏稠度或形成凝胶，从而改变食品的物理性状，赋予食品黏润、适宜的口感，并兼有乳化、稳定或使呈悬浮状态作用的物质。

⑳食品用香料：包括天然香料和合成香料两种，能够用于调配食品香精，并使食品增香的物质。食品用香料一般配制成食品用香精后用于食品加香，部分也可直接用于食品加香。食品用香料、香精不包括只产生甜味、酸味或咸味的物质，

也不包括增味剂。

㉑食品工业用加工助剂：有助于食品加工能顺利进行的各种物质，与食品本身无关。加工助剂应在食品生产加工过程中使用，使用时应具有工艺必要性，如助滤、澄清、吸附、脱模、脱色、脱皮、提取溶剂等。

㉒其他：上述功能类别中不能涵盖的其他功能。

GB 14880—2012《食品安全国家标准　食品营养强化剂使用标准》，将食品营养强化剂分为三大类，分别为：维生素类、矿物质类、其他类。

（四）按许可类别分类

按《市场监管总局关于修订公布食品生产许可分类目录的公告》（2020年第8号），食品添加剂类别分为三大类，分别为：食品添加剂（3201）、食品用香精（3202）、复配食品添加剂（3203）。

三、食品添加剂生产管理

（一）食品添加剂生产基本要求

1. 食品添加剂的生产

根据《食品安全法》规定，生产加工食品添加剂应当符合食品安全国家标准。如，GB 1886.346—2021《食品安全国家标准　食品添加剂　柑橘黄》规定："本标准适用于以芸香科柑橘属植物（*Rutaceae*，*Citrus* L.）的果皮为原料，经植物油抽提溶剂提取，再经浓缩等精制而得的食品添加剂柑橘黄。" GB 1903.34—2018《食品安全国家标准　食品营养强化剂　氯化锌》规定："本标准适用于以氧化锌（或锌锭）为原料，经与盐酸反应精制而成的食品营养强化剂氯化锌。" 食品安全国家标准中的范围，对相应食品添加剂、食品营养强化剂的原料来源、基本工艺进行了规定，企业应当严格按照标准组织生产。

食品添加剂生产可以使用国家标准规定的工艺生产食品添加剂半成品、成品，也可以使用提纯、除尘、筛分等物理方法制成精度更高的食品添加剂产品。对于标准未规定生产工艺的食品添加剂，生产企业应当加强生产过程管理，不得使用可能会给人体带来健康风险的生产工艺组织生产。

2. 复配食品添加剂的生产

复配食品添加剂生产企业应当严格按照GB 26687—2011《食品安全国家标准 复配食品添加剂通则》组织生产，确保生产的复配食品添加剂仅经物理混匀，生产过程中不发生化学反应，不产生新的化合物。复配食品添加剂的辅料，应当符合有关食品的国家标准、行业标准、食品安全地方标准和企业标准，以及有关部门公告等要求。

复配食品添加剂生产企业的生产管理制度中应包括各种食品添加剂含量及检验方法，即各单一品种食品添加剂质量规格和检验方法，以及在复配食品添加剂的含量或比例。有关质量规格和检测方法应当符合食品添加剂食品安全国家标准、指定标准或有关行业标准的规定。

在复配食品添加剂生产企业首次许可检查以及因产品原配方改变或增加新配方提出的变更许可检查时，应重点审查各单一品种食品添加剂是否具有相同的使用范围；产品中有害物质、致病性微生物等的控制要求、计算方法和计算结果是否科学合理等。变更许可检查必要时，可以要求生产企业提交试制复配食品添加剂产品的检验合格报告。监督检查应重点审查企业是否按许可内容组织生产，是否存在擅自改变产品配方或生产新配方产品未经许可变更的情况。

3. 新品种食品添加剂的生产

《食品安全法》第三十七条规定生产食品添加剂新品种，应当向国务院卫生行政部门提交相关产品的安全性评估材料。

对于未列入食品安全国家标准、未列入国家卫生健康委公告允许使用的和需要扩大使用范围或者用量的食品添加剂，企业应先按照《食品添加剂新品种管理办法》提出申请，申请人可登录国家卫生健康委政务服务平台[①]进行申报，审批通过后由国家卫生健康委发布批准公告。

《关于规范食品添加剂新品种许可管理的公告》（卫生部公告2011年第29号）中规定，在公布食品添加剂新品种的同时，公布食品添加剂新品种的质量规格要求，作为企业组织生产的依据。质量规格中一般包括范围、化学名称、分子式、结构式和相对分子质量、技术要求等内容。在相应的食品安全国家标准出

① 具体网站参见 https://zwfw.nhc. gov.cn/bsp/。

台后，食品添加剂质量规格要求即时作废。食品添加剂生产企业应严格按照公告公布的新品种质量规格要求组织生产，生产许可和监管也可按照公告公布的新品种质量规格要求开展检查。

4. 食品添加剂的标准

①食品添加剂生产企业应当按照国家标准或者指定的食品添加剂标准组织生产，生产企业不需要制定食品添加剂产品企业标准，省级卫生行政部门和地方标准化行政主管部门不应对食品添加剂产品企业标准进行备案。各级市场监管部门应按照食品安全国家标准或指定标准依法做好食品添加剂生产企业生产许可和日常监管工作。

②生产尚未被食品添加剂国家标准覆盖的食品添加剂产品的，生产企业可依据《关于加强食品添加剂监督管理工作的通知》（卫监督发〔2009〕89号）的规定，提出参照国际组织和相关国家标准指定产品标准（含质量要求、检验方法）的建议，并提供建议指定标准的文本和国内外相关标准资料。

5. 食品添加剂的标签

《食品安全法》第七十条规定："食品添加剂应当有标签、说明书和包装。"食品添加剂标签应当符合 GB 29924—2013《食品安全国家标准　食品添加剂标识通则》的要求，至少应标明以下内容：

①名称、规格、净含量、生产日期；

②各单一食品添加剂的通用名称、辅料的名称，进入市场销售和餐饮环节使用的复配食品添加剂还应标明各单一食品添加剂品种的含量；

③生产者的名称、地址、联系方式；

④保质期；

⑤产品标准代号；

⑥贮存条件；

⑦生产许可证编号；

⑧食品添加剂的使用范围、用量、使用方法；

⑨标签上载明"食品添加剂"字样，进入市场销售和餐饮环节使用复配食品

添加剂应标明“零售”字样；

⑩法律法规或者食品安全标准规定应当标明的其他事项。

食品添加剂的标签、说明书，不得含有虚假内容，不得涉及疾病预防、治疗功能。食品添加剂的标签、说明书应当清楚、明显，生产日期、保质期等事项应当显著标注，容易辨识。食品添加剂与其标签、说明书的内容不符的，不应上市销售。

（二）食品添加剂的基本生产工艺

1. 食品添加剂生产工艺分类

根据食品添加剂生产工艺的不同，大致可分为化学反应法、物理加工法、生物技术法三类。

（1）化学反应法

化学反应法包括化学合成法、化学分离法。

①化学合成法基本工艺流程：原料＋原料→反应前处理（粉碎、溶解、加热、冷却等）→化学反应→中间体处理（中和、过滤、盐析等）→化学反应→分离（萃取、过滤、结晶、蒸发、蒸馏、分馏、电渗析、透析、膜过滤、离心、沉淀等）→提纯（重结晶、脱色、蒸馏、色谱分离、离子交换等）→干燥→包装→成品。

②化学分离法基本工艺流程：原料→反应前处理（清洗、粉碎等）→化学反应（碱、酸反应、加成或缩合反应、沉淀反应等）→分离→化学处理→提纯（重结晶、脱色、过滤、色谱分离等）→干燥→包装→成品。

（2）物理加工法

物理加工法包括压榨法、蒸馏法、粉碎法、提取法、复配法。

物理加工法的生产过程中原料之间不发生化学变化，仅通过各种物理加工手段获得产品。

①压榨法基本工艺流程：植物原料→挑选→清洗、除杂→浸泡→压榨（螺旋压榨或整果冷磨）→分离（沉降、冷冻、过滤、离心等）→计量→包装→成品。

②蒸馏法基本工艺流程：原料→前处理→蒸馏→冷凝→油水混合液→油水分离→直接粗油→澄清→除水→精制→精油。

③粉碎法基本工艺流程：原料→清洗→去皮、去核→磨粉（干磨）→粗成品→精制（去脂肪、蛋白等）→分离→干燥→包装→成品。

④提取法基本工艺流程：原料→反应前处理（清洗、除杂、粉碎等）→溶剂提取（水、有机溶剂、二氧化碳等）→分离（萃取、过滤、结晶、浓缩、蒸馏、分馏、透析、膜过滤、离心、沉淀等）→提纯（重结晶、重蒸、色谱分离、离子交换、升华等）→干燥→包装→成品。

⑤复配法基本工艺流程：原料→复配→赋形→后处理→计量→包装→产品。

（3）生物技术法

生物技术法包括发酵法、酶法。

①发酵法基本工艺流程：原料→处理（清洗、粉碎、磨浆、蒸料等）→配料→灭菌→菌种→种子罐培养→发酵工艺→分离（萃取、过滤、离心、沉淀等）→

蒸馏→分馏→液体产品
脱色→浓缩→赋形→干燥→固体、半固体产品
结晶→分离→重结晶→干燥→结晶产品

②酶法基本工艺流程：酶前处理（活化、脱色、脱味）→原料→配料→酶反应→分离（盐析、沉淀、吸附、离子交换、过滤、膜技术）→二次酶反应、化学反应→脱色→浓缩→结晶→干燥→结晶产品。

2. 食品添加剂生产可能涉及的操作步骤名称

①化学反应：氧化、还原、中和、水解、歧化、氯化、加成、分解、酯化、缩合、偶合、酸解、碱解、皂化、氢化、成盐、聚合、轻基化、泾化、酸化、异构化、取代、脱羚、燃烧、裂解、轻化、碘化、漂白等。

②干燥：脱水、蒸发、冷冻干燥、风干、浓缩、真空干燥、喷雾干燥等。

③分离：过滤、萃取、分馏、蒸馏、离心分离、离心、沉淀、水蒸气蒸馏，结晶、析品、沉淀。膜过滤、电渗析、透析、压滤等。

④精制：脱色、脱味、重结晶、色谱分离、离子交换、重蒸、升华、精馏等。

⑤提纯：重结晶、蒸馏、脱色、色谱分离、离子交换、转溶等。

⑥沉淀：结晶、冻析、盐析、晶析、沉降、凝固等。

⑦萃取：渗渡、酸提、碱提、浸提、煮提、提取等。

⑧发酵：种子制备、制曲、灭活、接种等。

⑨热交换：加热、冷却、冷凝、淋冷、换热等。

⑩前处理：浸泡、粉碎、水烫、切丝、冷磨、除杂、除石、除金属、沉降、吸附等。

⑪吸附：脱色、脱味、气体净化、吸油等。

（三）检查时需注意的情况

目前我国食品添加剂有 22 个类别，2 000 余个品种，同时随着食品工艺的不断发展，新品种食品添加剂层出不穷，产品加工工艺差异性较大，检查应结合食品添加剂产品的特点开展，才能确保终产品的安全性。

①生产过程中使用的原辅料、菌种、酶、各类生产辅助用试剂、设施的质量应当符合产品执行标准和企业内控标准的要求。

②设备与产品接触部分的材质应当符合要求，不应与接触物料发生化学反应或对产品质量产生不良影响。

③操作工艺参数或操作条件不应随意改变，造成产品质量的波动。

④设备应及时进行维护保养，避免锈蚀、破损导致异物混入产品。

⑤设备的清洗、保养、维修等操作，避免物料中混入洗涤剂、润滑油等。

在不同环节应注意的情况如下所述。

1. 原料处理

食品添加剂原料投入生产前一般需经过清洗、除石、除金属等除杂过程，除杂设备的锈蚀或设备零部件破损，可能造成除杂不彻底。

检查时需注意除杂过程中可能使用的洗涤剂、脱色剂、脱皮剂等造成的化学污染。

2. 称量

食品添加剂物料可能为固体、液体或气体状态，生产过程中应选择合适的称量方式。气体和液体物料一般采用流量计，固体（包括半固体或膏状物）一般采用称重方式。

检查时需注意流量计安装的位置是否合理、流量计的选择与输送物料的特性是否匹配、流量计使用过程中是否发生破损或有污垢积聚、称量用设备未及时检定或校准。

3. **粉碎**

原料的粉碎处理在食品添加剂生产过程中是非常重要的环节，常用的粉碎方法有冲击式粉碎、研磨式粉碎、气流式粉碎等。

检查时需注意是否有粉碎设备磨损导致的异物掉落或设备零件剥落情况。

4. **溶解**

在食品添加剂生产过程中，溶解溶剂一般为有机溶剂。有机溶剂能溶解一些不溶于水的有机化合物，常温常压下为液态，具有较大的挥发性，如乙醇、丙酮、己烷等。

检查时需注意溶剂是否对盛装容器具有腐蚀性和溶解性，导致杂质混入产品；溶剂盛装容器密闭是否严密，可以防止挥发气体逸出，对环境和人造成危害。特别要注意有些有机溶剂有一定的毒性，在产品中会有一定的残留，这样的溶剂应慎用。

5. **热交换**

食品添加剂生产中传导与对流是主要的热交换方式。

检查时需注意换热器的材质是否会与换热的物料之间发生化学反应；换热器的元件之间密封是否严密，导致物料的外泄或内侵；若生产不同产品使用同一换热器，可能导致产品之间的相互污染。

6. **化学反应**

化学反应是一个或一个以上的物质（称为反应物）经由化学变化转化为新的物质（称为产物）的过程。

检查时需注意化学反应容器密封是否严密，有无溶剂的外泄的风险；反应容器上的减压阀应定期检修，防止失灵，造成安全事故；反应器的材质不应与反应物或产物之间发生化学反应；固相反应过程中的温度控制；同一反应器生产几种不同的产品时，需注意产品之间的相互污染情况。

7. **发酵**

微生物发酵属于生物技术法，生产时利用微生物将原料转化成产品。

检查时需注意发酵过程中如何控制杂菌的混入，特别是致病菌的混入。

8. 酶工程

酶工程是指利用酶催化剂所具有的特异催化性，它采用了反应专一性的酶为催化剂，无副产品，过程精制和产物分离纯化较方便。

检查时需注意酶分子是否充分灭活，避免带到产品中去；酶的固定化物质是否含有有毒成分，是否会溶解带进产品中；生产过程中如何控制微生物的混入，避免对产品质量造成影响或危害人体健康。

9. 吸收与解吸

食品添加剂生产过程中吸收工艺可以用于气体物料的收集和分离；回收或捕获气体混合物中的有用物质；除去工艺气体中的有害成分，使气体净化，以便进一步加工处理。如食品添加剂亚硫酸氢钠的生产就是利用硫黄燃烧后得到的二氧化硫，经过工业碳酸钠的吸收得到亚硫酸氢钠。解吸工艺是吸收的逆过程，是将吸收的气体与吸收溶剂分离的操作。一般生产时吸收与解吸操作相结合，以获得纯净的气体。

检查时需注意设备密封是否严密，防止有毒气体释放到空气中；吸收塔尾气排放是否存在有害物质；解吸是否彻底，溶剂中是否存有有毒有害物质。

10. 萃取工艺

食品添加剂生产过程中的萃取工艺用来分离液体混合物。将选定的萃取溶剂加入到混合液中，利用混合液中各组分在溶剂中的溶解程度的不同，达到分离的目的。

检查时需注意萃取溶剂的选择是否合适，能否达到彻底分离的目的。

11. 压榨工艺

食品添加剂生产过程中的压榨工艺一般用来榨取原料内的汁液，也可对物料进行物理脱水。原料的质量直接影响压榨结果，企业在压榨前一般会对原料进行分级和清洗。

检查时需注意企业是否按工艺对原料进行质量控制。

12. 离心分离

食品添加剂生产过程中的离心分离是借助于离心力，使比重不同的物质进行分离的方法。

检查时需注意企业是否根据生产产品的特点选择合适的离心机类型，分离效率是否达到要求。

13. 蒸馏与精馏

食品添加剂生产过程中的蒸馏是一种热力学的分离工艺，它利用混合液体或液 - 固体系中各组分沸点不同，使低沸点组分蒸发，再冷凝以分离整个组分的单元操作过程。

检查时需注意企业是否根据生产产品的工艺特点选择合适的蒸（精）馏类型，分离效率是否达到要求；蒸（精）馏系统的真空度能否达到工艺要求，产品的得率和质量是否达到要求。

14. 结晶

结晶工艺是一种分离提纯技术，是使固体物质以晶体状态从蒸气、溶液或熔融物中析出，以达到溶质与溶剂分离的操作。食品添加剂生产过程中的大多数结晶是在溶液中产生的。

检查时需注意结晶工艺和设备的选择是否与产品类型相适应；结晶溶剂的选择是否合适。

15. 真空冷冻干燥（升华）

食品添加剂生产过程中的真空冷冻干燥工艺是利用冰晶升华的原理，将含水物料先行冻结，然后在高真空的环境下，使已冻结了的食品物料的水分直接从冰态升华为水蒸气，从而使食品干燥的方法。

检查时需注意真空冷冻干燥工艺和设备的选择是否与生产产品和规模相适应；真空冷冻干燥前的物料应保持清洁无污染状态，生产过程应避免交叉污染。

16. 离子交换

离子交换技术是一种新型化学分离技术，可用于从蛋白质水解液中提取氨基酸等。

检查时需注意离子交换介质和设备的选择是否与生产产品和规模相适应；离子交换介质的质量状态与交换效率是否符合要求。

17. 膜过滤

食品添加剂生产过程中的膜分离是通过选择合适的膜分离介质，使原料中的某些组分选择性地优先透过膜，从而达到与混合物分离的一种新型分离过程。膜过滤技术可以实现产品的提取、浓缩、纯化等目的。

检查时需注意膜分离介质和设备的选择是否与生产产品和规模相适应；膜分离介质是否按要求定期清洗，使用周期是否符合要求。

18. **沉淀（沉降、沉析）**

食品添加剂生产过程中的沉淀是从液相中产生一个可分离的固相的过程，或是从过饱和溶液中析出难溶物质。

检查时需注意沉淀时间的长短，能否保证悬浮物的充分沉淀；沉淀池的密封是否严密，防止溶剂挥发逸出；沉淀加入的沉淀剂是否会残留在产品中。

19. **吸附**

食品添加剂生产过程中的吸附工艺，是指当流体与多孔固体接触时，流体中某一组分或多个组分在固体表面处产生积蓄，此现象称为吸附。吸附剂的选择应合理，吸附性太强，产率下降；吸附性太弱，无法实现完全吸附。

检查时需注意当吸附器为非一个产品专用时，可能导致产品间的互相污染；吸附剂在再生过程可能被再生试剂污染，污染物可能污染产品；吸附剂没有被除尽，对产品造成直接污染。

20. **过滤**

食品添加剂生产过程中的过滤工艺一般是使液体物质在外力作用下通过某种多孔性介质，从而实现分离的操作。它是分离悬浮液最普遍、最有效的操作之一，也可用于气体、固体间的分离。

检查时需注意过滤设备中是否存在卫生死角，清洗不净；设备清洗所使用的清洗剂和清洗方式是否会对产品造成污染；过滤物材质是否符合要求。需特别注意过滤压力设置应当合理，不宜过大或过小，压力过大可能导致泄漏风险，对人体或环境造成危害。

21. **浓缩（蒸发）工艺**

浓缩也叫蒸发，是从溶液中除去部分溶剂的操作。蒸发系统的操作是在高温、高压蒸汽加热下进行的，要注意高温蒸汽的外泄，发生人身事故。同时，温度和料液流速的控制对浓缩效果起到重要的作用，也是影响产品质量的关键因素。食品添加剂生产过程中的浓缩工艺可以脱除杂质，获得纯净的溶剂产品、半成品或浓度高的溶液产品，也可以将溶液蒸发增浓后，冷却结晶，获得固体产品。

检查时需注意腐蚀性料液对设备的腐蚀作用，造成产品中重金属的超标，也可能引起料液的外泄，造成安全事故；浓缩黏性物料或吸附性较强的物料的设备是否及时清洁，避免物料在加热面或设备上结垢，长时间加热，产生产品变质；注意溶剂的回收，避免对环境造成污染和对人员的伤害。需特别注意热敏性物料通过高温、高压后，物料中的某些成分可能发生化学或物理变化，要特别注意浓缩温度和料液流速的控制。有些溶液在浓度增加时，易有晶粒析出且沉积于传热面上，应定期进行清理，减小对传热效果的影响，甚至堵塞加热管。

22. 干燥

干燥是通过相应的干燥设备，将物料中的水分或溶剂蒸发，使物料得到浓缩、干燥的操作。在食品添加剂的生产工艺中，食品添加剂生产过程中的干燥工艺是重要的加工环节，干燥大部分采用加热方式完成，如果温度控制不当，对产品质量产生不良影响和危害的概率较大，直接影响产品的质量、保质期、物理特性等指标。

检查时需注意干燥温度的设置是否合理；干燥热风中的固体颗粒物是否会对产品造成污染；干燥热风中的氧气是否会对物料产生氧化作用或其他化学反应；干燥黏性物料的设备是否及时清洁，避免粘在设备上的物料长时间加热，产生产品变质。需特别注意热敏物料（如酶类产品）通过干燥后，产品活性会降低，要特别注意干燥温度和时间的控制。

23. 混合

食品添加剂生产过程中的混合是通过机械或流体动力的方法，将两种或两种以上的物料相互分散而达到一定均匀程度的操作。

检查时需注意混合时间和混合方式能否保证产品的混合均匀度。

24. 包装（灌装、包装、定量装置）

包装是食品添加剂生产最后一个操作，如果在包装过程中出现产品污染等质量问题，污染物会直接带入到终产品中。

检查时需注意包装设备的计量精度是否符合要求；包装材料的选择不应与产品之间发生腐蚀、溶解、渗透等作用；包装材料上的印刷油墨是否会溶解、渗透污染产品；粉末状产品包装时产生的粉尘，液体产品灌装时的溢出、飞溅、挥发，可能对环境和人体造成危害；包装人员的卫生和操作规范是否符合要求。

（四）复配食品添加剂生产管理

1. 复配食品添加剂定义

GB 26687—2011《食品安全国家标准　复配食品添加剂通则》适用于除食品用香精和胶基糖果基础剂以外的所有复配食品添加剂。该标准中规定“为了改善食品品质，便于食品加工，将两种或两种以上单一品种的食品添加剂，添加或不添加辅料（辅料为复配食品添加剂的加工、贮存、溶解等工艺目的而添加的食品原料），经物理方法混匀而成的食品添加剂”方可称为复配食品添加剂，因此需要注意，单一食品添加剂添加辅料不能成为复配食品添加剂。

2. 复配食品添加剂允许使用范围

用于生产复配食品添加剂的各种食品添加剂，应符合 GB 2760—2014《食品安全国家标准　食品添加剂使用标准》和国家卫生健康委公告的规定，具有共同的使用范围。根据查询各添加剂允许使用范围，注意列入该标准表 A.3 的食品类别不得使用其上级食品类别中允许使用的食品添加剂，共同的使用范围应该是各添加剂使用范围的交集。

3. 避免发生化学反应和物质变化

复配食品添加剂在生产过程中不应发生化学反应，不应产生新的化合物。需要注意生产液体状态产品时，酸和碱、氧化物和还原物等容易发生化学反应的添加剂不能在一起复配，生产过程中应避免使用加压等容易促进物质变化的工艺。

4. 复配食品添加剂产品的命名

复配食品添加剂产品的命名应当符合 GB 26687—2011《食品安全国家标准　复配食品添加剂通则》中“3 命名原则”的要求。

①由单一功能且功能相同的食品添加剂品种复配而成的，应按照其在终端食品中发挥的功能命名，即“复配”+“GB 2760 中食品添加剂功能类别名称”，如：复配着色剂、复配防腐剂等。

②由功能相同的多种功能食品添加剂，或者不同功能的食品添加剂复配而成的，可以其在终端食品中发挥的全部功能或者主要功能命名，即“复配”+“GB 2760中食品添加剂功能类别名称”，也可以在命名中增加终端食品类别名称，即“复配”+“食品类别”+“GB 2760中食品添加剂功能类别名称”，如：复配蛋糕乳化剂。

如使用“复配”+“食品类别”+“GB 2760中食品添加剂功能类别名称”方式命名的复配食品添加剂，需要注意产品名称中包含的食品类别是否与终端食品类别范围相符。同理，在现场检查时，也可倒查食品生产企业所使用的复配食品添加剂是否符合要求。

四、食品添加剂使用管理

（一）食品添加剂使用原则

1. 食品添加剂使用时应遵循的基本原则

①不应对人体产生任何健康危害。

②不应掩盖食品腐败变质。

③不应掩盖食品本身或加工过程中的质量缺陷或以掺杂、掺假、伪造为目的而使用食品添加剂。

④不应降低食品本身的营养价值。

⑤在达到预期效果的前提下尽可能降低在食品中的使用量。

⑥食品工业用加工助剂应在制成最终成品之前除去，有规定允许残留量的除外。

⑦在食品中使用食品用香料、香精的目的是使食品产生、改变或提高食品的风味。

⑧选用的食品添加剂应符合相应的质量标准和使用标准。

2. 既属于营养强化剂又属于食品添加剂的物质使用原则

GB 2760—2014《食品安全国家标准　食品添加剂使用标准》规定了食品添加剂在不同食品类别中允许使用的种类和最大使用量要求。GB 14880—2012《食品安全国家标准　食品营养强化剂使用标准》规定了营养强化剂在不同食品类别中允许使用的种类、化合物来源和使用量要求。对于部分既属于营养强化剂又属于食品添加剂的物质，应当视其在产品中的起到的作用，选择相应的标准进行管理。如果在产品中以营养强化为目的，其使用应符合 GB 14880—2012《食品安全国家标准食品　食品营养强化剂使用标准》规定；如果在产品中作为食品添加剂使用，则应符合 GB 2760—2014《食品安全国家标准　食品添加剂使用标准》规定。

（二）食品添加剂使用中的安全性问题

①超范围、超限量使用食品添加剂。

②复配食品添加剂和食品配料。

③多环节重复使用食品添加剂。

④使用非食品添加剂。

⑤使用过期、劣质食品添加剂。

第三节　食品生产加工小作坊监督管理

一、概述

《食品安全法》第三十六条第三款规定：“食品生产加工小作坊和食品摊贩等的具体管理办法由省、自治区、直辖市制定。”本节以《浙江省食品生产加工小作坊小餐饮店小食杂店和食品摊贩管理规定》为例，对食品生产加工小作坊监督管理进行简要介绍。

二、食品生产加工小作坊的定义

食品生产加工小作坊，是指有固定生产加工场所，从业人员较少，生产加工规模小，生产条件简单，从事食品生产加工活动的生产者。《浙江省食品生产加工小作坊小餐饮店小食杂店和食品摊贩管理规定》中食品生产加工小作坊的具体认定条件如下：

①固定从业人员不超过 7 人；

②除办公、仓储、晒场等非生产加工场所外，生产加工场所使用面积不超过 100 m^2；

③从事传统、低风险食品生产加工活动。

三、食品生产加工小作坊的备案

浙江省食品生产加工小作坊实行证照合一，备案管理。申请人在食品安全监管部门申请电子营业执照时，可以同时申请食品生产加工小作坊备案，填写食品生产加工小作坊的名称、地址、生产经营者姓名、生产经营食品的种类以及是否从事网络食品经营等电子信息。

食品生产加工小作坊应当在领取营业执照后，生产加工、经营前，到所在地食品安全监管部门进行登记，填报登记申请表，并提交下列材料：

①生产经营者身份证明；

②拟生产加工或者经营的食品品种；

③食品安全承诺书；

④生产加工或者经营场所平面图。

四、食品生产加工小作坊的禁止目录

浙江省食品生产加工小作坊禁止生产经营的食品，实行目录管理。禁止目录由省市场监管部门制定，报省人民政府批准后施行。设区的市市场监管部门可以在省人民政府批准的禁止目录基础上增加禁止生产经营的食品种类，报本级人民政府批准后施行。

浙江省食品生产加工小作坊禁止生产加工下列食品：

①乳制品、罐头、果冻；

②保健食品、特殊医学用途配方食品和婴幼儿配方食品；

③其他专供婴幼儿和其他特定人群的主辅食品。

五、食品生产加工小作坊的基本要求

食品小作坊从事食品生产加工活动应当遵守下列规定：

①生产加工设施、设备和生产流程符合食品安全要求和条件；

②生产加工区和生活区按照保障食品安全的要求相隔离；

③待加工食品与直接入口食品、原料、成品分开存放，避免食品接触有毒物、不洁物；

④生产加工场所不得存放有毒、有害物品和个人生活物品；

⑤具有与生产加工食品相适应的冷冻冷藏、防尘、防蝇、防鼠、防虫的设施；

⑥原料、用水和使用的洗涤剂、消毒剂、食品添加剂应当符合相关食品安全国家标准和其他国家标准；

⑦贮存、运输和装卸食品的容器、工具和设备应当安全、无害，保持清洁，防止污染，并符合保证食品安全所需的温度、湿度等特殊要求，不得将食品与有毒、有害物品一同贮存、运输；

⑧城市市容和环境卫生管理、环境保护的相关规定；

⑨国家和省的其他规定。

六、食品生产加工小作坊的有关规定

食品生产加工小作坊生产加工的预包装食品应当有标签。标签应当标明食品名称、配料表、净含量和规格，食品生产加工小作坊名称、地址和联系方式，登记证编号，生产日期、保质期、贮存条件等信息。

生产加工的散装食品应当在容器、外包装上标明食品的名称、生产日期、保质期、食品生产加工小作坊名称、地址和联系方式等信息。

食品生产加工小作坊生产加工的食品，应当在出厂前进行检验。食品生产加工小作坊可以自行对食品进行检验，也可以委托符合国家规定的食品检验机构进行检验。

食品生产加工小作坊从事接触直接入口食品工作的食品生产经营人员应当按

照规定进行健康检查，持有有效健康证明。应当在生产经营场所明显位置张挂登记证、登记卡和从业人员有效的健康证明，接受社会监督。

食品生产加工小作坊对已经变质或者超过保质期的食品，应当停止销售，及时销毁。

食品生产加工小作坊在一年内累计两次受到责令停产停业处罚的，其业主及其他直接责任人员 3 年内不得从事食品生产经营活动。

食品生产加工小作坊违反城市管理、环境保护、消防、安全生产等法律法规的，依照有关法律法规予以处罚。

七、食品生产加工小作坊的监督检查要求

1. 检查方式

市场监管部门应当采取重点检查与随机抽取被检查对象、随机选派检查人员抽查相结合的方式，对食品生产加工小作坊进行监督抽查，并及时向社会公布抽查结果。监管部门实施监督检查时，应选派由 2 名以上（含 2 名）监督检查人员参加，并出示有效执法证件。

2. 检查频次

市场监管部门应当自食品生产加工小作坊登记之日起一个月内，对其生产经营情况至少检查一次。加强对食品生产加工小作坊从事网络食品经营活动的监督管理，增加监督抽查频次。

3. 检查事项

检查事项包括食品生产加工小作坊的证照管理、卫生管理、从业人员管理、进货查验管理、加工过程管理、标签标识等情况。

八、食品生产加工小作坊监督检查指南

食品生产加工小作坊监督管理指南如表 5-2 所示。可参考以下列出的现场检查重点内容，有针对性地选择检查内容，并制订相应的实施方案。如有其他需要检查项目，应当根据现场需要具体安排。

表 5–2　食品生产加工小作坊监督检查指南

序号	检查项	检查内容	操作方法与要领	常见问题
1	证照管理	食品小作坊营业执照合法有效，相关信息保持一致；不得超范围生产加工	营业执照是否齐全、实际加工地址与登记证明示地址是否一致、实际生产种类与登记证明示种类是否一致、核查食品种类是否在禁止目录	超范围生产
		在生产经营场所明显位置张挂营业执照、从业人员健康证明等信息	查看是否在生产经营场所明显位置张挂营业执照和从业人员有效的健康证明	1. 人员健康证过期。 2. 未悬挂营业执照
2	卫生管理	加工场所与污染源保持规定距离，与生活区分隔，工艺布局合理，保持内环境整洁	1. 是否距离粪坑、污水池、暴露垃圾场（站）、畜禽类动物圈养场所等污染源 25 m 以上。 2. 生产加工区和生活区是否按照保障食品安全的要求相隔离。 3. 各功能间面积和空间是否与生产加工能力相适应。 4. 生产加工设施、设备和生产流程是否符合食品安全要求和条件；待加工食品与直接入口食品、原料、成品是否分开存放，避免食品接触有毒物、不洁物。 5. 生产加工场所是否存放有毒、有害物品和与食品生产无关的个人生活物品。 6. 加工场所内环境包括地面、排水沟、墙面、顶棚、门窗、加工台面、货架等是否保持清洁	1. 车间地面有破损或有当场不能去除的污垢、霉变、积水等。 2. 车间内或附近有影响生产或可能污染食品的污染源，且不能当场消除的。 3. 生产车间堆放个人物品，与生产无关问题。 4. 生产环境不整洁
		场所及设施设备卫生管理符合要求，防止虫害侵入及孳生	1. 废弃物是否及时清除，不得有不良气味或有害气体溢出。 2. 加工、储存场所是否采取纱帘、纱网、灭蝇灯、防鼠板等有效措施，防止虫害侵入	1. “三防”措施未到位。 2. 车间废弃物没有及时清理

续表

序号	检查项	检查内容	操作方法与要领	常见问题
2	卫生管理	配备满足规模需要、符合规定的设施和设备	1. 是否具有与生产加工食品相适应的冷冻冷藏、防尘、防蝇、防鼠、防虫的设施。 2. 查看原料、用水和使用的洗涤剂、消毒剂、食品添加剂是否符合相关食品安全国家标准和其他国家标准。 3. 贮存、运输和装卸食品的容器、工具和设备是否安全、无害，保持清洁，防止污染，并符合保证食品安全所需的温度、湿度等特殊要求，是否将食品与有毒、有害物品一同贮存、运输。 4. 加工直接入口食品的，是否根据食品安全的需要配备设备、工具和容器、从业人员手部的消毒设施；摊凉间、内包装间是否设置空调及空气消毒设施	1. 未配备“三防”措施。 2. 与食品接触的周转容器（塑料材质），是否有食品级证明。 3. 即时类产品，是否配备独立的专间（摊凉间、内包装间）
3	从业人员管理	从事食品生产活动人员符合从业规定	1 年内累计两次受到责令停产停业处罚的食品小作坊业主及其他直接责任人员 3 年内不得从事食品生产经营活动	聘用有禁止从事食品相关工作的人员从事食品工作
		从业人员健康证明符合规定要求，个人卫生符合规定要求	接触直接入口食品工作的从业人员是否按照规定进行健康检查，持有有效的健康证明；进入加工区域从业人员是否按要求洗手更衣	1. 人员健康证过期 2. 人员工作服是否穿戴到位
4	进货查验管理	食品原料、食品添加剂、食品相关产品采购查验符合规定要求	1. 采购食品原料、食品添加剂，是否查验供货者的许可证和产品合格证明。 2. 采购食品包装材料、容器、洗涤剂、消毒剂等食品相关产品是否查验产品的合格证明文件，实现许可管理的食品相关产品是否查验供货者的许可证	1. 不能提供抽查的原辅料供货者的许可证和产品合格证明文件，供货者无法提供有效合格证明文件的食品原料，无检验记录。 2. 索证资料未及时更新，证照过有效期

续表

序号	检查项	检查内容	操作方法与要领	常见问题
4	进货查验管理	建立进货、销售、召回和销毁记录，记录和凭证保存期限符合规定要求	是否建立进货记录，保留相关票据；是否建立销售以及食品召回和销毁记录，记录和凭证保存期限是否不少于产品保质期满后 6 个月；没有明确保质期的，保存期限是否不少于 2 年	未建立进货记录
5	加工过程管理	使用的食品、食品添加剂和生产的食品符合安全要求	1. 是否用非食品原料生产食品，在食品中添加食品添加剂以外的化学物质和其他可能危害人体健康的物质，或者用回收食品作为原料生产食品。 2. 是否用病死、毒死或者死因不明的禽、畜、兽、水产动物肉类生产食品。 3. 是否使用未按规定进行检疫或者检疫不合格的肉类，或者未经检验或者检验不合格的肉类制品。 4. 是否生产国家为防病等特殊需要明令禁止生产的食品。 5. 生产的食品中是否添加药品。 6. 是否生产致病性微生物，农药残留、兽药残留、生物毒素、重金属等污染物质以及其他危害人体健康的物质含量超过食品安全标准限量的食品、食品添加剂。 7. 是否用超过保质期的食品原料、食品添加剂生产食品、食品添加剂。 8. 是否生产腐败变质、油脂酸败、霉变生虫、污秽不洁、混有异物、掺假掺杂或者感官性状异常的食品、食品添加剂。 9. 是否生产其他不符合法律法规或者食品安全标准的食品、食品添加剂	1. 使用过期原料加工食品。 2. 使用检疫证明不全的生（冻）肉原料。 3. 未按规定使用食品添加剂
		食品添加剂管理符合规定要求	1. 食品添加剂的储存是否有专人管理；是否有固定的场所（或橱柜）储存食品添加剂，并标识“食品添加剂”字样；盛装容器上是否标明食品添加剂名称。 2. 是否超范围、超限量使用食品添加剂生产食品	食品添加剂未专区或专柜设立

续表

序号	检查项	检查内容	操作方法与要领	常见问题
6	标签标识	预包装、散装食品按规定标注标签标识	1. 预包装食品标签是否标明食品名称、配料表、净含量和规格，食品小作坊名称、地址和联系方式，登记证编号，生产日期、保质期、贮存条件等信息。 2. 散装食品是否在容器、外包装上标明食品的名称、生产日期、保质期、食品小作坊名称、地址和联系方式等信息。 3. 是否生产标注虚假生产日期、保质期或者超过保质期的食品、食品添加剂	未按照“三小一摊”规定进行产品标注标识
7	检验情况	按规定进行出厂检验	食品小作坊生产加工的食品，每批次食品出厂前，是否对净含量、感官要求、标签标识进行检验，可以自行检验，也可以委托符合国家规定的食品检验机构进行检验	未对产品进行自检
		按要求提供年度检验合格报告	每年度是否能提供符合法定资质的食品检验机构按照食品安全标准进行检验的合格报告，并妥善保存	——

第四节　国产保健食品备案管理

一、概述

保健食品备案，是指保健食品生产企业依照法定程序、条件和要求，将表明产品安全性、保健功能和质量可控性的材料提交市场监管部门进行存档、公开、备查的过程。保健食品备案及其监督管理应当遵循科学、公开、公正、便民、高效的原则。

二、工作依据

①《保健食品注册与备案管理办法》；

②《市场监管总局办公厅关于印发〈保健食品备案工作指南（试行）〉的通知》；

③《保健食品备案产品主要生产工艺（试行）》；

④《保健食品原料目录　营养素补充剂（2023 年版）》；

⑤《允许保健食品声称的保健功能目录　食品原料目录（2020 年版）》；

⑥《保健食品备案产品可用辅料及其使用规定（2021 年版）》；

⑦《保健食品备案产品剂型及技术要求（2021 年版）》；

⑧《国家市场监管管理总局　国家卫生健康委员会　国家中医药管理局关于发布〈辅酶 Q10 等五种保健食品原料目录〉的公告》；

⑨《辅酶 Q10 等五种保健食品原料备案产品剂型及技术要求》；

⑩《允许保健食品声称的保健功能目录非营养素补充剂（2023 年版）》。

三、需备案的保健食品

①使用的原料已经列入保健食品原料目录的保健食品；

②首次进口的属于补充维生素、矿物质等营养物质（列入保健食品原料目录）的保健食品；

③市场监管总局会同国家卫生健康委员会、国家中医药管理局制定发布的《辅酶 Q10 等五种保健食品原料目录》。

四、工作职责

①市场监管总局负责首次进口的属于补充维生素、矿物质等营养物质的保健食品备案管理，并指导监督省、自治区、市的市场监管部门承担的保健食品备案相关工作。

省、自治区、直辖市市场监管部门负责本行政区域内保健食品备案管理，并配合市场监管总局开展保健食品注册现场核查等工作。

市、县级市场监管部门负责本行政区域内备案保健食品的监督管理，承担上级市场监管部门委托的其他工作。

②市场监管总局行政受理机构（以下简称“受理机构”）负责受理保健食品注册和接收相关进口保健食品备案材料。

省、自治区、直辖市市场监管部门负责接收相关保健食品备案材料。

市场监管总局保健食品审评机构（以下简称“审评机构”）负责组织保健食品审评，管理审评专家，并依法承担相关保健食品备案工作。

五、备案主体及要求

①国产保健食品备案人应当是保健食品生产企业。保健食品原注册人（以下简称“原注册人”）可以作为备案人。

②保健食品备案人应当具有相应的专业知识，熟悉保健食品注册管理的法律法规、规章和技术要求。

③保健食品备案人应当对所提交材料的真实性、完整性、可溯源性负责，并对提交材料的真实性承担法律责任。

六、备案形式及要求

①保健食品备案材料应符合《保健食品注册与备案管理办法》《保健食品原料目录》以及辅料、检验与评价等规章、规范性文件、强制性标准的规定。

②保健食品备案材料应当严格按照备案管理信息系统的要求填报。

③备案材料首页为申请材料项目目录和页码。每项材料应加隔页，隔页上注明材料名称及该材料在目录中的序号和页码。

④备案材料中对应内容（如产品名称、备案人名称、地址等）应保持一致。不一致的应当提交书面说明、理由和依据。

⑤备案材料使用 A4 规格纸张打印，中文不得小于宋体 4 号字，英文不得小于 12 号字，内容应完整、清晰。

七、国产保健食品备案申请材料目录

国产保健食品备案申请材料目录见表 5-3。

表 5-3　国产保健食品备案申请材料目录

序号	申请材料
1	国产保健食品备案登记表
2	备案人主体登记证明文件扫描件
3	产品配方材料：产品配方表（配方发生改变的原注册人需要提交调整后的配方及配方发生改变的说明）
4	产品生产工艺材料，包括生产工艺流程简图及说明
5	安全性和保健功能评价材料
	5.1　三批中试及以上规模工艺生产的产品功效成分或标志性成分、卫生学、稳定性等检验报告（原注册人的产品配方没有发生改变的不需要提供此项）
	5.2　原料、辅料合理使用的说明，及产品标签说明书、产品技术要求制定符合相关法规的说明
6	直接接触保健食品的包装材料种类、名称、相关标准
7	产品标签、说明书样稿
8	产品技术要求材料
9	具有合法资质的检验机构出具的符合产品技术要求全项目检验报告
	9.1　食品检验机构的资质证明文件
	9.2　三批符合产品技术要求的全项目检验报告
10	产品名称相关检索材料

续表

序号	申请材料
11	其他表明产品安全性和保健功能的材料
	11.1　特殊敏感人群食用的必要性和安全科学性证明材料
12	已取得保健食品批准证书的，提交有效的保健食品证书及附件
13	注册申请转为备案申请的，提交注册转为备案的凭证

八、备案工作流程

①获取备案系统登录账号。国产保健食品备案人应向所在地省、自治区、直辖市市场监管部门提出获取备案管理信息系统登录账号的申请。申请登录账号的具体方式由各省、自治区、直辖市市场监管部门自行发布。

②备案人登录备案系统。备案人获得备案管理信息系统登录账号后，通过 http://xbjspba.gsxt.gov.cn/record_pt/index.jsp 网址进入系统。

③填报信息。在系统中认真阅读并按照相关要求逐项填写备案人及申请备案产品相关信息。

④系统打印。逐项打印系统自动生成的附带条形码、校验码的备案申请表、产品配方、标签说明书、产品技术要求等全部申请材料。

⑤加盖公章。逐页在上述打印件的文字处加盖备案人公章。

⑥扫描上传。上述盖公章的所有备案纸质材料清晰扫描成彩色电子版（PDF 格式）上传至保健食品备案管理信息系统，并确认提交。

⑦省、自治区、直辖市市场监管部门负责本行政区域内保健食品备案管理。

第六章

食品生产环节人员素质要求

第一节　食品生产环节从业人员素质要求

一、从业人员分类

食品生产环节从业人员主要包括主要负责人、食品安全管理人员、食品安全专业技术人员、食品加工人员等。

1. 主要负责人

主要负责人指食品生产企业的法人代表、食品小作坊的业主。主要负责人应当落实企业（小作坊）食品安全管理制度，对本企业（小作坊）的食品安全工作全面负责，建立并落实食品安全主体责任的长效机制。

2. 食品安全管理人员

食品安全管理人员指食品生产企业按照食品安全相关法律法规和标准要求配备的，知晓食品生产应承担的责任和义务，了解食品安全的基本原则和操作规范，能够判断潜在的危险，采取适当的预防和纠正措施，确保有效管理，对企业食品安全负有直接管理责任的人员。

食品安全管理人员包括食品安全总监和食品安全员等。

（1）食品安全总监

食品安全总监指按照职责要求直接对本企业主要负责人负责，协助主要负责人做好食品安全管理工作，承担下列职责：

①组织拟定食品安全管理制度，督促落实食品安全责任制，明确从业人员健康管理、供货者管理、进货查验、生产经营过程控制、出厂检验、追溯体系建设、投诉举报处理等食品安全方面的责任要求；

②组织拟定并督促落实食品安全风险防控措施，定期组织食品安全自查，评估食品安全状况，及时向企业主要负责人报告食品安全工作情况并提出改进措施，阻止、纠正食品安全违法行为，按照规定组织实施食品召回；

③组织拟定食品安全事故处置方案，组织开展应急演练，落实食品安全事故报告义务，采取措施防止事故扩大；

④负责管理、督促、指导食品安全员按照职责做好相关工作，组织开展职工食品安全教育、培训、考核；

⑤接受和配合监督管理部门开展食品安全监督检查等工作，如实提供有关情况；

⑥其他食品安全管理责任。

（2）食品安全员

食品安全员指按照职责要求对食品安全总监或者企业主要负责人负责，从事食品安全管理具体工作，承担下列职责：

①督促落实食品生产经营过程控制要求；

②检查食品安全管理制度执行情况，管理维护食品安全生产经营过程记录材料，按照要求保存相关资料；

③对不符合食品安全标准的食品或者有证据证明可能危害人体健康的食品以及发现的食品安全风险隐患，及时采取有效措施整改并报告；

④记录和管理从业人员健康状况、卫生状况；

⑤配合有关部门调查处理食品安全事故；

⑥其他食品安全管理责任。

3. 食品安全专业技术人员

食品安全专业技术人员指食品生产企业按照食品安全相关法律法规和标准要求配备的，有一定食品专业背景或食品生产相关工作经历，从事食品生产相关技术操作的人员。食品安全专业技术人员主要包括研发人员、生产管理人员、检验人员等。

4. 食品加工人员

食品加工人员指直接接触包装或未包装的食品、食品设备和器具、食品接触面的操作人员。食品加工人员包括从事接触直接入口食品工作的食品生产人员和未从事接触直接入口食品工作的食品生产人员。

二、从业人员管理的通用要求

（一）培训考核

食品生产企业应对职工进行食品安全知识培训。配备食品安全管理人员，并加强对其培训和考核，经考核不具备食品安全管理能力的，不得上岗。

（二）监督抽查考核

食品安全监管部门应当对企业食品安全管理人员随机进行监督抽查考核并公布考核情况。按照《市场监管总局关于开展食品安全管理人员监督抽查考核有关事宜的公告》（2019年第33号）的有关要求，对企业开展食品生产许可现场核查和监督检查时，统一使用“食安员抽考”App对食品生产企业的主要负责人和食品安全管理人员随机进行监督抽查考核，公布考核情况。监督抽查考核试题应当从《食品生产企业食品安全管理人员必备知识考试题库》中随机抽取。原则上每人考试题目不少于30道，答对率90%及以上为合格。抽考不合格的，督促企业限期整改，并及时安排补考合格。监督抽查考核不得收取费用。

（三）食品加工人员健康管理

食品生产企业应建立并执行食品加工人员健康管理制度。从事接触直接入口食品工作的食品加工人员应当每年进行健康检查，取得健康证明，上岗前应接受卫生培训。患有国务院卫生行政部门规定的有碍食品安全疾病的人员，不得从事接触直接入口食品的工作。食品加工人员如患有痢疾、伤寒、甲型病毒性肝炎、戊型病毒性肝炎等消化道传染病，以及患有活动性肺结核、化脓性或者渗出性皮肤病等有碍食品安全的疾病，或有明显皮肤损伤未愈合的，应当调整到其他不影响食品安全的工作岗位。

按照《国家卫生计生委关于印发有碍食品安全的疾病目录的通知》（国卫食品发〔2016〕31号）的有关要求，有碍食品安全的疾病目录包括霍乱、细菌性和阿米巴性痢疾、伤寒和副伤寒、病毒性肝炎（甲型、戊型）、活动性肺结核、化脓性或者渗出性皮肤病。

（四）食品加工人员卫生要求

进入食品生产场所前应整理个人卫生，防止污染食品。进入作业区域应规范穿着洁净的工作服，并按要求洗手、消毒，头发应藏于工作帽内或使用发网约束。进入作业区域不应佩戴饰物、手表，不应化妆、染指甲、喷洒香水，不得携带或存放与食品生产无关的个人用品。使用卫生间、接触可能污染食品的物品，或从事与食品生产无关的其他活动后，再次从事接触食品、食品工器具、食品设备等与食品生产相关的活动前应洗手消毒。

三、部分类别食品生产企业从业人员管理的特殊要求

（一）婴幼儿配方乳粉生产企业从业人员管理的特殊要求

企业应当配备与生产婴幼儿配方乳粉相适应的食品安全管理人员、食品安全技术人员和生产操作人员，明确岗位职责，落实人员责任，除符合食品安全法律法规、标准和有关规定外，还应符合下列要求：

①设置独立的食品质量安全管理机构，配备专职的食品安全总监、食品安全员等食品安全管理人员，按照《企业落实食品安全主体责任监督管理规定》的要求制定《食品安全总监职责》《食品安全员守则》，建立、实施和持续改进食品安全管理制度和生产质量管理体系。

②企业主要负责人熟悉食品安全有关的法律法规和婴幼儿配方食品的质量安全知识，对本企业食品安全工作全面负责，建立并落实食品安全主体责任的长效机制。同时承担或者以文件形式明确由食品安全总监承担婴幼儿配方乳粉生产和出厂放行责任，对婴幼儿配方乳粉产品质量安全负责。在产品放行前，出具产品放行审核记录，并纳入批记录；在产品放行后，持续跟踪放行产品抽检监测、投诉举报、相关舆情和各方面质量安全问题情况，排除并持续防范质量安全风险。

③食品安全总监具有食品及相关专业本科及以上学历，掌握食品安全有关的法律法规和婴幼儿配方食品的质量安全知识，经专业理论和实践培训合格。食品安全总监独立行使职权，负责组织落实食品安全管理制度和生产质量管理体系，承担相应的法律责任和义务，确保每批已放行产品的生产、检验，均符合食品安全法律法规、标准和有关规定；对监督检查、抽检监测、投诉举报等质量安全问

题及时组织相关人员进行分析、制定整改措施、验收整改效果，并对检查、验证、验收情况签字确认。

④食品安全员具有食品或相关专业本科及以上学历，经培训考核合格后上岗，掌握婴幼儿配方乳粉有关的质量安全知识。食品安全员根据岗位守则，对食品安全法律法规、标准和有关规定实施情况以及食品安全管理制度和生产质量管理体系运行情况进行督促检查，还对放行检验结果的准确性进行随机抽查验证。

⑤研发人员具有食品或相关专业本科及以上学历，掌握食品生产工艺、营养和质量安全等相关专业知识。

⑥生产技术人员具有食品或相关专业大专及以上学历，经专业理论和实践培训考核合格后上岗，并在婴幼儿食品生产企业具有 3 年以上食品生产经验。

⑦实验室从事检测的人员具有食品、化学或相关专业专科及以上的学历或者具有相关检测工作经历 10 年以上。经专业理论和实践培训，具备相应检测和仪器设备操作能力，考核合格后可授权开展检验工作。实验室负责人应具有食品、化学或相关专业本科及以上学历，并具有 3 年以上相关技术工作经历。要求每个检验项目 2 人以上具有独立检验的能力。

⑧生产操作人员的数量适应企业规模、工艺、设备水平。具有一定的技术经验，掌握生产工艺操作规程，按照技术文件进行生产，熟练操作生产设备，经培训考核合格后上岗。特殊岗位的生产操作人员资格符合有关规定。

企业应当建立培训与考核制度，相关工作由指定部门或专人负责。应根据不同岗位的实际需求，制定和实施培训制度和培训计划并实施考核，做好培训和考核记录，培训时间不得少于 40 学时 / 年。培训内容至少应包括食品安全知识、婴幼儿配方乳粉风险防控等，应与岗位要求相适应。检验人员培训计划应包括专业知识、专业技能以及有关生物、化学安全和防护等的培训。

（二）婴幼儿辅助食品生产企业从业人员管理的特殊要求

1. 人员管理制度

各岗位人员的数量和能力应与企业规模、工艺、设备水平相适应，与产品质量相关的岗位应设置岗位责任。

企业负责人和食品安全管理人员，应具有 3 年以上食品行业工作经历，掌握婴幼儿辅助食品的质量安全知识，知晓应承担的责任和义务。食品安全管理人员应有食品或相关专业本科以上学历，并经过培训和考核，经考核不具备食品安全管理能力的，不得上岗。企业主要负责人应当组织落实食品安全管理制度，对本企业的食品安全工作全面负责。食品安全管理人员应确保每批产品符合食品安全国家标准和国家相关法律法规的要求，承担原辅料进厂查验和成品出厂的放行责任。

生产管理人员、技术人员应有食品或相关专业专科以上学历，或具有3年以上相关工作经历。生产操作人员应掌握生产工艺操作规程，熟练操作生产设备设施。特殊岗位的生产操作人员资格应符合有关规定，采用罐头杀菌工艺的生产企业应具有2名以上经培训合格的杀菌操作人员。

研发人员应有食品或相关专业本科以上学历，掌握食品生产工艺、营养和质量安全等相关专业知识。

从事检测的人员应具有食品、化学或相关专业专科以上的学历，或者具有10年以上食品检测工作经历，应经专业培训合格，持证上岗。实验室负责人应具有食品、化学或相关专业本科以上学历，并具有3年以上相关工作经历。

2. 从业人员培训考核

企业应当建立培训与考核制度，制定培训计划，培训的内容应与岗位的要求相适应，并有相应记录。食品安全管理、检验等与质量相关岗位的人员应定期培训考核，不具备能力的不得上岗。

（三）保健食品生产企业从业人员管理的特殊要求

1. 人员资质

配备与保健食品生产相适应的具有相关专业知识、生产经验及组织能力的管理人员和技术人员，专职技术人员的比例不低于职工总数的5%。保健食品生产有特殊要求的，专业技术人员应符合相应管理要求。

企业主要负责人全面负责本企业食品安全工作，企业应当配备食品安全管理人员，并加强培训和考核。

生产管理部门负责人和质量管理部门负责人应当是专职人员，不得相互兼任，并具有相关专业大专以上学历或中级技术职称，3年以上从事食品医药生产或质量管理经验。

采购人员等从事影响产品质量的工作人员，应具有相关理论知识和实际操作技能，熟悉食品安全标准和相关法律法规。

企业应当具有两名以上专职检验人员，检验人员必须具有中专或高中以上学历，并经培训合格，具备相应检验能力。

2. 人员健康管理

企业应建立从业人员健康管理制度，从事保健食品暴露工序生产的从业人员每年应当进行健康检查，取得健康证明后方可上岗。患有国务院卫生行政部门规定的有碍食品安全疾病的人员，不得从事保健食品暴露工序的生产。

3. 人员培训考核

企业应建立从业人员培训制度，根据不同岗位制订并实施年度培训计划，定期进行保健食品相关法律法规、规范、标准和食品安全知识培训和考核，并留存相应记录。

（四）特殊医学用途配方食品生产企业从业人员管理的特殊要求

1. 人员管理制度

企业应当配备与所生产特殊医学用途配方食品相适应的食品安全管理人员和食品安全专业技术人员（包括研发人员、检验人员等），并符合下列要求：

①应当设立独立的食品安全管理机构，明确食品安全管理职责，负责按照 GB 29923《食品安全国家标准　特殊医学配方食品良好生产规范》的要求建立、实施和持续改进生产质量管理体系。

②企业负责人应当组织落实食品安全管理制度，对本企业的食品安全工作全面负责。食品安全管理机构负责人应具有食品、医药、营养学或相关专业本科以上学历，以及 5 年及以上从事食品或者药品生产的工作经历和管理经验，掌握特殊医学用途配方食品的质量安全知识，了解应承担的法律责任和义务，且经专业理论和实践培训合格，可独立行使食品安全管理职权，承担产品出厂放行责任，确保放行的每批产品符合食品安全国家标准和相关法律法规的要求。

③食品安全管理人员应具有食品、医药、营养学或相关专业本科以上学历，或专科以上学历并具有 3 年及以上从事食品或者药品生产的工作经历和生产管理

经验。应经过培训并考核合格，经考核不具备食品安全管理能力的，不得上岗。

④食品安全技术人员应有食品、医药、营养学或相关专业本科以上学历，或专科以上学历并具有 3 年及以上相关工作经历。

从事检测的人员应具有食品、化学或相关专业专科以上的学历，或者具有 3 年及以上相关检测工作经历，经专业理论和实践培训，具备相应检测和仪器设备操作能力，考核合格后可授权开展检验工作。实验室负责人应具有食品、化学或相关专业本科以上学历，并具有 3 年及以上相关技术工作经历。每个检验项目应至少有 2 人具有独立检验的能力。

专职研发人员应有食品、医药、营养学或相关专业本科以上学历，掌握食品生产工艺、营养和质量安全等相关专业知识。

⑤生产管理部门负责人应具有食品、医药、营养学或相关专业本科以上学历，3 年及以上从事食品或者药品生产的工作经历和生产管理经验；或专科以上学历，具有 5 年及以上从事食品或者药品生产的工作经历和生产管理经验。生产操作人员应当掌握生产工艺操作规程，可按照技术文件进行生产，可熟练操作生产设备设施。生产操作人员的数量应当与生产需求相适应。

2. 人员卫生控制要求

进入食品生产区的人员应整理个人卫生，进入清洁作业区的人员应定期或不定期进行体表微生物检查。进入生产区应规范穿着相应区域的工作服，并按要求洗手、消毒；头发应藏于工作帽内或使用发网约束。进入生产区不应佩戴饰物、手表，不应化妆、染指甲、喷洒香水；不得携带或存放与食品生产无关的个人用品。使用卫生间、接触可能污染食品的物品、或从事与食品生产无关的其他活动后，再次从事接触食品、食品工器具、食品设备等与食品生产相关的活动前应洗手消毒。清洁作业区和准清洁作业区使用的工作服和工作鞋不能在指定区域以外的地方穿着。

人员进入生产作业区前的净化流程：

①准清洁作业区：换鞋（穿戴鞋套或工作鞋靴消毒）→更外衣→洗手→更准清洁作业区工作服→手消毒。

②清洁作业区：换鞋（穿戴鞋套或工作鞋靴消毒）→更换清洁作业区工作服或

外衣（人员不经过准清洁区的）→洗手（人员不经过准清洁作业区的或必要时）→手消毒→更清洁作业区工作服→手消毒。如采取其他人员净化流程，应对净化效果进行验证，确保符合人员净化要求。

3. 人员健康管理和培训

应根据岗位的不同需求制定年度培训计划，开展培训工作并保存培训记录。当食品安全相关法律法规、标准更新时，应及时开展培训。

四、法律责任

1. 禁止聘用人员

被吊销许可证的食品生产经营者及其法定代表人、直接负责的主管人员和其他直接责任人员自处罚决定作出之日起 5 年内不得申请食品生产经营许可，或者从事食品生产经营管理工作、担任食品生产经营企业食品安全管理人员。

因食品安全犯罪被判处有期徒刑以上刑罚的，终身不得从事食品生产经营管理工作，也不得担任食品生产经营企业食品安全管理人员。

食品生产经营者聘用人员违反前两款规定的，由县级以上人民政府食品安全监督管理部门吊销许可证。

2. 处罚到人

食品生产企业有《食品安全法》规定的违法情形，除依照《食品安全法》的规定给予处罚外，有下列情形之一的，对企业的法定代表人、主要负责人、直接负责的主管人员和其他直接责任人员处以其上一年度从本单位取得收入的 1 倍以上 10 倍以下罚款：

①故意实施违法行为；

②违法行为性质恶劣；

③违法行为造成严重后果。

属于《食品安全法》第一百二十五条第二款规定情形的，不适用处罚到人规定。

3. 未按规定配备食品安全管理人员

食品生产经营企业未按规定建立食品安全管理制度，或者未按规定配备、培训、考核食品安全总监、食品安全员等食品安全管理人员，或者未按责任制要求落实食品安全责任的，由县级以上地方市场监管部门依照《食品安全法》第一百二十六条第一款的规定责令改正，给予警告；拒不改正的，处5 000元以上5万元以下罚款；情节严重的，责令停产停业，直至吊销许可证。法律、行政法规有规定的，依照其规定。

第二节　食品生产环节监管人员素质要求

一、人员素质要求

食品生产环节监管人员应做到遵纪守法、诚实守信、敬业爱岗、廉洁公正，具有良好的社会公德、职业道德；熟悉食品生产监管相关法律法规、标准以及制度性文件规定；具备食品生产监管岗位所需的业务能力，如观察分析、沟通交流、现场检查、撰写文书、公文写作等能力。

二、开展监督检查工作要求

在实施监督检查过程中，应当严格遵守有关法律法规、廉政纪律和工作要求，不得违反规定泄露监督检查相关情况以及被检查单位的商业秘密、未披露信息或者保密商务信息。实施飞行检查，检查人员不得事先告知被检查单位飞行检查内容、检查人员行程等检查相关信息。开展监督检查，检查人员与检查对象之间存在直接利害关系或者其他可能影响检查公正情形的，应当回避。

三、培训考核要求

县级以上市场监管部门应当加强专业化职业化检查员队伍建设，定期对检查人员开展培训与考核，提升检查人员食品安全法律法规、规章、标准和专业知识等方面的能力和水平。

四、法律责任

①违反《食品安全法》规定，食品安全监管部门以广告或者其他形式向消费者推荐食品，由有关主管部门没收违法所得，依法对直接负责的主管人员和其他直接责任人员给予记大过、降级或者撤职处分；情节严重的，给予开除处分。

②违反《食品安全法》规定，县级以上地方人民政府有下列行为之一的，对直接负责的主管人员和其他直接责任人员给予记大过处分；情节较重的，给予降级或者撤职处分；情节严重的，给予开除处分；造成严重后果的，其主要负责人还应当引咎辞职：

——对发生在本行政区域内的食品安全事故，未及时组织协调有关部门开展有效处置，造成不良影响或者损失；

——对本行政区域内涉及多环节的区域性食品安全问题，未及时组织整治，造成不良影响或者损失；

——隐瞒、谎报、缓报食品安全事故；

——本行政区域内发生特别重大食品安全事故，或者连续发生重大食品安全事故。

③违反《食品安全法》规定，县级以上地方人民政府有下列行为之一的，对直接负责的主管人员和其他直接责任人员给予警告、记过或者记大过处分；造成严重后果的，给予降级或者撤职处分：

——未确定有关部门的食品安全监管职责，未建立健全食品安全全程监管工作机制和信息共享机制，未落实食品安全监管责任制；

——未制定本行政区域的食品安全事故应急预案，或者发生食品安全事故后未按规定立即成立事故处置指挥机构、启动应急预案。

④违反《食品安全法》规定，县级以上人民政府食品安全监管部门有下列行为之一的，对直接负责的主管人员和其他直接责任人员给予记大过处分；情节较重的，给予降级或者撤职处分；情节严重的，给予开除处分；造成严重后果的，其主要负责人还应当引咎辞职：

——隐瞒、谎报、缓报食品安全事故；

——未按规定查处食品安全事故，或者接到食品安全事故报告未及时处理，造成事故扩大或者蔓延；

——经食品安全风险评估得出食品、食品添加剂、食品相关产品不安全结论后，未及时采取相应措施，造成食品安全事故或者不良社会影响；

——对不符合条件的申请人准予许可，或者超越法定职权准予许可；

——不履行食品安全监督管理职责，导致发生食品安全事故。

⑤违反《食品安全法》规定，县级以上人民政府食品安全监管部门有下列行为之一，造成不良后果的，对直接负责的主管人员和其他直接责任人员给予警告、记过或者记大过处分；情节较重的，给予降级或者撤职处分；情节严重的，给予开除处分：

——在获知有关食品安全信息后，未按规定向上级主管部门和本级人民政府报告，或者未按规定相互通报；

——未按规定公布食品安全信息；

——不履行法定职责，对查处食品安全违法行为不配合，或者滥用职权、玩忽职守、徇私舞弊。

⑥食品安全监管等部门在履行食品安全监管职责过程中，违法实施检查、强制等执法措施，给生产经营者造成损失的，应当依法予以赔偿，对直接负责的主管人员和其他直接责任人员依法给予处分。

参考文献

[1] 周才琼，张平平 . 食品标准与法规（第 3 版）[M]. 北京：中国农业大学出版社，2022.

[2] 国家市场监督管理总局 . 市场监管系统干部学习培训系列教材　食品安全监管 [M]. 北京：中国工商出版社，中国标准出版社，2021.

[3] 深圳市市场监督管理局许可审查中心 . 食品生产企业食品安全检查指南 [M]. 北京：中国质量标准出版传媒有限公司（中国标准出版社），2023.

[4] 邹东群，郑美华，黄春兰，等 . 食品生产质量控制与安全管理 [M]. 北京：中国质量标准出版传媒有限公司（中国标准出版社），2021.